浙江省高职院校"十四五"重点立项建设教材

高等职业教育"互联网+"新形态一体化教材

# 智能控制系统安装与调试

主　编　李时辉　　王松能　　陈传周
副主编　郑　励　　黄听立　　丁　浩
参　编　楼蔚松　　龚新宇　　饶楚楚
　　　　杨亚莉　　伍　玥　　王晶晶　　柴立丰

本书由多所职业院校联合行业企业共同开发编写，以工作过程为导向，以企业真实生产项目"智能抓棉分拣机控制系统"为引领，融入行业企业自动化装调与维护现场工程师岗位能力要求、智能控制技术专业的"变频器与伺服驱动应用"课程标准、"工业网络智能控制与维护"赛项要点和智能制造工程技术人员职业标准，并注重融入新知识、新技术和新工艺。本书从学生的认知规律出发，由简单到复杂、由单一到综合循序渐进地编排项目，第一部分为智能控制系统方案设计；第二部分为单机智能控制系统开发，设有 See Electrical 软件应用、MCGS 应用、变频器应用、步进电动机及伺服电动机应用等学习型项目；第三部分为联网智能控制系统设计，设有自动攻牙设备控制系统安装与调试等综合型项目。以"目标＋知识＋实施＋验收"的形式编排每个项目内容，落实课程思政、学习单元职业化、操作过程实战性和成果导向的教学理念。

本书适合作为高等职业院校及技工院校装备制造大类智能控制技术等相关专业课程的教材，也可供专业人员学习参考。

为方便教学，本书配有 PPT 课件、电子教案、微课视频（二维码形式）等资源，凡购买本书作为授课教材的教师可登录 www.cmpedu.com 注册并免费下载。

**图书在版编目（CIP）数据**

智能控制系统安装与调试 / 李时辉，王松能，陈传周主编. -- 北京：机械工业出版社，2025.3. --（高等职业教育"互联网＋"新形态一体化教材）. -- ISBN 978-7-111-77831-8

Ⅰ. TP273

中国国家版本馆 CIP 数据核字第 2025T654L2 号

机械工业出版社（北京市百万庄大街 22 号　邮政编码 100037）
策划编辑：赵红梅　　　　　责任编辑：赵红梅　章承林
责任校对：王荣庆　刘雅娜　封面设计：马若濛
责任印制：刘　媛
北京富资园科技发展有限公司印刷
2025 年 5 月第 1 版第 1 次印刷
184mm×260mm・17.5 印张・445 千字
标准书号：ISBN 978-7-111-77831-8
定价：49.80 元

电话服务　　　　　　　　　　网络服务
客服电话：010-88361066　　　机　工　官　网：www.cmpbook.com
　　　　　010-88379833　　　机　工　官　博：weibo.com/cmp1952
　　　　　010-68326294　　　金　书　网：www.golden-book.com
**封底无防伪标均为盗版**　　机工教育服务网：www.cmpedu.com

# 前言

本书是 2024 年浙江省高职院校"十四五"重点立项建设教材、2022 年义乌工商职业技术学院校企合作教材建设项目"PLC 运动控制技术"研究成果、教育部第一批职业教育现场工程师专项培养计划立项项目"自动化专业类现场工程师联合培养项目"部分研究成果，是世界职业院校技能大赛"工业网络智能控制与维护"项目资源教学转化成果教材。本书以为行业企业培养学精技术技能、传承红色基因、胸怀工匠精神的现场工程师为总体目标，以企业真实生产项目为引领，融通"岗课赛证"核心知识和技能，以开放性实训考核装置为实施载体，以工作过程为导向，从学生的认知规律出发，由易到难和由单一到综合循序渐进地编排项目顺序，采用"目标＋知识＋实施＋验收"的形式编排每个项目内容。本书总结了近年来各高职院校在智能控制系统安装与调试、PLC 运动控制技术、变频与调速等课程教学方面的经验和不足，打破了以往教材的编写思路，具有以下特色：

### 1. 坚持德技双修，落实"立德树人"根本任务

坚持落实立德树人的根本任务，积极探索课程思政背景下的专业课教材改革，融入千万工程等素质教育元素，寓价值观于知识传授和能力培养，培养学生的理想信念、安全意识、节能意识、创新意识及工匠精神等，助力培养学精技术技能、传承红色基因、胸怀工匠精神的现场工程师。

### 2. 工作过程导向，助力学生步入职场

本书突出技能型职业特色，其整体结构是从独立单元、单机联网到综合系统，融入网络控制等新技术，单个项目以企业真实自动化生产线控制系统开发工作过程为导向，内容包括【项目目标】【项目引入】【知识准备】【项目实施】【项目验收】【系统故障】【想一想】环节。通过十余个项目的训练，旨在让学生深刻领会并掌握企业项目开发的流程，走出学校进入企业后，面对企业现场真实项目能有的放矢，提高解决实际生产问题的能力。

### 3. 突出探究体验，培养解决问题能力

传统教材往往采用讲述法，如在讲解指令时更多地注重讲解指令的作用而忽略讲解指令的数据类型、使用的注意事项，在实际运用指令进行编程时，很容易因未能学透指令而导致程序报错。本书在编写时引导读者试一试、想一想，动手验证指令的错误使用方法或者排除设备故障，从而加深对指令和设备故障的印象，培养现场工程师的"解决生产过程中复杂问题"的核心能力。

### 4. 线上线下融合，提升自主学习能力

本书配有课件、企业一线问题库、项目验收表及实操视频等资源，可利用"天工讲堂"平台进行在线学习。书中印有资源配套二维码，满足教师混合式教学和学生多样化的

学习需求，促进"互联网+职业教育"的新变革。

本书由义乌工商职业技术学院、金华职业技术大学、衢州职业技术学院等几所院校的核心教师以及亚龙智能装备集团股份有限公司等行业企业的资深工程师校企共编，本书在撰写过程中还得到了义乌市人力资源和社会保障局的大力支持。

本书由李时辉、王松能和陈传周担任主编，郑励、黄听立和丁浩担任副主编，楼蔚松、龚新宇、饶楚楚、杨亚莉、伍玥、王晶晶和柴立丰参与编写。其中，丁浩负责编写项目一～项目三，杨亚莉负责编写项目四和项目五，伍玥负责编写项目六，饶楚楚负责编写项目七和项目八，李时辉负责全书统稿、确定编写思路及编写项目九～项目十二，王松能负责企业一线问题库的建设及部分实操视频的拍摄，陈传周负责全书的案例征集、确定编写思路，郑励和柴立丰负责引入企业真实生产项目和确定考核方案，黄听立负责技能大赛项目资源的转化及提炼，楼蔚松负责各类数字资源的建设，龚新宇负责制作所有PPT，王晶晶负责本书的校核。在本书编写过程中，刘裕隆、陈健航、陈科华、张天、蒋鹏辉、楼俊辉、杨余洋、柳陈成等同学做了很多调研，收集了很多资料，并完成了很多范例程序的编写及调试工作，在此表示衷心的感谢。

限于编者学识水平及实践经验，书中难免有不妥之处，恳请读者批评指正。

编　者

# 二维码索引

| 名称 | 二维码 | 页码 | 名称 | 二维码 | 页码 |
|---|---|---|---|---|---|
| 金工自动化智能一体机保温杯制作设备 | | 14 | 项目八　变频器 PN 通信组态及应用 | | 161 |
| 全自动水泥胶砂搅拌机 | | 14 | 变频器 PN 通信控制系统参考程序 | | 172 |
| 项目二　抽棉风机主电路图设计 | | 17 | 项目九　自动攻牙机工作视频 | | 173 |
| 项目三　MCGS 组态环境设置 | | 45 | 项目九　伺服电动机通信控制应用案例 | | 179 |
| 项目三　MCGS 组态画面设计 | | 50 | 伺服电机 485 通信控制系统参考程序 | | 195 |
| 项目三　MCGS 硬件连接视频 | | 56 | 项目十　三台 PLC 的 S7 通信组态及通信测试 | | 202 |
| 项目四　G120C 变频器接线及快速调试 | | 69 | 仓库自动分拣智能控制系统参考程序 | | 245 |
| 项目四　变频器多段速应用案例 | | 76 | 灌装贴标智能控制系统参考程序 | | 245 |
| 项目五　模拟量控制参数设置及应用案例 | | 94 | 伺服灌装智能控制系统参考程序 | | 273 |
| 变频器模拟量控制系统参考程序 | | 106 | 数控加工中心智能控制系统参考程序 | | 273 |
| 步进电动机控制系统参考程序 | | 132 | 自动涂装智能控制系统参考程序 | | 273 |
| 项目七　台达伺服驱动器连接、参数复位及寸动模式调试 | | 144 | 智能饲喂控制系统安装与调试 | | 273 |
| 伺服电动机控制系统参考程序 | | 154 | | | |

# 目 录

前言
二维码索引
项目一　智能控制系统方案设计 …………………………………………………………… 1
项目二　See Electrical 软件应用——抽棉风机控制系统安装与调试 …………………… 15
项目三　MCGS 组态基础应用——智能抓棉分拣机卸料及转运带电动机
　　　　控制系统安装与调试 …………………………………………………………… 34
项目四　变频器多段速控制系统设计——智能饲喂控制系统搅拌电动机安装与调试 …… 64
项目五　变频器模拟量控制系统设计——抓棉小车控制系统安装与调试 ………………… 92
项目六　步进电动机控制系统设计——转塔步进电动机控制系统安装与调试 ………… 107
项目七　伺服电动机控制系统设计——抓棉臂电动机控制系统安装与调试 …………… 133
项目八　变频器通信控制系统设计——禽舍环境智能控制系统安装与调试 …………… 155
项目九　伺服电动机通信控制系统设计——自动攻牙设备控制系统安装与调试 ……… 173
项目十　S7 网络控制系统设计——智能抓棉分拣机控制系统通信测试模块
　　　　安装与调试 ……………………………………………………………………… 196
项目十一　智能抓棉分拣机单机联网控制系统安装与调试 ……………………………… 220
项目十二　智能抓棉分拣机控制系统安装与调试 ………………………………………… 246
参考文献 ……………………………………………………………………………………… 274

# 项目一
# 智能控制系统方案设计

## 项目目标

▶【知识目标】

1. 认识智能控制系统的概念。
2. 认识智能控制系统的基本构成。
3. 了解智能控制系统的设计流程。
4. 掌握控制系统方案设计步骤及内容。
5. 熟悉实训设备各组成部分。

▶【能力目标】

能根据控制要求设计控制系统的详细方案。

▶【素质目标】

培养爱国之情、砥砺强国之志、实践技能报国之行。

## 项目引入

制造业是国民经济的主体,是立国之本、兴国之器、强国之基。自十八世纪中叶开启工业文明以来,世界强国的兴衰史和中华民族的奋斗史一再证明,没有强大的制造业,就没有国家和民族的强盛。打造具有国际竞争力的制造业,是我国提升综合国力、保障国家安全、建设世界强国的必由之路。

《中国制造2025》提出,坚持"创新驱动、质量为先、绿色发展、结构优化、人才为本"的基本方针,坚持"市场主导、政府引导,立足当前、着眼长远,整体推进、重点突破,自主发展、开放合作"的基本原则,通过"三步走"实现制造强国的战略目标:第一步,到2025年迈入制造强国行列;第二步,到2035年中国制造业整体达到世界制造强国阵营中等水平;第三步,到新中国成立一百年时,制造业大国地位更加巩固,综合实力进入世界制造强国前列。

从"神舟"飞天、"北斗"组网、"嫦娥"奔月、"蛟龙"入海、"天眼"巡空,到中国高铁、大飞机C919、华龙一号、深海一号、天问一号……近年来,这些耳熟能详的名字成为"中国制造"的最好注脚。通过本项目学习,让"未来工匠"了解智能控制系统的概念及智能控制系统的基本组成,熟悉智能控制系统的开发流程和本书项目依托开展的实训设备。

 知识准备

### 一、智能控制系统的概念

智能控制是具有智能信息处理、智能信息反馈和智能控制决策的控制方式,是控制理论发展的高级阶段,主要用来解决那些用传统方法难以解决的复杂系统的控制问题。智能控制研究对象的主要特点是具有不确定的数学模型、高度的非线性和复杂的任务要求。

现代智能控制系统主导并支撑了机械制造、电子信息、石油化工、轻工纺织、食品制药、汽车生产以及军工业的方方面面,可谓是现代工业的生命线。由流水线和自动化专机构成的机电一体化装置系统是现代智能控制系统的核心组成部分。通过将电动机、气动、液压、传感器和电控系统进行结合,并辅以自动化输送和辅助设备,现代智能控制系统可以实现特定产品连续、稳定不间断地生产。图1-1所示为载有新松机器人的汽车智能控制制造系统。

智能控制系统的特点是具有较高的自动化程度、统一的控制系统和严格的生产节奏。该系统综合了检测、驱动、执行、控制、处理和传输等过程,融合了传感检测技术、机械技术、人机界面、气动技术、电动机驱动技术、PLC技术和网络通信等技术,可以说是现代科技的集大成者。智能控制系统通过向提高生产率、增大多用性、增大灵活性方向发展,广泛地用于数控车床、工业机器人以及电子计算机等领域。图1-2所示为电子芯片智能控制制造系统。

图1-1 载有新松机器人的汽车智能控制制造系统

图1-2 电子芯片智能控制制造系统

### 二、智能控制系统的基本构成

一个较完善的智能控制系统,应包含以下几个基本要素:机械本体、动力部分、传感与检测部分、执行机构部分、信息处理与控制部分,如图1-3所示。这些组成部分内部及其相互之间通过接口耦合、运动传递、物质流动、信息控制、能量转换等有机结合形成一个完整的智能控制系统。

项目一　智能控制系统方案设计

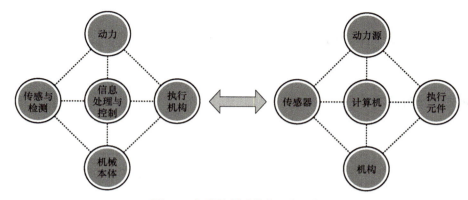

图 1-3　智能控制系统的基本要素

1. 机械本体

机械本体是智能控制系统的基本支撑体，主要包括机身、框架、连接等。智能控制系统技术性能、水平和功能的提高，不但要求机械本体在机械结构、材料、加工工艺以及几何尺寸等方面能适应智能控制系统的功能，而且还有可靠性、节能、小型、轻量美观等要求。

2. 动力部分

智能控制系统的显著特征之一是用尽可能小的动力输入获得尽可能大的功能输出。该系统不但要求驱动效率高、反应速度快，而且要求对环境适应性强，可靠性高。

3. 传感与检测部分

传感与检测技术是智能控制系统中的关键技术。传感器将物理量、化学量、生物量（如力、速度、加速度、距离、温度、流量、pH、离子活度、酶、微生物、细胞等）转化为电信号，即引起电阻、电流、电压、电场、频率等参数的变化，通过信号检测装置将其反馈给信息处理与控制系统进行处理与调节。

4. 执行机构部分

执行机构根据控制信息和指令，完成要求的动作。执行机构通常由传动或者运动部件担任，一般采用机械、液压、气动、电气以及机电结合的方式。根据智能控制系统的匹配性要求，需要考虑改善其性能，如提高执行机构的刚性，减轻重量，提高可靠性，实现标准化、系列化和模块化。

5. 信息处理与控制部分

信息处理与控制部分对来自各传感器的检测信息和外部输入命令进行集中、存储、分析、加工等处理，使其符合控制要求。实现信息处理的主要工具是计算机，在智能控制系统中，计算机与信息处理装置监测着整个生产过程的运行，信息处理是否正确及时，将直接影响系统工作的质量和效率。信息处理一般由计算机、可编程控制器（PLC）、数控装置、逻辑电路、A/D（模/数）与 D/A（数/模）转换装置、I/O（输入/输出）接口以及外部设备等组成。

## 三、智能控制系统的设计流程

智能控制系统的设计流程与一般设备的设计流程类似，但由于其设计的独特性要求，智能控制系统设计对创新性要求较高，有时需要反复修改设计方案才能成功。智能控制系统设计通常分为规划设计（包括设计方案评价）、概念设计、详细设计和定型设计四个阶段，其设计流程如图1-4所示。

### 1. 规划设计阶段

系统规划是根据用户需求，通过对设计参数制约条件的分析，给出设计项目书，作为系统设计、评价和决策的依据的。在这个阶段中，首先对系统对象的功能作用进行理论分析，确定产品规格、性能参数，然后根据设计对象的要求，进行技术分析，拟定系统总体设计方案，划分组成系统的各功能模块，通过对各种方案的对比分析，最后确定总体设计方案。

方案设计是智能控制系统设计的前期工作，其主要步骤如下：

1）进行产品功能分析。
2）确定各功能单元的工作原理。
3）进行工艺动作工程分析，确定一系列执行动作。
4）选择执行机构类型，组成产品运动和机构方案。
5）根据方案进行数学建模。
6）通过综合评价，确定最优运动和机构方案。

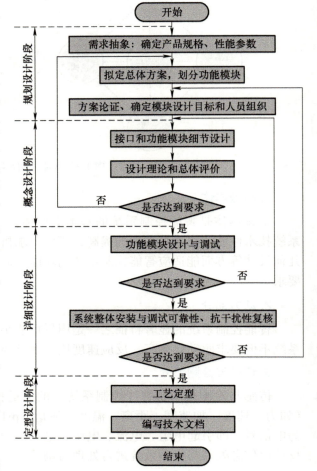

图1-4 智能控制系统的设计流程

通常理想的设计方案并非一味追求最快、最精确、最坚固或者最经济，在产品性能、使用寿命和成本等各个方面达到平衡的方案才是理想的方案，这是设计方案评价的一般原则。

### 2. 概念设计阶段

该阶段首先根据设计目标、功能要素和功能模块，画出机器工作时序图和机器传动原理简图；对于有过程控制要求的系统应建立各要素的数学模型，确定控制算法；计算各功能模块之间接口的输入/输出参数，确定接口设计的任务归属。然后以功能模块为单元，根据接口参数的要求对信号检测及转换、机械传动及机构、控制微机、功率驱动及执行元件等进行功能模块的选型、组配和设计。

概念设计需遵循如下几个原则：

1）需求原则。市场需求是产品概念设计的出发点，没有市场需求，就没有功能需求。
2）适应原则。概念设计一方面要适应市场需求，另一方面也要与生产发展需求相适应，符合现有技术条件和生产条件，能够与现有生产要素相适应。

3）经济效益原则。要求概念设计必须拥有良好的经济效益，能够具有市场竞争力。

4）人性化原则。概念设计必须以人为本，注重用户的需求，更好地为用户服务，满足用户对智能控制系统的要求。

在综合考虑上述需求的情况下，进行系统的概念设计，最后经过技术经济评价，挑选出综合性能指标最优的设计方案。

### 3. 详细设计阶段

详细设计阶段是将智能控制系统设计方案具体转化为产品，也就是要完成产品的总体设计、零部件设计以及电气系统的设计。

详细设计内容如下：

1）机械本体设计。指永久支撑机械传动部件和电气驱动部件的支撑件，设计时关注机械本体的强度、刚度、稳定性等指标。

2）机械传动系统设计。近年来，伺服驱动技术的广泛应用使得机械传动系统越来越多地采用伺服驱动技术。

3）传感器与检测系统设计。在智能控制系统中，传感器主要用于位移、速度、加速度等加工过程参数的检测，将这些非电物理量转化为电信号，能够更好地进行计算和处理。

4）接口设计。合理的接口设计是智能控制系统各要素和各个子系统能够进行正确的物质、能量和数据交换的关键。

5）微控制器设计。该设计决定了智能控制系统的整体运行能力和运行效率。

### 4. 定型设计阶段

该阶段是对调试成功的系统进行工艺定型，整理出设计图纸、软件清单、零部件清单、元器件清单以及调试记录等；编写设计说明书，为产品投产时的工艺设计、材料采购和销售提供详细的技术档案资料。

## 四、智能控制系统实施实训设备

本书以 YL-158GA1 综合实训装置为例，如图 1-5 所示。YL-158GA1 装置整合了 PLC、变频器、嵌入式触摸屏、伺服驱动、步进驱动、传感器、工业网络、电气接线等先进控制器件，主要训练学习者在实际工业现场的电工基本技能、电动机与电气控制、PLC 技术应用、电工测量与仪表调试、交直流调速技术、组态控制技术、工业网络等技术的综合应用能力。

YL-158GA1 装置由交流电电源模块、电气及仪表单元、继电控制单元、运动控制单元和 PLC 控制单元组成。

### 1. 交流电电源模块

面对设备正面，在实训设备右下方有图 1-6 所示的航空插头，航空插头有五个端子，分别为 U、V、W、N、PE 端子，通过航空插头从外部接入三相五线制交流电源，实现对设备进行供电。

> ☑ 想一想：如果外部电源的 V 相接入航空插头的 N 相，外部电源的 U 相接入航空插头的 V 相会出现什么问题？

# 智能控制系统安装与调试

图 1-5　YL-158GA1 装置正反面外观图

图 1-6　航空插头输入接线端

（1）交流电源输出

在实训设备 YL-158GA1 接入电源后，实训项目如果需要 380V/220V 三相交流电源，可以通过下面几个位置提供：①在柜门电源盒背面右上角，提供了三相五线制的电源输出接口，如图 1-7a 所示；②打开柜门反面的按钮指示灯盒，在两排接线端子的左上角，提供了三相五线制的电源输出接线端子，如图 1-7b 所示；③在柜体右后侧，有交流 220V 电源插座，可用于为计算机供电，如图 1-7c 所示。

　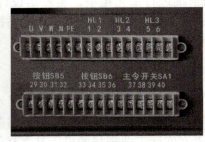　

a）电源输出端　　　　　　　　b）端子排　　　　　　　c）机柜插座

图 1-7　交流电源输出

（2）直流电源输出

实训需要直流电源的时候，可以通过以下几个位置提供：①在正反面挂板左侧，提供了可调的 0～10V 电压输出和 4～20mA 电流输出，如图 1-8a 所示；②在反面挂板左下侧，有一组稳压电源，提供了 5V 和 24V 两种输出，如图 1-8b 所示；③在伺服驱动器右上方有整流桥，可以将接入的交流电源整流成直流电源输出，能用于电动机能耗制动，如图 1-8c 所示。

## 2. 电气及仪表单元

电气及仪表单元包括进线电源控制与保护、电气控制元件、指示灯、触摸屏、功率表、温控传感器及急停按钮等器件，可向系统中的其他单元提供控制信号。

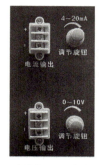  

a) 直流电压源与电流源　　　b) 开关电源输出　　　c) 整流桥

图 1-8　直流电源输出

如图 1-9 所示，实训设备正面门板有电源指示灯及控制开关，包括漏电保护器、断路器、电压表、电流表、报警蜂鸣器、起动按钮、急停按钮等电气元件，还有 MCGS（监控通用系统）人机交互。如果需要设备通电，先合上三个单相空气开关，再合上三相空气开关，最后按下绿色电源起动按钮起动设备。当发生短路时，蜂鸣器报警，应立即按下急停按钮，并断开断路器。

如图 1-10 所示，在实训设备反面门板也有电源指示灯及控制开关，包括漏电保护器、断路器、电压表、电流表、报警蜂鸣器、起动按钮、急停按钮等电气元件。设备通电以及急停操作与正面门板操作相同。

图 1-9　YL-158GA1 实训设备正面门板　　　图 1-10　YL-158GA1 实训设备反面门板

实训设备 YL-158GA1 的正反面柜门都有图 1-11 所示的按钮/开关指示灯面板。此外，在正面左侧还配有一个欧姆龙 E5CZ-C2MT 温度传感器。

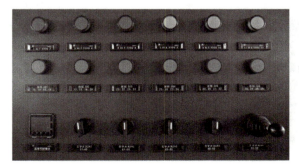

图 1-11　按钮/开关指示灯面板

### 3. 继电控制单元

继电控制单元包括接触器、时间继电器、热继电器、4 台三相异步电动机等电气元件，起到执行 PLC 控制信号的作用，并且可实现独立的继电控制功能。

本设备选用型号为 CJX2-0910 的交流接触器，电压为 380V，电流为 9A，如图 1-12 所示。在实际应用中，选择的交流接触器的电压等级要和负载相同，特别是主要控制线圈的选择，接触器的额定工作电流≥线路计算电流。

本设备选用型号为 NR2-25 的热继电器，电压 380V，热继电器的整定电流为 1.6～2.5A，脱扣级别为 10A，辅助触点可通过电流为 5A，如图 1-13 所示。在实际应用中，选择热继电器时需要考虑负载电流和电压，如热继电器需按电动机额定电流的 0.95～1.05 倍选取。

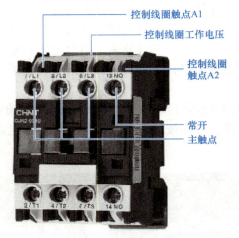

图 1-12　CJX2-0910 交流接触器

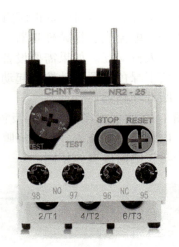

图 1-13　NR2-25 热继电器

实训设备 YL-158GA1 上一共提供了图 1-14 所示的 4 台三相异步电动机，从左往右依次为两台三相异步电动机、一台已安装了速度继电器的三相异步电动机和一台双速电动机。三相异步电动机型号为 YS5024，额定电压为 380V，转速为 1400r/min，额定电流为 0.3A，额定功率为 60W，频率为 50Hz。带速度继电器的三相异步电动机型号为 YS5024，额定电压为 380V，转速为 1400r/min，额定电流为 0.39A 或 0.66A，额定功率为 60W，频率为 50Hz。双速电动机型号为 YS502/4，额定电压为 380V，转速为 1400r/min 或 2800r/min，额定电流为 0.2A 或 0.25A，额定功率为 25W 或 40W，频率为 50Hz。

图 1-14　三相异步电动机组

> ☑ **试一试**：工程师到现场后发现车间所使用的三相异步电动机的功率为10kW，是否需要更换接触器和热继电器，如果需要更换，请给出采购清单，同时再思考是否还需要更换其他器件。

#### 4. 运动控制单元

实训设备提供了图1-15所示的具有PN通信口的G120C变频器，变频器通过预先设定的频率或者PLC给变频器信号改变电动机频率，实现对电动机的变频控制。

实训设备提供了可以精确定位的步进及伺服电动机控制系统，包括的主要部件：图1-16所示为装有滑块的丝杠，丝杠上的滑块由安装在丝杠上的伺服电动机或步进电动机控制；图1-17所示为传感器单元；图1-18所示为光电编码器。通过PLC给步进或伺服电动机发送脉冲信号，驱动步进或伺服电动机进行精准定位。

图1-15 变频器

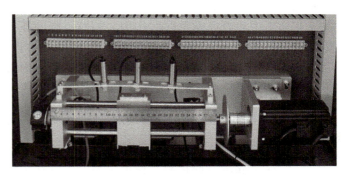

图1-16 装有滑块的丝杠

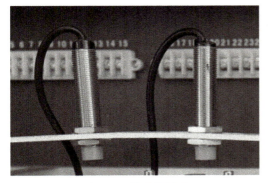

图1-17 传感器单元

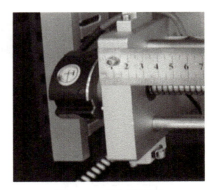

图1-18 光电编码器

#### 5. PLC控制单元

PLC控制单元包括三台主流PLC、数字输入模组、西门子电源等模块，西门子S7-1500+S7-1200系统主要部件见表1-1。

表 1-1　西门子 S7–1500+S7–1200 系统主要部件

| 序号 | 名称 | 型号 | 数量 | 单位 | 具体类型 |
|---|---|---|---|---|---|
| 1 | 西门子 S7-1500 PLC | 6ES7 511–1AK02–0AB0 | 1 | 块 | |
| 2 | 西门子数字输入模组 | 6ES7521–1BH00–0AB0 | 1 | 块 | |
| 3 | 西门子数字量输出 | 6ES7522–5FF00–0AB0 | 2 | 块 | DQ 8x230VAC/2A ST |
| 4 | 西门子电源 | 6EP1332–4BA00 | 1 | 块 | AC 120V/230V，DC 24V，3A |
| 5 | 西门子数字输入/输出模组 | 6ES7223–1PL32–0XB0 | 2 | 块 | 16DI，DC 24V/16 DO，继电器 |
| 6 | 西门子模拟输出模组 | 6ES7234–4HE32–0XB0 | 1 | 块 | 4 输入 /2 输出 |
| 7 | 西门子 S7-1500 PLC | 6ES7212–1BE40–0XB0 | 1 | 块 | CPU 1212C AC/DCR/LY |
| 8 | 西门子 S7-1200 PLC | 6ES7212–1AE40–0XB0 | 1 | 块 | CPU 1212C DC/DC/DC |

 项目实施

新疆棉以绒长、品质好、产量高著称于世，近几年新疆棉占国内棉产量比重超过 85%。随着我国工农业的快速发展，新疆棉的生产加工过程日趋智能化，如基于北斗导航系统的农业植保无人机、智能抓棉分拣机等。智能抓棉分拣机是纺织加工的第一道工序，用于加工棉、棉型化纤和中长化纤原料，具有抓棉、松棉、除去杂质和混合原料等功能，在棉花加工中起着非常重要的作用。间隙下降的抓棉臂带动抓棉小车通过转塔移动对每一货位进行抓取，并在抓取前分别对货位棉花质量进行检测分类，按照规则进行棉花的抓取，被抓取的棉花纤维束块通过风机抽吸，经输棉管道送至转运带进行货物分类存放，等待下一步加工。

## 一、智能抓棉分拣机控制系统组成及控制要求

### 1. 智能抓棉分拣机控制系统的硬件组成

该系统由转塔、抓棉臂、抓棉小车、输棉管道和出棉口、转运带、货仓和卸料装置等部分组成，如图 1-19 所示。

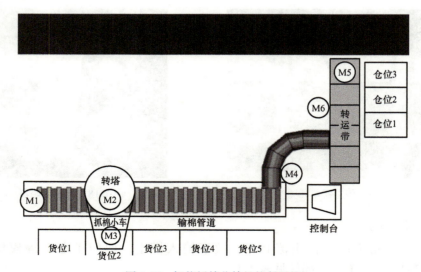

图 1-19　智能抓棉分拣机控制系统

智能抓棉分拣机控制系统由以下电气控制回路组成:

1) 转塔的移动由电动机 M1 驱动,通过丝杠带动滑块来模拟转塔的左右移动(M1 为步进电动机,使用旋转编码器对转塔位置进行实时监测,丝杠的螺距为 4mm,步进电动机旋转一周需要 2000 个脉冲)。

2) 抓棉臂的上下运行由电动机 M2 驱动(M2 为伺服电动机,螺距为 3mm)。

3) 抓棉小车由电动机 M3 驱动(M3 为三相异步电动机,由变频器进行无级调速控制,加速时间为 0.5s,减速时间为 0.5s)。

4) 抽棉风机由电动机 M4 驱动(M4 为双速电动机,需要考虑过载、联锁保护,低速时热继电器整定电流为 0.25A,高速时热继电器整定电流为 0.3A)。

5) 转运带由电动机 M5 驱动(M5 为三相异步电动机,可实现正转运行)。

6) 卸料装置由电动机 M6 驱动(M6 为三相异步电动机,可实现正转运行)。

PLC、HMI(人机交互)及 I/O 元件分配见表 1-2,SQ 安装图如图 1-20 所示,电动机旋转以"顺时针旋转为正向,逆时针旋转为反向"为准。

表 1-2　PLC、HMI 及 I/O 元件分配

| 序号 | 输入信号 | 控制对象 | PLC |
|---|---|---|---|
| 1 | SB1～SB4 | HMI | CPU 1511 |
| 2 | — | M3、M4<br>M5、M6<br>HL1～HL3 | CPU 1212C<br>6ES7212-1BE40-0XB0 |
| 3 | SQ1、SQ2、SA1 | M1、M2 | CPU 1212C<br>6ES7212-1AE40-0XB0 |

图 1-20　SQ 安装图

### 2. 智能抓棉分拣机控制系统的运行要求

(1) 系统初始化

"智能抓棉分拣机控制系统自动运行模式"界面如图 1-21 所示,进入自动运行模式,若转塔不在初始位置 SQ1 处,按下触摸屏上的"复位"按钮或设备上的复位按钮 SB4,转塔以 4mm/s 速度返回 SQ1 处;若转塔处于初始位置 SQ1 处,设备上用 SA1 模拟开关闭合检测到抓棉区有棉花(有信号),自动运行模式的起动按钮 SB1、停止按钮 SB2、检测按钮 SB3 全部处于初始状态,所有电动机停止(M1～M6),自动运行模式的指示灯 HL1 开始以 1Hz 的频率闪烁。在 HL1 以 1Hz 的频率闪烁的状态下进行参数设置:输入转塔运行速度(输入值应在 4.0～12.0mm/s 之间)、输入抓棉臂运行速度(输入值应在

3.0～10.0mm/s 之间，电动机运行过程中每旋转一周的直线进给距离为 3mm），输入完成后按下起动按钮 SB1，HL1 灭，系统开始智能抓棉，整体流程由品质检测、自动抓棉、转运卸料三部分组成。

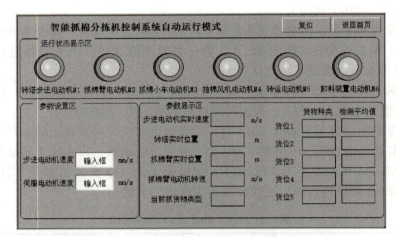

图 1-21 "智能抓棉分拣机控制系统自动运行模式"界面

（2）智能抓棉 – 品质检测

转塔首先带动抓棉臂上的物料品质传感器分别对 5 个货位棉花品质进行检测，到达检测位置后抓棉臂带动传感器向下移动 6m 进行检测，到位后按下 SB3 确认检测结果，检测后抓棉臂再向上移动 6m 返回原点位置，按此动作依次对各个检测点进行检测，已知每个货位宽度为 30m，深度为 30m。为了更加全面地评定棉花质量，要求对每个货位进行检测，每个货位间距为 30m，如图 1-22 所示，即从 SQ1 右处 5m 开始依次间隔 30m，共计 5 个检测点（由于设备限制，所有距离均按照 1∶1000 计算），到达检测点后按下 SB3 确认检测值，棉花质量由物料品质传感器进行检测（检测值用控制柜的 0～10V 模拟转换为 0～50 之间数值模拟），并根据检测的平均值将棉花品质分为高、中、低三类（10～20 为低品质、21～35 为中品质、36～50 为高品质），在对应货位类型显示区显示品质类型。在对第 5 个检测点数值确认后，先使抓棉臂回到原点，再使转塔返回初始位置 SQ1，整体检测流程结束。

在此过程中，指示灯 HL2 常亮，完成后 HL2 熄灭。

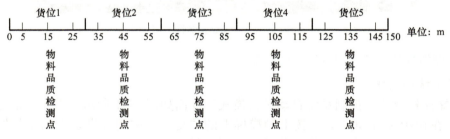

图 1-22 检测传感器分布示意图

（3）智能抓棉 – 自动抓棉

1）转塔根据 HMI 设定速度带动抓棉小车运行至相应货位左端后停止。

2）抓棉臂根据 HMI 设定速度向下移动 3m（由于设备限制，所有距离均按照 1∶1000 计算）。

项目一　智能控制系统方案设计

3）抓棉臂下降到位后，转塔根据HMI设定速度从左至右移动一个货位间距，即30m（由于设备限制，所有距离均按照1∶1000计算），与此同时抓棉小车转动抓棉（高品质为15Hz运行、中品质为30Hz运行、低品质为45Hz运行），抽棉风机抽吸棉花后通过输棉管道输送到出棉口（高品质为低速运行，中低品质为高速运行）。

4）当转塔运行到货位右端后，抓棉臂根据HMI设定速度再向下移动15m（总深度为18m，由于设备限制，所有距离均按照1∶1000计算）。

5）抓棉臂下降到位后，转塔根据HMI设定速度从右至左移动一个货位间距，即30m（由于设备限制，所有距离均按照1∶1000计算），与此同时抓棉小车转动抓棉（高品质为15Hz运行、中品质为30Hz运行、低品质为45Hz运行），抽棉风机抽吸棉花后通过输棉管道输送到出棉口（高品质为低速运行，中低品质为高速运行）。

6）当转塔返回货位左端后，抓棉臂根据HMI设定速度上升返回原点，当前对应货位类型显示无，上述2）→6）过程为自动抓棉动作流程。

在此过程中，指示灯HL2以1Hz的频率闪烁。

（4）智能抓棉－转运卸料

1）当货物送到出棉口后转运带起动运行，转运带根据所来货物的类型决定卸料仓位及运行时间，仓位1存放高品质棉花，转运带运行5s到位；仓位2存放中品质棉花，转运带运行7s到位；仓位3存放低品质棉花，转运带运行9s到位。

2）转运带运行结束后，卸料装置运行根据货物类型决定卸料装置卸料时间，如卸料装置卸高品质货物9s、中品质货物6s、低品质货物3s。卸料完成后，转塔从上次结束位置开始运行，进行下一次抓棉流程，直到将5个货位棉花抓取完。

在此过程中，指示灯HL2以2Hz的频率闪烁。

（5）非正常情况处理

系统自动运行过程中，按下自动运行模式的停止按钮SB2，系统立即停止，HL3常亮。再次按下SB1，系统自动从之前状态起动运行，HL3熄灭。

## 二、智能抓棉分拣机控制系统详细设计方案制订

### 1. 完成各功能模块设计与调试

（1）各电动机运行功能测试

联调前需对系统使用的各电动机功能进行测试，确保各电动机功能完好后进行联机调试，以减少联机调试工作量。如转塔的移动由电动机M1驱动（M1为步进电动机，使用旋转编码器对转塔位置进行实时监测，丝杠的螺距为4mm，步进电动机旋转一周需要2000个脉冲），因此在对电动机M1进行功能测试时，需考虑能用旋转编码器检测转塔的实时位置和运行速度。

（2）各PLC之间通信功能测试

系统由一个触摸屏、一台S7-1500 PLC和两台S7-1200 PLC组成，其中S7-1500 PLC为主PLC，系统需通过通信才能实现控制功能，因此需明确通信方案，并在系统联调前明确通信协议并完成通信测试，本系统拟采用PROFINET（PN）通信协议。

### 2. 完成系统整体功能设计与调试

（1）硬件设计及安装

根据项目要求明确各电动机的控制方案，如抓棉小车由电动机M3驱动（M3为三相

异步电动机，由变频器进行无级调速控制，加速时间为 0.5s，减速时间为 0.5s），结合项目要求中只需三段速度确定变频器采用多段速控制方案，并完成电路图设计。完成电路图设计后，根据电路图完成硬件安装、导线连接及参数设置。

❖ **注意：** 在工业现场，需根据各电动机的功率确定电动机型号、导线型号和各保护元件型号。

（2）软件设计及调试

1）完成触摸屏画面及功能设计。根据项目要求完成触摸屏的画面设计和功能设计，如触摸屏要显示各仓位的货物类型，触摸屏需设计根据 PLC 上传的数据经判断后再进行显示的功能。

2）完成 PLC 程序设计。详细分析项目要求，先根据项目要求绘制系统工艺流程图，再根据工艺流程图完成系统程序设计，在进行程序设计时可采用顺序功能图法、经验编程法、SET/RST 法等编程方法，考虑程序的可读性，本系统拟采用顺序功能图法。

3）完成系统程序调试和完善。完成程序设计后，将程序下载到 PLC，对所编程序进行调试，检查程序是否能完成系统所需的各项功能，若无法满足，对程序进行修改后再调试，直到满足项目要求。

### 3. 完成技术文档编写

完成系统调试后，需完成技术文档编写，本系统技术文档包括系统介绍、系统电路图、各元件的调试参数、程序、调试流程、常见系统故障及解决方法。

 **想一想**

观看《大国重器》纪录片，聆听充满中国智慧的机器制造故事，感受中国装备制造业从无到有，赶超世界先进水平背后的艰辛历程，分析中国装备制造业迈向高端制造的未来前景。

 **项目拓展**

金工自动化智能一体机
保温杯制作设备

全自动水泥胶砂
搅拌机

# 项目二

# See Electrical 软件应用
## ——抽棉风机控制系统安装与调试

 **项目目标**

➢ 【知识目标】

1. 了解各类电气制图软件。
2. 掌握 See Electrical 软件各项功能的使用方法。

➢ 【能力目标】

1. 能根据工艺要求设计智能抓棉分拣机抽棉风机控制系统的硬件电路。
2. 能根据工艺要求连接智能抓棉分拣机抽棉风机控制系统的硬件电路。
3. 能根据工艺要求绘制智能抓棉分拣机抽棉风机控制系统的工艺流程图。
4. 能根据工艺要求编写智能抓棉分拣机抽棉风机控制系统的 PLC 程序。
5. 能根据工艺要求完成智能抓棉分拣机抽棉风机控制系统的调试和优化。

➢ 【素质目标】

培养学生不断探索和求索的科学精神。

 **项目引入**

在智能抓棉分拣机控制系统中,抽棉风机由电动机驱动,风机根据棉花品质切换高低速(电动机为双速电动机,需要考虑过载、联锁保护,低速时热继电器整定电流为 0.25A,高速时热继电器整定电流为 0.3A)运行。为减少控制系统调试量,确保在自动控制系统中抽棉风机能完成所需各项功能,设置本项目完成抽棉风机在智能抓棉分拣机控制系统所需的各类控制功能,具体控制要求如下:

按下起动按钮 SB2,双速电动机低速运行,5s 后转高速运行,8s 后停止,5s 后又以低速运行起动,按此循环周期一直运行,直到按下停止按钮 SB1,双速电动机调试结束。电动机调试过程中,电动机运行时 HL1 以 1Hz 的频率闪烁,电动机停止时 HL1 常亮,调试结束后 HL1 熄灭。

## 知识准备

### 一、双速异步电动机调速原理

由三相异步电动机的转速公式 $n=(1-s)\dfrac{60f}{p}$ 可知，改变异步电动机转速可通过三种方法来实现：一是改变电源频率 $f$；二是改变转差率 $s$；三是改变磁极对数 $p$。

改变异步电动机的磁极对数调速称为变极调速。变极调速是通过改变定子绕组的连接方式来实现的，它是有级调速，且只适用于笼型异步电动机。

### 二、双速异步电动机定子绕组的连接

双速异步电动机定子绕组的 △/丫丫 形联结如图 2-1 所示。

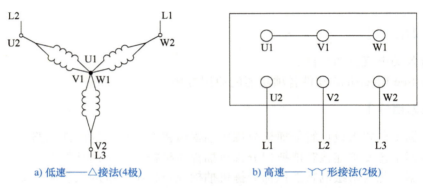

a) 低速——△接法(4极)　　　　　b) 高速——丫丫形接法(2极)

图 2-1　双速异步电动机定子绕组的 △/丫丫 形联结

电动机低速工作时，将三相电源分别接在出线端 U1、V1、W1 上，另外三个出线端 U2、V2、W2 不接，此时电动机定子绕组接成△，磁极为 4 极，同步转速为 1500r/min。

电动机高速工作时，将三个出线端 U1、V1、W1 并接在一起，三相电源分别接在另外三个出线端 U2、V2、W2 上，此时电动机定子绕组接成丫丫形，磁极为 2 极，同步转速为 3000r/min。

❖ **注意**：双速电动机定子绕组从一种接法改变为另一种接法时，必须把电源相序反接，以确保电动机的旋转方向不变。

### 三、常用继电控制的双速电动机控制图

图 2-2 所示为常用继电控制的双速电动机控制图，合上电源开关 QS 后，可实现如下功能：

按下起动按钮 SB2，电动机定子绕组为△联结，低速运行；KT 开始计时 5s，5s 时间到，电动机由低速转为高速。电动机在低速或高速运转时，按下停止按钮 SB1，电动机都停转。停止使用时，断开电源开关 QS。

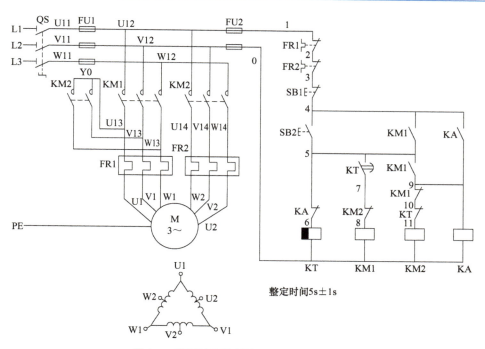

图 2-2 常用继电控制的双速电动机控制图

 **项目实施**

### 一、抽棉风机控制系统的硬件设计

#### 1. PLC 的 I/O 地址分配

详细分析项目的控制要求,根据"满足功能、留有裕量"的原则,完成 PLC 的选型,并对 PLC 的 I/O 地址功能进行分配,具体见表 2-1。

表 2-1 PLC 的 I/O 地址分配

| 输入信号 | | 输出信号 | |
| --- | --- | --- | --- |
| 停止按钮 SB1 | I0.0 | KM1(低速) | Q0.0 |
| 起动按钮 SB2 | I0.1 | KM2(高速) | Q0.1 |
| 热继电器 FR1 | I0.2 | KM2(高速短接) | Q0.2 |
| 热继电器 FR2 | I0.3 | 指示灯 HL1 | Q0.3 |

#### 2. 电路图设计

(1)新建电路图

1)方法 1:打开软件,在左上角依次选择"文件"→"新建"命令,如图 2-3 所示。

方法 2:打开软件,在左上角直接单击"新建工作区"按钮或按下"Ctrl+N",如图 2-4 所示。

项目二 抽棉风机主电路图设计

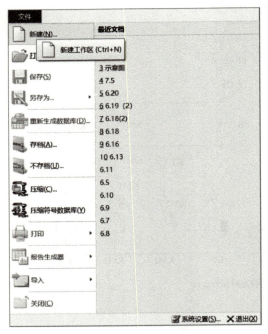

图 2-3　新建电路图方法 1

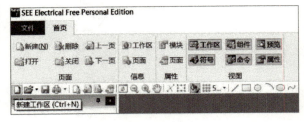

图 2-4　新建电路图方法 2

2）选择"新建"命令，弹出图 2-5 所示的"新建工作区"对话框，在"文件名"处输入本次新建电路图名称"抽棉风机"，单击"保存"按钮，完成新建电路图命名。

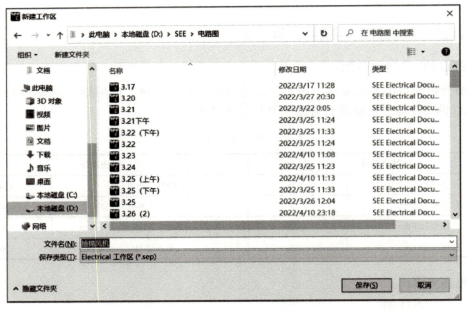

图 2-5　"新建工作区"对话框

3）单击"保存"按钮，弹出图 2-6 所示的"选择工作区模板"对话框，选择"Standard"模式，单击"确定"按钮，完成新建。

❖ **注意**：项目模板可定义项目的图框模板、命名方式、编号方式等设计规范，用户也可自行定义常用项目模板，在未定义前一般选择"Standard"模式。

项目二　See Electrical软件应用——抽棉风机控制系统安装与调试

☑ **试一试**：在完成项目任务后，依次选择工作区模板，分析总结各模板区别并记录到表2-6中。

4）单击工作区左侧的项目名称"抽棉风机"，右侧会出现一个"属性"对话框。在"属性"对话框中可编辑用户名称、地址、邮编及电话等项目信息，如图2-7所示。

❖ **注意**：用户设置不同界面布局后，"属性"对话框所在位置可能会有所不同，"属性"对话框的具体位置以实际为准。

（2）绘制电位线

1）新建电路图。右击图2-8所示工作区的"电路图（EN）"，在弹出的菜单中选择"新建"命令或按下"Alt+N"，弹出图2-9所示的"页面信息"对话框，在"索引"中输入"主电路图"，在"页面说明行01"中输入"抽棉风机"，单击"确定"按钮完成"页面信息"的输入。

图2-6　选择"Standard"模式

图2-7　"属性"对话框

图2-8　新建电路图

图2-9　"页面信息"对话框

19

☑ 试一试：在完成项目任务后，依次修改"页面信息"中的各项内容，分析总结"页面信息"中各项内容的作用并记录到表2-6中。

2）网格设置。图纸中网格尺寸决定绘图的精度，系统默认精度为5.00，若需调整可单击 5.00 图标右侧的三角下拉图标，在下拉列表中选择设定精度。

❖ 注意：若需取消网格，单击网格设置图标，背景由蓝变白，则网格被取消。

3）电线的信号设置。步骤如下：

① 选中图2-10所示菜单栏中的"Electrical"菜单。

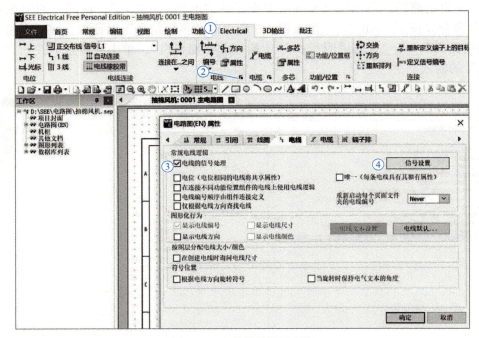

图2-10  电线信号设置步骤

② 单击"电线"右侧的 图标，弹出"电路图（EN）属性"对话框。

③ 选择"电路图（EN）属性"对话框中的"电线的信号处理"选项，激活"信号设置"。

④ 单击"信号设置"按钮，弹出图2-11所示对话框。将鼠标放至 图标上，按住左键并向下拖动（不选中 ＊ 标志所在行），将默认的"名称或信号类型"选中，按下"Delete"删除所选中的信号信息，单击"确定"按钮，系统返回图2-10所示界面。再单击"信号设置"按钮，单击 ＊ 标志，系统自动生成一条新的信号设置行，在新生成的信号设置行中单击 图标重新设置电线信号，具体需设置的电线信号信息见表2-2。

表2-2  电线信号信息

| 名称或信号类型 | 默认电线尺寸 | 默认的电线颜色 | 显示电线编号 | 显示电线尺寸 | 显示电线颜色 | 画笔颜色 |
| --- | --- | --- | --- | --- | --- | --- |
| L1 | 1 | YE | √ | √ | √ | 黄色 |
| L2 | 1 | GN | √ | √ | √ | 绿色 |
| L3 | 1 | RD | √ | √ | √ | 红色 |

（续）

| 名称或信号类型 | 默认电线尺寸 | 默认的电线颜色 | 显示电线编号 | 显示电线尺寸 | 显示电线颜色 | 画笔颜色 |
| --- | --- | --- | --- | --- | --- | --- |
| N | 1 | BU | √ | √ | √ | 蓝色 |
| PE | 1 | GNYE | √ | √ | √ | 黄绿色 |
| CONTROL | 0.75 | BK | √ | √ | √ | 黑色 |

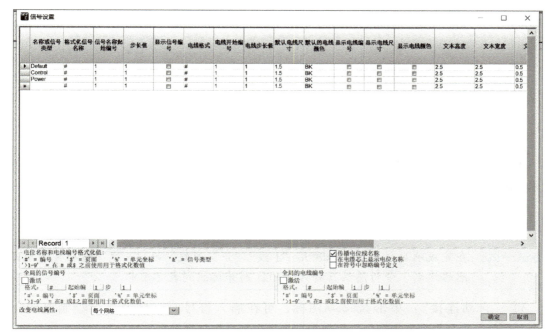

图 2-11 "信号设置"对话框

4）电位线的绘制。电线的信号设置完成后，开始绘制电位线。单击图 2-12 所示左上角的 图标（生成"页面上部的电位"功能）或按下"F11"，弹出图 2-13 所示的"组件属性"对话框，在"产品"行的"值"输入框中输入"L1"，单击"确定"按钮，完成 L1 电位线的绘制。再按照此方法完成 L2、L3、N 及 PE 电位线的绘制。完成后如图 2-14 所示。

图 2-12 "页面上部的电位"位置示意图

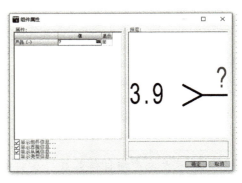

图 2-13 "组件属性"对话框

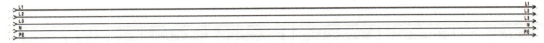

图 2-14　上部电位线完成示意图

选中图 2-15 所示菜单栏中的"Electrical"菜单，该菜单下"电线连接"面板中的各项功能可用于在电路图中绘制和连接电线。各种电线连接方式的具体功能如下。

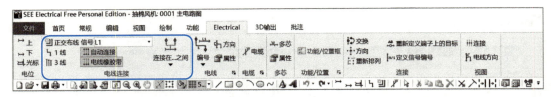

图 2-15　电线连接面板

1）单线：单击 ![1线] 图标，单击起点和终点，即可在两点间绘制一条单线。

2）多线：多线可分为"3 线"和"正交布线"两种。

① "3 线"：单击 ![3线] 图标，单击起点和终点，然后再右击，在起点和终点间完成三根相线的绘制，绘制结果如图 2-16 所示。

② "正交布线"："正交布线"可自动识别电线数，还可快速完成多线折弯绘制，一般用在线路需转向处，如图 2-17 所示。

> ☑ 试一试：在完成项目任务后，依次用"1 线""正交布线"及"3 线"命令完成电路图的绘制，分析总结三种方法的区别并记录到表 2-6 中。

3）"自动连接"：单击 ![自动连接] 图标，可在插入符号时，自动连接绘制电线，如图 2-18 所示。

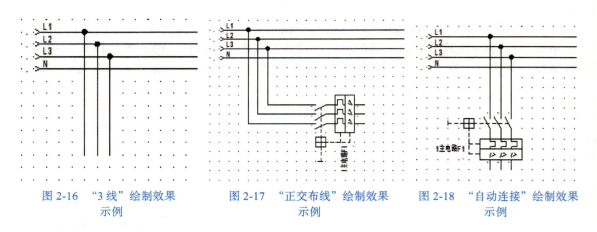

图 2-16　"3 线"绘制效果示例　　图 2-17　"正交布线"绘制效果示例　　图 2-18　"自动连接"绘制效果示例

4）"电线橡胶带"：单击 ![电线橡胶带] 图标，用户在移动符号时，电线可自动延长或缩短。

> ☑ 试一试：在完成项目任务后，分别用"自动连接"和"电线橡胶带"命令完成电路图的绘制，分析总结三种方法的区别并记录到表 2-6 中。

（3）设计主电路

在图2-19所示的"首页"菜单中，选择"符号"命令，弹出符号库，符号库中包含"GB""液压与气动"及"电气"等多个不同的文件夹，如图2-20所示。若所需元件未能在文件夹中找到，可以在搜索框中输入所需元件名称，单击"查找"图标进行查找。

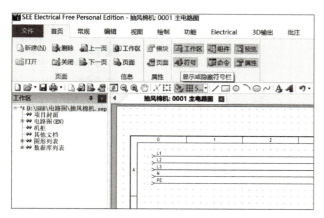

图2-19 "首页"菜单

图2-20 符号库

本项目主电路中需用到3级跳闸断路器、熔断器、热继电器、交流继电器及电动机，下面以完成本项目为例介绍在主电路中添加电气元件的方法及注意事项。

1）在符号库中依次选择"电气"→"F-保护设备"→"3级跳闸断路，手动"，将其拖拽至"主电路图"中大致所需放置的位置，右击完成该元件的添加。

2）在符号库中依次选择"电气"→"F-保险丝"→"3级保险丝"，将其拖拽至"主电路图"中大致所需放置的位置，右击完成该元件的添加。

3）在符号库中依次选择"电气"→"KM-接触器"→"3级常开主触点"，将其拖拽至"主电路图"中大致所需放置的位置，右击完成该元件的添加。

4）在符号库中依次选择"电气"→"F-保护设备"→"3级热控过载"，将其拖拽至"主电路图"中大致所需放置的位置，右击完成该元件的添加。

5）在符号库中依次选择"电气"→"M-电动机"→"三相Y/D"，将其拖拽至"主电路图"中大致所需放置的位置，右击完成该元件的添加。

所需各类电气元件添加完成后，用步骤"（2）绘制电位线"所述方法完成电路连接，主电路绘制效果图如图2-21所示。

❖ 注意：

1）为了熟悉掌握各种接线方法，试试采用"（2）绘制电位线"所述的所有方法探索完成该电路图。

2）在符号库中拖拽出"3级跳闸断路，手动"后，若要达到图2-21所示的效果，需要旋转该元器件。具体操作为：右击选中的元器件，选择"旋转"命令，页面上出现"+"光标，在元器件中心水平线上单击确定旋转中心点，再水平拉出此光标点后单击，移动鼠标拖动元器件绕中心点旋转，待转至所需角度后单击完成旋转，如图2-22所示。

# 智能控制系统安装与调试

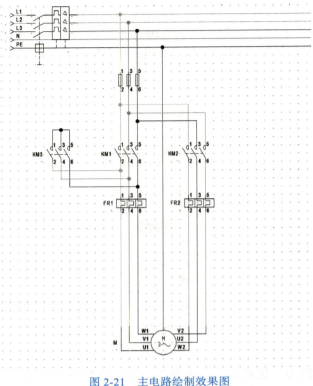

图 2-21 主电路绘制效果图

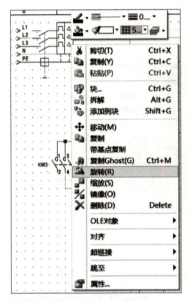

图 2-22 "旋转"操作示意图

3）在 See Electrical 软件中，无黄绿色 PE 线路，本项目中用紫色代替。

4）当连接不同信号线时，需在  框里选择相应电线的信号，如绘制接地线时，需要将信号更改为"PE"。

5）建议先绘制电源至电动机的电线，再依次添加 3 级跳闸断路器、熔断器、热继电器等元器件。若先添加 3 级跳闸断路器、熔断器、热继电器等元器件，则会出现电源信号错误的情况。

（4）设计控制电路

See Electrical 软件里自带有多个型号的 PLC，当所需设计的 PLC 型号在元件库里有相应型号时，直接从元件库中拖拽出即可使用。若元件库中无所需设计的 PLC 型号，则需要重新绘制，下面介绍如何绘制一个 PLC 元件。

1）绘制 PLC 框图。创建一幅新的电路图，索引名称设为"PLC 电路"。使用"绘制矩形"工具将西门子 PLC 的大致形状画出，如图 2-23 所示。

2）绘制 PLC 信号。在符号库中依次选择"连接"→"1 个端子 0°垂直"，将其拖拽至所需放置的位置。将"组件属性 for 端子"对话框中的"产品"改为"L1"，完成西门子 S7-1200 AC/DC/RLY PLC 硬件的 L1 端子信号绘制，如图 2-24 所示。按照此方法，完成 PLC 其余信号端子的绘制。

完成 PLC 外形图与所有端子的绘制后，在"绘制"菜单中选择 新建文本 命令或按下"Ctrl+T"，弹出图 2-25 所示的"文本"对话框，输入需绘制的 PLC 型号：S7-1200 AC/DC/RLY。

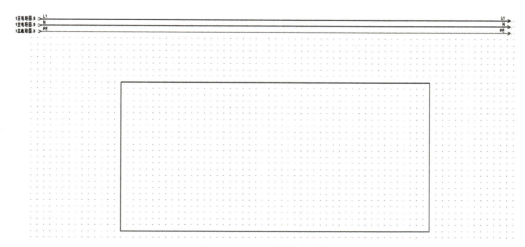

图 2-23　PLC 外形示意图

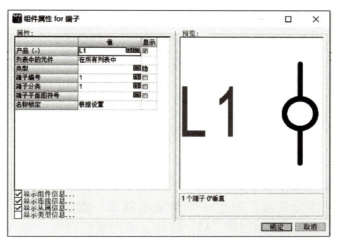

图 2-24　PLC 信号端子的绘制

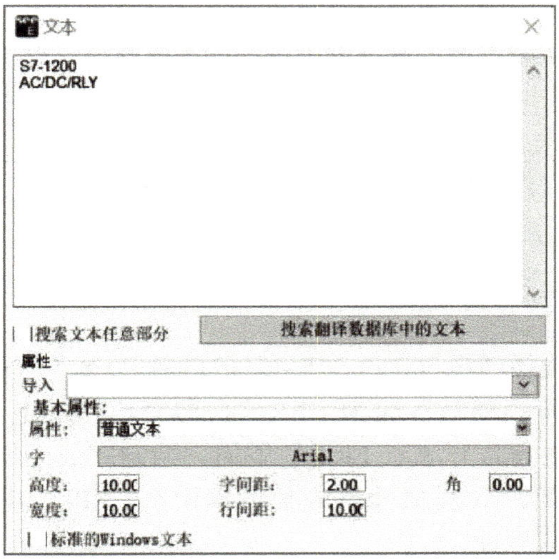

图 2-25　新建文本

按住鼠标左键从右下角向左上角全部选中所绘制的 PLC，右击，在跳出的对话框里依次单击"块"→"块/宏/组"按钮，将所绘制的 PLC 构建为组件。

将 PLC 组件 L1 端子连接信号线 L1，端子 N 连接信号线 N，端子 PE 连接信号线 PE，端子 L+ 连接端子 1M，从端子 M 处引出索引，完成 M 索引的创建，绘制完成后的效果图如图 2-26 所示。

> ☑ 试一试：在完成项目任务后，运用所学知识及自主查看手册，将绘制的 PLC 添加成为系统元件，提高后续的画图效率，分析总结方法并记录到表 2-6 中。

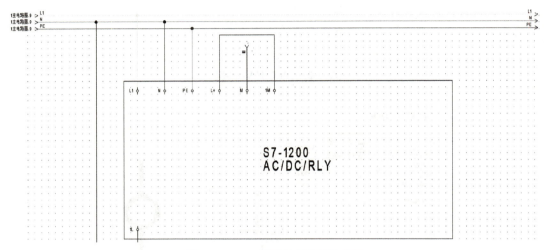

图 2-26　PLC 框图及其外部接线图

3）绘制 PLC 输入侧控制电路。

① 绘制电气元件公共端。创建一个新的电路图，索引名称为"PLC 输入"。单击"Electrical"菜单下的 图标创建"M"信号，即完成控制电路输入电气元件公共端的添加。

② 添加 PLC 输入信号。在符号库中依次选择"PLC"→"1- 数字输入 -DI"→"信号 -1，向上"。将其拖拽至电路图中大致所需放置的位置，弹出"组件属性 for PLC，信号"对话框，在"产品"的"值"输入框中输入 PLC 型号："S7-1200 AC/DC/RLY"，在"PLC 符号地址"里填入与 PLC 相对应的输入信号"I0.0"，可按此方法完成其余输入信号的添加，如图 2-27 所示。

③ 绘制 PLC 输入信号控制元件，步骤如下：

a. 在符号库中依次选择"电气"→"S- 按钮"→"VPB11"，将其拖拽至所需放置的位置，将"产品"改为"SB1"，即完成停止按钮 SB1 的添加。根据此方法，即可完成起动按钮 SB2 的添加。

b. 在符号库中依次选择"电气"→"F- 保护设备"→"1 级，热继，常开"，将其拖拽至所需放置的位置。将"产品"改为"FR1"，即完成热继电器常开触点 FR1 的添加。可按此方法，完成热继电器常开触点 FR2 的添加。绘制完成的 PLC 输入侧控制电路图如图 2-28 所示。若索引有效，双击 M 电线左侧的索引符"2PLC 电路 .4"，系统自动跳转至图 2-26 所创建的"M"信号处。

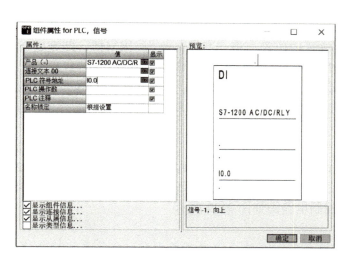
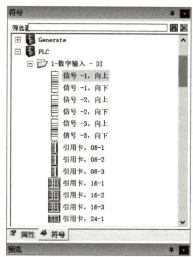

图 2-27 添加 PLC 输入信号

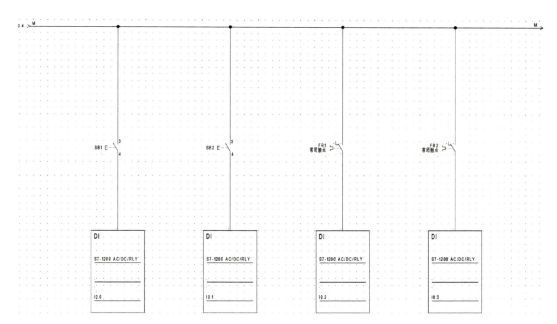

图 2-28 PLC 输入侧控制电路图

4）绘制 PLC 输出侧控制电路。

① 绘制电气元件公共端。创建一个新的电路图，索引名称设为"PLC 输出"，单击"Electrical"菜单下的 ↦下 （生成"页面下部的电位"功能）创建 L2 电位线，即完成控制电路输出电气元件公共端的添加。

② 添加 PLC 输出信号。在符号库中依次选择"PLC"→"2-数字输出-DO"→"信号-1，向下"，将其拖拽至电路图中大致所需放置的位置。在弹出的"组件属性 for PLC，信号"对话框的"产品"的"值"输入框中输入 PLC 型号："S7-1200 AC/DC/RLY"，

在"PLC符号地址"里填入与PLC相对应的输出信号"Q0.0",即当前所添加的信号为S7-1200 AC/DC/RLY PLC的输出信号Q0.0,可按此方法完成其余输出信号的添加。

③ 绘制PLC输出信号控制元件。在符号库中依次选择"电气"→"KM-接触器"→"主线圈",将其拖拽至所需放置的位置。将"产品"改为"KM1",即完成KM1线圈的添加。按此方法可完成KM2和KM3常闭辅助触点的添加。

项目所使用的电动机为双速电动机,为防止电路短路,控制电动机低速运转的接触器和高速运转的接触器之间需设计互锁功能,即KM1和KM2、KM3之间需要设计互锁功能。

在符号库中依次选择"电气"→"KM-接触器"→"NC",将其拖拽至KM2和KM3输出控制回路中,将"产品"改为"KM1",即实现KM1线圈吸合时断开KM2和KM3输出控制回路的功能,可按此方法在KM1输出控制回路上添加KM2和KM3常闭辅助触点。绘制完成的PLC输出侧控制电路图如图2-29所示。

❖ 注意:

1)在电路图中,使用相同名称电位线时系统会自动生成索引,彼此之间建立连接,如图2-29所示。图2-29中的L2电位线左侧有"1主电路图.9"的索引,该索引示意此页的L2电位线与第1页的L2线路电位线是相同的电位线。

2)在电路图中主符号和从符号名称相同时,软件会自动建立主从符号间的交叉索引,方便使用者查询主从符号间的对应关系。如图2-29所示,为符号间的交叉索引。

以KM1索引为例,NO代表该符号的常开触点,下面无显示,说明在电路图中未使用常开触点,NC为该符号的常闭触点,下面的数字4.5和4.7代表使用了两组常闭触点,4.5代表该常闭触点所对应的线圈放置在电路图第4页的第5列。

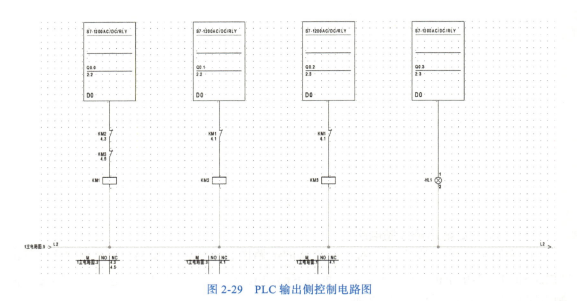

图2-29  PLC输出侧控制电路图

(5)生成电线的标号、线径和颜色

1)选中"Electrical"菜单,单击"电线"右边的图标,在"电路图(EN)属性"对话框里选择"电位(电位相同的电线将共享属性)"选项,在"图形化行为"复选框中选择"显示电线编号""显示电线尺寸""显示电线颜色",最后单击"确定"按钮,如图 2-30 所示。

图 2-30 "电路图(EN)属性"设置

2)依次选择"Electrical"→"编号"→"生成…(G)",如图 2-31 所示。在弹出的"电线编号"对话框中按照图 2-32 的设置更改,最后单击"重新编号"按钮即可生成编号。

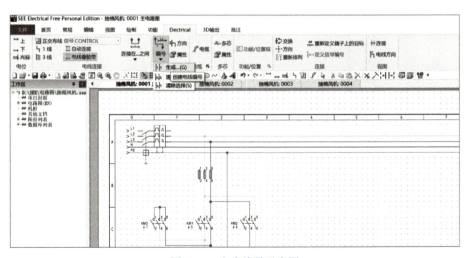

图 2-31 生成编号示意图

3)系统自动生成电线编号时不会生成线径单位,可在电路图第一页中注明,本图所有电线线径单位均为 mm*2,如图 2-33 所示。

# 智能控制系统安装与调试

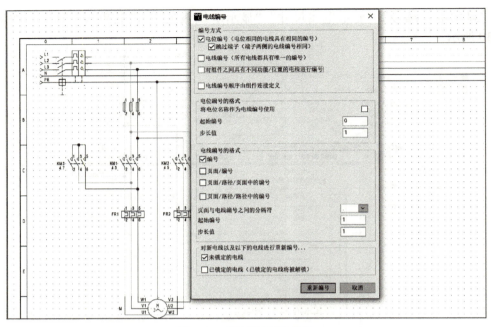

图 2-32 "电线编号"设置

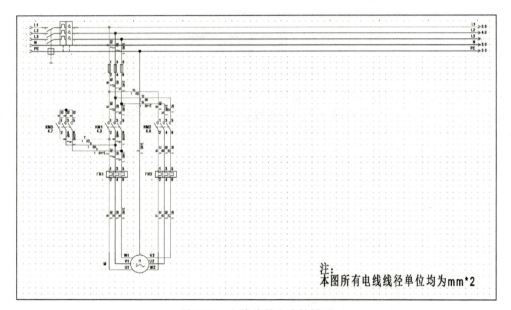

图 2-33 电线编号生成效果图

## 二、抽棉风机控制系统软件设计

### 1. 抽棉风机控制系统的工艺流程图绘制

详细分析项目的控制要求，完成工艺流程图的绘制，如图 2-34 所示。

### 2. 抽棉风机控制系统的程序设计

抽棉风机控制系统程序如图 2-35 和图 2-36 所示。

项目二 See Electrical软件应用——抽棉风机控制系统安装与调试

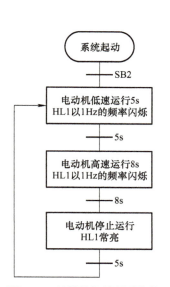

图 2-34 抽棉风机控制系统的工艺流程图

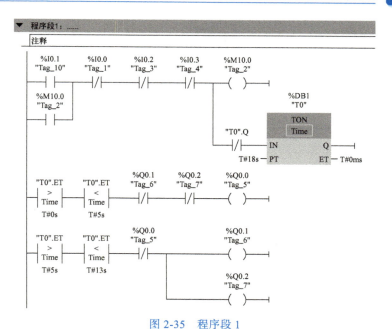

图 2-35 程序段 1

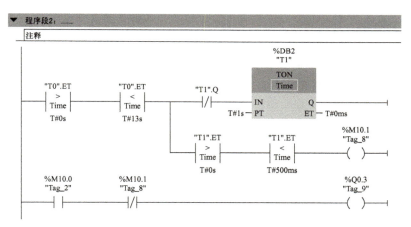

图 2-36 程序段 2

### 三、抽棉风机控制系统的运行调试

（1）系统单项功能调试

完成系统程序设计后，将程序下载到 PLC。为确保运行安全，以及提高整体运行功能效率，在进行整体运行前，先对系统的各组成设备进行单项功能调试，确保所有设备运行正常。具体调试内容见表 2-3。

表 2-3 抽棉风机单项功能调试记录表

| 序号 | 调试内容 | 结果 |
| --- | --- | --- |
| 1 | 按钮、开关连接调试 | |
| 2 | 灯连接调试 | |

## （2）系统整体运行功能调试

完成系统单项功能调试后，按表 2-4 中的顺序对系统进行整体调试。

❖ **注意**：设备运行过程是连续的，如果在某一阶段无法按系统要求进行运行，需停止调试，待问题解决后再继续调试。

表 2-4 抽棉风机系统运行调试记录表

| 调试步骤及现象 | | 结果 |
|---|---|---|
| 调试指令 | 按下起动按钮 SB2 | |
| 运行现象 | 1. 电动机低速运行，HL1 指示灯以 1Hz 的频率闪烁<br>2. 5s 后，转高速运行，HL1 指示灯以 1Hz 的频率闪烁<br>3. 8s 后，电动机停止运行，HL1 指示灯常亮<br>4. 5s 后，电动机再次低速运行，进入下一个循环，HL1 指示灯以 1Hz 的频率闪烁 | |
| 调试指令 | 电动机运行 1 个周期后，且处于运行状态时，按下停止按钮 SB1 | |
| 运行现象 | 电动机停止运行，HL1 指示灯熄灭 | |
| 记录调试过程中存在的问题和解决方案 | | |

# 项目验收

为检验学习成效，要求在限定时间内实施项目，按表 2-5 对项目的安装、接线、编程及安全文明生产情况进行整体评分。

表 2-5 项目验收评分表

| 序号 | 内容 | 评分标准 | 配分 | 得分 |
|---|---|---|---|---|
| 1 | I/O 分配 | 输入/输出地址遗漏或错误扣 1 分/处 | 10 | |
| 2 | 绘制外部接线图 | 1. 未使用工具画图，扣 0.5 分<br>2. 电路图元件符号不规范，不符合要求扣 0.5 分/处 | 10 | |
| 3 | 安装与接线 | 1. 连接的所有导线，必须压接接线头（针形、U 形），不符合要求酌情扣分：全部未压扣 5 分，部分压接时，压接量为 20% 扣 4 分，压接量为 50% 扣 2.5 分，压接量为 80% 扣 1 分。本项 5 分扣完为止<br>2. 同一接线端子超过两个线头、露铜超 2mm，扣 0.2 分/处。本项 1 分扣完为止<br>3. 连接的所有导线两端必须套上写有编号的号码管，不符合要求酌情扣分：全部未套扣 4 分，部分套上时，套接量为 20% 扣 3 分，套接量为 50% 扣 2 分，套接量为 80% 扣 1 分。本项 5 分扣完为止。说明：套上未写编号在以上基础上再扣一半分<br>4. 所有连接线垂直进线槽，盖上线槽盖，不符合要求扣 0.2 分/处。本项 1 分扣完为止<br>5. 外露较长导线需要包缠绕管，不符合要求酌情扣 0.5 分/处。本项 1 分扣完为止<br>6. 连接线路导线颜色、线径等按项目书要求区分，不符合要求酌情扣 0.5 分/处。本项 2 分扣完为止 | 20 | |

（续）

| 序号 | 内容 | 评分标准 | 配分 | 得分 |
|---|---|---|---|---|
| 3 | 安装与接线 | 7. 上电前安全检查，上电后初步检测元件工作是否正常，检查局部电路功能。①上电安全操作：能够正常上电，给 1 分；②器件功能测试：按下按钮、开关、行程开关、用金属触碰传感器检测头等，相应的 PLC 输入点应当有信号，不符合要求的扣 0.5 分/处。本项 3 分扣完为止<br>8. 根据工艺连线的整体美观度酌情给分。本项 2 分扣完为止 | 20 | |
| 4 | 编程及调试 | 本部分内容由考核教师依据课程资源内的考核要求或自行制订考核标准 | 50 | |
| 5 | 安全文明生产 | 1. 带电操作每次扣 2 分，如果有重大安全隐患，可直接计 0 分<br>2. 着装不规范扣 2 分<br>3. 不听从安排，不尊重老师，扣 5～10 分，直至取消考试资格<br>4. 实训结束后未进行整理扣 5 分 | 10 | |
| 合计总分 | | | 100 | |
| 考核教师 | | | 考核时间 | 年　月　日 |

## 系统故障

在工业现场，电动机控制系统经常会出现表 2-6 所示故障，请根据所学知识，在已调试成功的系统中模拟下述故障，从而探究分析故障原因，并提出排除方法。记录在实施过程中出现的系统故障，并在表 2-6 中记录故障原因及排除方法。

表 2-6　系统故障调试记录表

| 序号 | 设备故障 | 故障原因及排除方法 |
|---|---|---|
| 1 | 电动机能低速运行，但转速偏慢且电动机发热 | |
| 2 | 电动机高速运行时发生短路 | |
| 3 | PLC 的 Q 有输出，灯亮，但接触器不吸合 | |
| 4 | 按下按钮，I 口没有接收到信号 | |

## 想一想

由于在实训室中实训设备主要用于验证控制功能以及资金投入不足等，实训室内的元器件型号一般较少，在工业现场，三相异步电动机的功率肯定不相同，因此在原理图绘制时还需运用所学知识明确各元器件的具体型号，比如现在某车间的三相异步电动机的功率为 25A，请根据所学知识，查看 See Electrical 软件使用手册，探索用 See Electrical 软件设计电气原理图，并做好元器件统计表和设备采购清单。

# 项目三

# MCGS 组态基础应用
## ——智能抓棉分拣机卸料及转运带电动机控制系统安装与调试

## 项目目标

➢【知识目标】

1. 了解组态软件的应用及特点。
2. 掌握 MCGS 软件界面制作、通道关联等基本功能的使用方法。

➢【能力目标】

1. 能根据工艺要求设计智能抓棉分拣机卸料以及转运带电动机控制系统的硬件电路。
2. 能根据工艺要求连接智能抓棉分拣机卸料以及转运带电动机控制系统的硬件电路。
3. 能根据工艺要求绘制智能抓棉分拣机卸料以及转运带电动机控制系统的工艺流程图。
4. 能根据工艺要求编写智能抓棉分拣机卸料以及转运带电动机控制系统的 PLC 程序。
5. 能根据工艺要求完成智能抓棉分拣机卸料以及转运带电动机控制系统的调试和优化。

➢【素质目标】

培养学生不断探索和求索的科学精神。

智能抓棉分拣机控制系统中,卸料电动机和转运带电动机由三相异步电动机控制,为减少控制系统的调试量,确保在自动控制系统中卸料电动机和转运带电动机能完成所需各项功能,设置本项目完成卸料电动机和转运带电动机在智能抓棉分拣机控制系统所需的各类控制功能,具体控制要求如下:

项目三　MCGS组态基础应用——智能抓棉分拣机卸料及转运带电动机控制系统安装与调试

系统起动进入图3-1所示的调试界面后，等待系统调试。首先在触摸屏中分别设定转运带电动机和卸料电动机的运行时间，按下起动按钮SB1或触摸屏上的"起动按钮"，系统起动运行，转运带电动机正转至触摸屏所设定时间后停止，卸料电动机再起动正转至触摸屏对应设定时间后停止，停2s后，转运带电动机和卸料电动机同时正转运行，运行至触摸屏上设定的转运带电动机和卸料电动机总运行时间后停止，停2s后转运带电动机又开始运行，按此循环连续运行，直至按下停止按钮SB2或触摸屏上的"停止按钮"停止运行，调试结束。调试过程中，转运带电动机处于运行状态时HL1以1Hz的频率闪烁，卸料电动机处于运行状态时HL2以2Hz的频率闪烁。转运带电动机和卸料电动机同时运行时HL3长亮，触摸屏上的指示灯显示对应电动机运行状态，调试结束后所有灯熄灭。

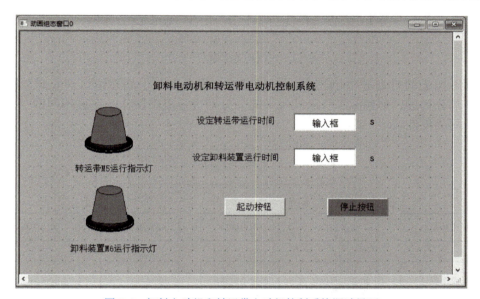

图3-1　卸料电动机和转运带电动机控制系统调试界面

## 一、MCGS组态软件概述

MCGS组态软件包括运行环境和组态环境两个部分。

用户的所有组态配置过程都在组态环境中进行，组态环境相当于一套完整的工具软件，它帮助用户设计和构造自己的应用系统。用户组态生成的结果是一个数据库文件，称为组态结果数据库。

运行环境是一个独立的运行系统，它按照组态结果数据库中用户指定的方式进行各种处理，完成用户组态设计的目标和功能。运行环境本身没有任何意义，必须与组态结果数据库一起作为一个整体，才能构成用户应用系统。一旦组态工作完成，运行环境和组态结果数据库就可以离开组态环境，独立运行在监控计算机上。

组态结果数据库完成了MCGS组态软件从组态环境向运行环境的过渡，它们之间的关系如图3-2所示。

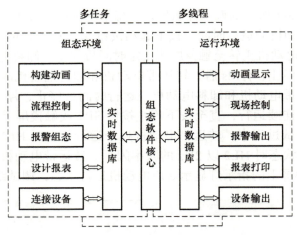

图 3-2  MCGS 组态软件的构成

MCGS 组态软件所建立的工程由主控窗口、设备窗口、用户窗口、实时数据库和运行策略五部分构成,如图 3-3 所示。每一部分分别进行组态操作,完成不同的工作,且各自具有不同的特性。

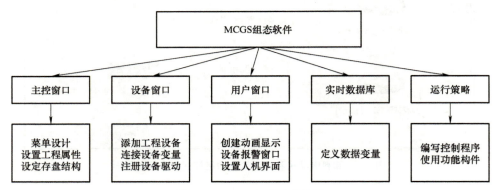

图 3-3  MCGS 组态软件结构

1)主控窗口:是工程的主窗口或主框架。在主控窗口中可以放置一个设备窗口和多个用户窗口,同时可以调度和管理这些窗口的打开或关闭。主要的组态操作包括定义工程的名称、编制工程菜单、设计封面图形、确定自动启动的窗口、设定动画刷新周期、指定数据库存盘文件名称及存盘时间等。

2)设备窗口:是连接和驱动外部设备的工作环境。在本窗口内配置数据采集与控制输出设备,注册设备驱动程序,连接驱动设备用的数据变量。

3)用户窗口:本窗口主要用于设置工程中人机交互的界面,诸如生成各种动画显示界面、报警输出、数据与曲线图表等。

4)实时数据库:是工程各个部分的数据交换与处理中心,它将 MCGS 工程的各个部分连接成有机的整体。在本窗口内定义不同类型和名称的变量,作为数据采集、处理、输出控制、动画连接及设备驱动的对象。

5)运行策略:本窗口主要完成工程运行流程的控制。包括编写控制程序(if...then 脚本程序)、选用各种功能构件,如数据提取、历史曲线、定时器、配方操作、多媒体输出等。

## 二、新建 MCGS 工程

用户窗口是用来定义、构成 MCGS 图形界面的窗口。用户窗口是组成 MCGS 图形界面的基本单位，所有的图形界面都是由一个或多个用户窗口组合而成的，它的显示和关闭由各种策略构件和菜单命令来控制。

用户窗口相当于一个"容器"，用户窗口中可以放置三种不同类型的图形对象：图元、图符和动画构件。通过对图形对象的组态设置，建立与实时数据库的连接，来完成图形界面的设计工作。所有复杂的图形界面都由用户窗口来绘制。窗口的属性可以设置成多种窗口类型。例如，把一个用户窗口指定为工具条，运行时，该用户窗口就以工具条的形式出现；把一个用户窗口指定为状态条，运行时，该用户窗口就以状态条的形式出现；把一个用户窗口指定为有边界、有标题栏并且带控制框的标准 Windows 风格的窗口，运行时，该窗口就以标准 Windows 窗口的形式出现。

一个组态项目中可以建立多个用户窗口，多个用户窗口可以同时打开运行。系统最多可定义 512 个用户窗口。如图 3-4 所示，在 MCGS 组态环境的"工作台"窗口内，选择"用户窗口"，单击"新建窗口"按钮，即可以定义一个新的用户窗口。

在 MCGS 组态软件中，用户窗口也是作为一个独立的对象而存在的，它包含的许多属性需要在组态时正确设置。单击选中的"用户窗口"，用下列方法之一打开"用户窗口属性设置"对话框：右击，在弹出的菜单中，选择"属性"选项；单击工具条中的"显示属性" 图标；执行"编辑"菜单中的"属性"命令；按下 <Alt+Enter>；进入"用户窗口"后，双击窗口的空白处；进入"用户窗口"后，右击，在弹出的菜单中执行"属性"命令。

在"用户窗口属性设置"对话框中，可分别对用户窗口的"基本属性""扩充属性""启动脚本""循环脚本"和"退出脚本"属性进行设置。

在"基本属性"选项卡中包括"窗口名称""窗口标题""窗口位置""窗口边界"以及"窗口内容注释"等内容，如图 3-5 所示。

图 3-4 新建用户窗口界面

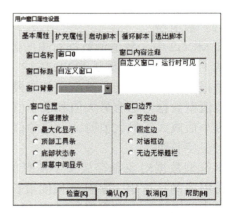

图 3-5 用户窗口基本属性设置

## 三、建立实时数据库

### 1. 实时数据库

实时数据库是 MCGS 的核心，也是应用系统的数据交换和数据处理中心，系统各部分均以实时数据库为数据共用区，进行数据交换、数据处理和实现数据的可视化处理。设备窗口通过设备构件驱动外部设备，将采集的数据送入实时数据库；由用户窗口组成的图形对象，与实时数据库中的数据对象建立连接关系，以动画形式实现数据的可视化；运行策略通过策略构件，对数据进行操作和处理，如图3-6所示。

图3-6 "实时数据库"界面

### 2. 数据对象类型

数据对象是构成实时数据库的基本单元，建立实时数据库的过程也就是定义数据对象的过程。定义数据对象的内容主要包括指定数据变量的名称、类型、初始值和数值范围；确定与数据变量存盘相关的参数，如存盘的周期、时间范围和保存期限等。

在MCGS中，数据对象有开关型、数值型、字符型、事件型和组对象五种类型。不同类型的数据对象，属性不同，用途也不同。

（1）开关型

保存开关信号（0或非0）的数据对象称为开关型数据对象，常用于与外部设备的数字量输入/输出通道连接，比如连接PLC设备的数字量输入/输出端口的数据，用来表示某一设备的某端口当前所处的状态。开关型数据对象也用于表示MCGS中某一对象的状态，如对应于一个图形对象的可见度状态。

（2）数值型

在MCGS中，数值型数据对象的数值范围：负数从$-3.402823E38$到$-1.401298E-45$，正数从$1.401298E-45$到$3.402823E38$。数值型数据对象除了存放数值及参与数值运算外，还提供报警信息，并能与外部设备的模拟量输入/输出通道相连接。

数值型数据对象有最大值和最小值属性，其值不会超过设定的数值范围。当对象的值小于最小值或大于最大值时，对象的值分别取为最小值或最大值。

（3）字符型

字符型数据对象是存放文字信息的单元，用于描述外部对象的状态特征，其值为多个字符组成的字符串，字符串长度最长可达64KB。字符型数据对象没有工程单位、最大值、最小值属性，也没有报警属性。

（4）事件型

事件型数据对象用来记录和标识某种事件产生或状态改变的时间信息。例如开关量的状态发生变化、鼠标左键或右键按下的动作、有报警信息产生等，都可以看作是一种事件发生。事件发生的信息可以直接从某种类型的外部设备获得，也可以由内部对应的策略构件提供。

事件型数据对象的值是 19 个字符组成的定长字符串，用来保留当前最近一次事件所产生的时刻："年，月，日，时，分，秒"。年用四位数字表示，月、日、时、分、秒分别用两位数字表示，之间用英文输入法下的逗号分隔。如"2019，06，30，15，45，56"，即表示该事件发生于 2019 年 6 月 30 日 15 时 45 分 56 秒。当相应的事件没有发生时，该对象的初值固定设置为"1970，01，01，08，00，00"。

（5）组对象

数据组对象是 MCGS 引入的一种特殊类型的数据对象，类似于一般编程语言中的数组和结构体，用于把相关的多个数据对象集合在一起，作为一个整体来定义和处理。例如在实际工程中，描述一个水箱控制系统的工作状态有液位、温度、压力、流量等多个物理量，为便于处理，定义"水箱"为一个组对象，用来表示"水箱"这个实际的物理对象，其内部成员则由上述物理量对应的数据对象组成，这样在对"水箱"对象进行处理（如进行组态数据存盘处理、实时曲线历史曲线显示、上下限报警显示）时，只需指定组对象的名称"水箱"，就包括了对其所有成员的处理。

组对象只是在组态时对某一类对象的整体表示方法，实际的操作则是针对每一个成员进行的。如在报警显示动画构件中，指定要显示报警的数据对象为组对象"水箱"，则该构件显示组对象包含的各个数据对象在运行时产生的所有报警信息。

数据组对象是多个数据对象的集合，应包含两个以上的数据对象，但不能包含其他的数据组对象。一个数据对象可以是多个不同组对象的成员。

把一个对象的类型定义成组对象后，还必须定义组对象所包含的成员。如图 3-7 所示，在"数据对象属性设置"对话框内，专门有"组对象成员"选项卡，用来定义组对象的成员。图 3-7 中左边为所有数据对象的列表，右边为组对象成员的列表。单击"增加"按钮，可以把左边指定的数据对象增加到组对象成员中；"删除"按钮则把右边指定的组对象成员删除。组对象没有工程单位、最大值、最小值属性，组对象本身没有报警属性。

图 3-7 组对象成员的添加或删除设置

## 四、建立基本图元

用户窗口内的图形对象是以"所见即所得"的方式来构造的，也就是说，组态时用户窗口内的图形对象是什么样，运行时就是什么样，同时打印出来的结果也不变。因此，用户窗口除了构成图形界面以外，还可以作为报表中的一页来打印。把用户窗口视区的大小设置成对应纸张的大小，就可以打印出由各种复杂图形组成的报表。

图形对象放置在用户窗口中，是组成用户应用系统图形界面的最小单元。MCGS 中的图形对象包括图元对象、图符对象和动画构件三种类型，不同类型的图形对象有不同的属性，所能完成的功能也各不相同。图元和图符对象为用户提供了一套完善的设计制作图形界面和定义动画的方法。动画构件对应于不同的动画功能，它们是从工程实践经验中总结出的常用的动画显示与操作模块，用户可以直接使用。通过在用户窗口内放置不同的图形对象，创建多个用户窗口，用户可以构造各种复杂的图形界面，用不同的方式实现数据和流程的"可视化"。

### 1. 图元对象

MCGS 提供了两个工具箱：放置图元对象和动画构件的绘图工具箱和常用图符工具箱。图形对象可以从这两个工具箱中选取，如图 3-8 所示，在绘图工具箱中提供了常用的图元对象和动画构件，在常用图符工具箱中提供了常用的图形。

图元是构成图形对象的最小单元。多种图元的组合可以构成新的、复杂的图形对象。MCGS 为用户提供了 8 种图元对象（即工具箱中第 2～9 种），即 直线； 弧线； 矩形； 圆角矩形； 椭圆； 折线或多边形； 标签； 位图。

折线或多边形图元对象是由多个线段或点组成的图形元素，当起点与终点的位置不相同时，该图元为一条折线；当起点与终点的位置相重合时，就构成了一个封闭的多边形。

标签图元对象是由多个字符组成的一行字符串，该字符串显示于指定的矩形框内。MCGS 把这样的字符串称为标签图元。标签图元既可以显示静态的文本信息，也可以显示由字符型数据对象提供的一些动态的文本信息。

位图图元对象是后缀为".bmp"的图形文件中所包含的图形对象，也可以是一个空白的位图图元。

MCGS 的图元是以向量图形的格式而存在的，根据需要可随意移动图元的位置和改变图元的大小。对于文本图元，只改变显示矩形框的大小，文本字体的大小并不改变。对于位图图元，也只是改变显示区域的大小，对位图轮廓进行缩放处理，而位图本身的大小并无变化。

### 2. 图符对象

多个图元对象按照一定规则组合在一起所形成的图形对象，称为图符对象，如图 3-9 所示。图符对象是作为一个整体而存在的，可以随意移动和改变大小。多个图元可构成图符，图元和图符又可构成新的图符，新的图符可以分解，还原成组成该图符的图元和图符。

图 3-8 工具箱

图 3-9 常用图符对象

MCGS 内部提供了 27 种常用的图符对象，放在常用图符工具箱中，称为系统图符对象，为快速构图和组态提供方便。系统图符是专用的，不能分解，以一个整体参与图形的制作。系统图符可以和其他图元、图符一起构成新的图符。

项目三　MCGS组态基础应用——智能抓棉分拣机卸料及转运带电动机控制系统安装与调试

### 3. 动画构件

所谓动画构件，实际上就是将工程监控作业中经常操作或观测用的一些功能性器件软件化，做成外观相似、功能相同的构件，存入 MCGS 的工具箱中，供用户在图形对象组态配置时选用，完成一个特定的动画功能。工具箱中除了前述 8 种基本图元外，后面的构件都是动画构件。MCGS 目前提供的动画构件有：输入框；流动块；百分比填充；标准按钮；动画按钮；旋钮输入；滑动输入器；旋转仪表；动画显示；实时曲线；历史曲线；报警显示；自由表格；历史表格；存盘数据浏览；文件播放；多行文本；报警条；报警浏览。

下面以在窗口中添加按钮和指示灯为例，介绍如何在 MCGS 中添加动画构件。

按钮：从工具箱中单击"标准按钮"构件，在窗口编辑位置按住鼠标左键，拖放出一定大小后，松开鼠标左键，完成按钮添加，如图 3-10 所示。

图 3-10　完成起动按钮的添加

指示灯：单击工具箱中"插入元件"构件，在弹出的对话框中选择"指示灯"→"指示灯 1"，然后单击"确定"按钮，在用户窗口左上角将自动插入一个指示灯，选中"指示灯 1"，单击"确定"按钮添加到窗口界面，将其调整到合适大小，如图 3-11 和图 3-12 所示。

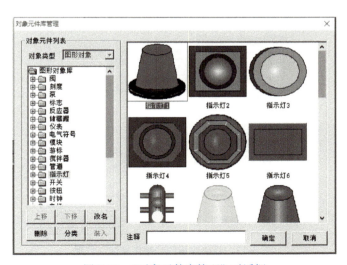

图 3-11　"对象元件库管理"对话框

41

# 智能控制系统安装与调试

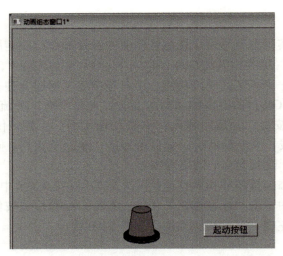

图 3-12　完成指示灯的添加

## 五、建立动画连接

如果组态设计的界面没有进行动画属性设置,系统运行起来后是没有任何动画显示的,对界面进行操作属性的设置,才能使组态界面根据变量变化进行动态变化,让系统设计的界面能直观地进行点动、长动动画显示。这也是组态软件非常重要的一个属性——可以让操作员非常直观地观察系统中的某些工程量的状态信息。下面以按钮和指示灯为例,介绍如何在 MCGS 中建立动画连接。

**1. 按钮的操作属性设置**

双击按钮,打开"标准按钮构件属性设置"对话框,在"操作属性"选项卡中,对按钮的操作属性进行设置。选择"数据对象值操作"选项,在右边的下拉列表框中选择"按1松0",单击 ? 按钮,在弹出的对话框中选择"M100"数据对象,完成关联后,按下该按钮时 M100 为 1,松开时 M100 为 0,如图 3-13 所示。

图 3-13　起动按钮的"操作属性"设置

## 2. 指示灯的操作属性设置

双击指示灯,打开"单元属性设置"对话框,在"数据对象"选项卡中,单击 按钮,在弹出的对话框中选择"Q2"数据对象进行关联,完成数据关联后,Q2=1 时,该指示灯点亮(显示绿色),Q2=0 时,该指示灯熄灭(显示红色),如图 3-14 所示。

图 3-14 指示灯的数据对象关联

 **项目实施**

### 一、智能抓棉分拣机卸料及转运带电动机控制系统的硬件设计

#### 1. PLC 的 I/O 地址分配

详细分析项目的控制要求,根据"满足功能、留有裕量"的原则,完成 PLC 的选型,并对 PLC 的 I/O 地址功能进行分配,具体见表 3-1。

表 3-1 PLC 的 I/O 地址分配

| 输入信号 | | 输出信号 | |
|---|---|---|---|
| 起动按钮 SB1 | I0.0 | 转运带电动机 | Q0.0 |
| 停止按钮 SB2 | I0.1 | 卸料电动机 | Q0.1 |
| | | 指示灯 HL1 | Q0.2 |
| | | 指示灯 HL2 | Q0.3 |
| | | 指示灯 HL3 | Q0.4 |

#### 2. 电路图设计

完成 PLC 的 I/O 地址分配后,结合项目要求,完成系统电路图设计,如图 3-15 所示。

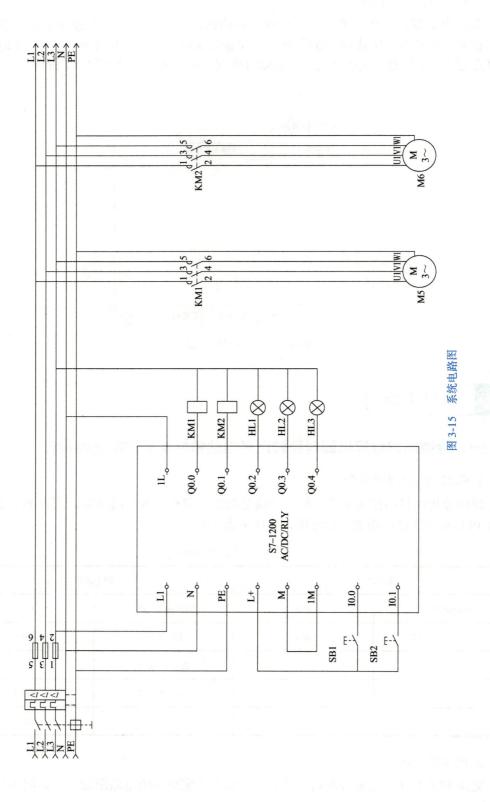

图 3-15 系统电路图

## 二、智能抓棉分拣机卸料及转运带电动机控制系统的组态环境设置

双击"组态环境"图标，打开 MCGS 组态软件，然后按如下步骤建立工程。

项目三 MCGS 组态环境设置

### 1. 新建工程

打开 MCGS 组态软件，选择"文件"菜单中的"新建工程"命令，弹出"新建工程设置"对话框，如图 3-16 所示，根据实训设备上安装的 MCGS 型号选择 TPC 的类型。

本案例 YL-158GA1 实训装置中预安装的 MCGS 类型为"TPC7062Ti"，因此需将 TPC 类型由默认的"TPC7062K"更改为"TPC7062Ti"，并单击"确定"按钮，弹出"工作台"对话框，如图 3-17 所示。

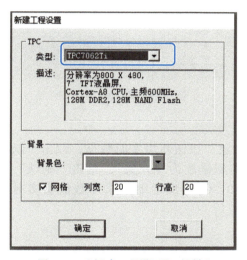

图 3-16 "新建工程设置"对话框

图 3-17 "工作台"对话框

❖ **注意**：如果 MCGS 组态软件中选择的类型与硬件类型不一致，MCGS 触摸屏将无法与 MCGS 组态软件所在的计算机通信，MCGS 硬件类型型号可在触摸屏背面查看。

> ☑ **试一试**：在完成项目任务后，改变 TPC 类型并进行下载，在表 3-6 中记录改变上述参数后对系统运行效果的影响。

### 2. 保存工程

选择"文件"菜单中的"工程另存为"命令，弹出"文件保存"对话框，在"文件名"一栏内输入"智能抓棉分拣机控制系统"，单击"保存"按钮，完成工程创建。

### 3. 新建窗口

在工作台中选择"用户窗口"，单击"新建窗口"新建一个用户窗口，右击选中该窗口，在弹出的菜单中选择"属性"，弹出"用户窗口属性设置"对话框，如图 3-18 所示。在"基本属性"选项卡中，将"窗口名称"和"窗口标题"都改成"卸料电动机和转运带电动机控制系统"。单击"确认"按钮，完成用户窗口属性的设置。

### 4. 设置启动窗口

在工作台的"用户窗口"中，单击选择该窗口，右击弹出菜单项，选择"设置为启动窗口"。这样系统起动的时候，该窗口会自动运行，如图 3-19 所示。

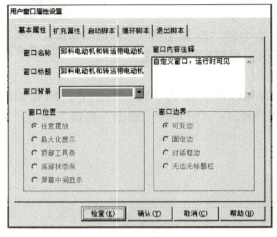

图 3-18 "用户窗口属性设置"对话框

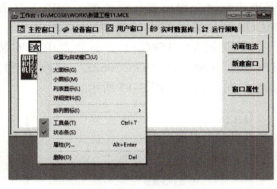

图 3-19 启动窗口的设置

### 5. 添加实时数据

在工作台"实时数据库"中，单击"新增对象"按钮新增实时数据，双击"Data1"进行编辑，将对象名称修改为"M100"，对象类型修改为"开关"，单击"确认"按钮添加实时数据。按上述方法依次添加 M101、Q0、Q1，然后继续添加数值型实时数据 MD400 和 MD404，添加完成后如图 3-20 所示。

### 6. 设备组态

选择工作台中的"设备窗口"，双击 图标进入设备组态，如图 3-21 所示。单击菜单栏上如图 3-22 所示工具条上的 按钮，打开"设备工具箱"，如图 3-23 所示，双击选择 Siemens_1200 添加设备。如果在 MCGS 嵌入版组态软件界面上方没有显示工具条，可按 <Ctrl+T> 快捷键显示。

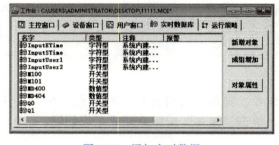

图 3-20 添加实时数据

图 3-21 工作台中的"设备窗口"

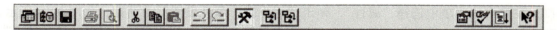

图 3-22 工具条

如果本案例中默认在设备工具箱中没有 Siemens_1200 设备,则需单击"设备管理"按钮,在弹出的对话框中依次选择"所有设备"→"PLC"→"西门子"→"Siemens_1200 以太网"→"Siemens_1200"将"Siemens_1200"添加到"选定设备"中,单击"确认"按钮完成选定设备的添加,如图 3-24 所示。完成添加后设备工具箱中将会增加"Siemens_1200"设备,双击"Siemens_1200",完成"设备组态:设备窗口"中的"Siemens_1200"设备的添加,如图 3-25 所示。

图 3-23 设备工具箱

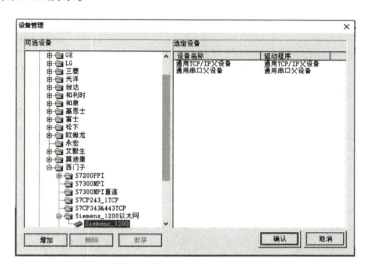

图 3-24 "设备管理"对话框

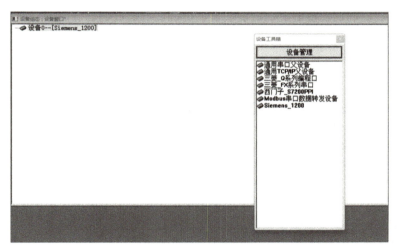

图 3-25 "设备组态:设备窗口"界面

> ☑试一试:在完成项目任务后,试试如何删除设备工具箱中添加的设备,并在表 3-6 中做好记录。

### 7. MCGS 与 PLC 关联参数分配及通道关联

根据项目要求,参考图 3-1 完成卸料及转运带电动机调试界面设计,并完成 PLC 与 MCGS 间的关联地址分配和设置,具体见表 3-2。

表 3-2　PLC 与 MCGS 间的关联地址分配和设置

| 输入信号 | | | 输出信号 | | |
|---|---|---|---|---|---|
| 功能 | MCGS | PLC | 功能 | MCGS | PLC |
| 起动按钮 | M100 | M100.0 | 转运带 M5 运行指示灯 | Q0 | Q0.0 |
| 停止按钮 | M101 | M100.1 | 卸料装置 M6 运行指示灯 | Q1 | Q0.1 |
| | | | 设定转运带运行时间 | MD400 | MD400 |
| | | | 设定卸料装置运行时间 | MD404 | MD404 |

在本案例中增加设备通道选择对应的"通道类型、数据类型、通道地址、通道个数"和创建对应的连接变量。

双击"设备 0--[Siemens_1200]"进入"设备编辑窗口",单击"增加设备通道"按钮,在弹出的对话框中选择对应的"通道类型、数据类型、通道地址、通道个数"以添加 Q0.0、Q0.1,如图 3-26 所示,然后依次添加 M100.0、M100.1、MD400、MD404。

❖ **注意**:进入"设备编辑窗口"时,默认建立了一个字节的 I 输入继电器通道,可根据题目要求不对其建立连接变量或删除此通道。

☑ **试一试**:在完成项目任务后,在"设备编辑窗口"关联 I 输入继电器通道,调试触摸屏关联信号为 1 时,观察 PLC 上的 I 口是否接通,并在表 3-6 中做好记录。

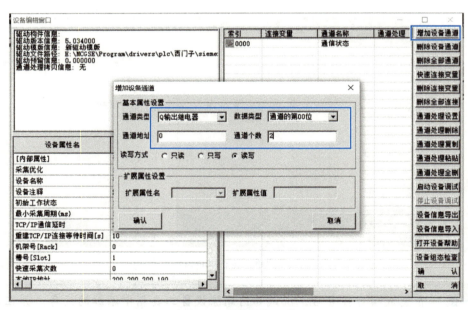

图 3-26　增加设备通道

双击 Q0.0 通道对应的"连接变量",如图 3-27 所示,进入"变量选择"界面,选择变量"Q0",单击"确认"按钮,如图 3-28 所示。然后依次选择变量 Q1、M100、M101、MD400、MD404 并确认即可。完成后如图 3-29 所示,最后单击"确认"按钮。

项目三　MCGS组态基础应用——智能抓棉分拣机卸料及转运带电动机控制系统安装与调试

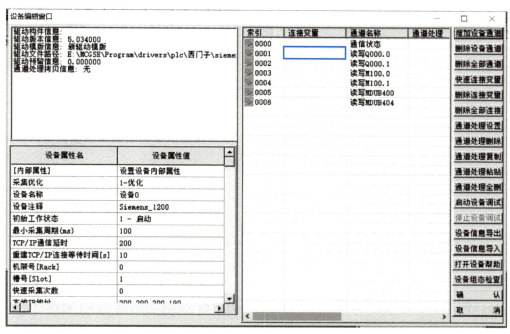

图 3-27　确认"连接变量"

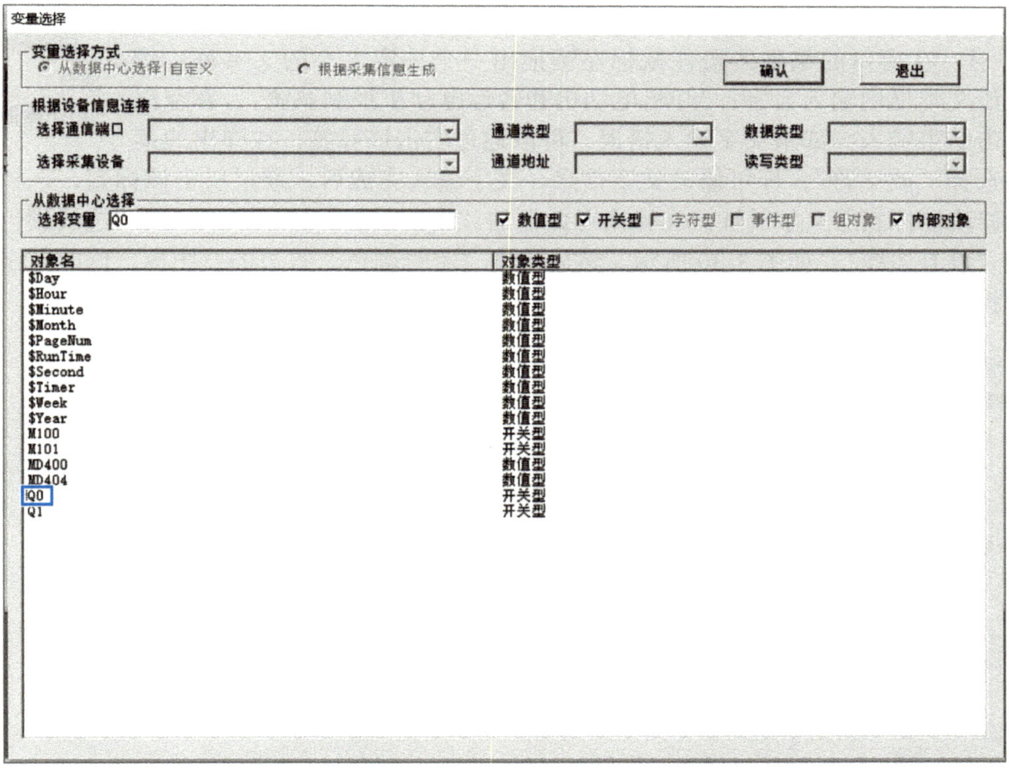

图 3-28　"变量选择"界面

# 智能控制系统安装与调试

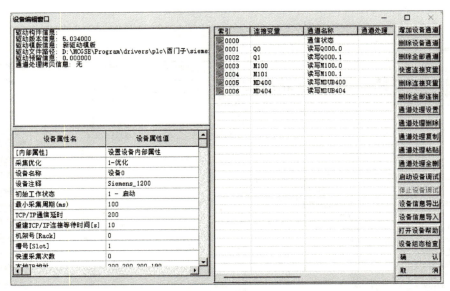

图 3-29 设备编辑窗口

## 三、智能抓棉分拣机卸料及转运带电动机控制系统的组态画面设计

### 1. 组态画面设计

在"用户窗口"下,双击"卸料电动机和转运电动机控制系统"窗口,进行用户窗口组态,打开工具箱,单击"标签" A 图标,鼠标变成"+"形,在窗口的编辑区按住鼠标左键拖出一个一定大小的文本框。然后在该文本框内输入文字:"卸料电动机和转运电动机控制系统",在空白处单击结束输入。如果文字输入错误,可以通过右击该标签,在弹出的菜

项目三 MCGS 组态画面设计

单中选择"改字符",即可修改文字信息。文字输入完成后,通过右击该标签,选择"属性"修改该标签的文字属性。在弹出对话框的"属性设置"选项卡中,将"边线颜色"选择成"没有边线",如图 3-30 所示。然后单击"字符颜色"右边的  图标,修改其字号大小,将其改成"四号",其余保持默认设置,如图 3-31 所示。

图 3-30 "标签动画组态属性设置"对话框

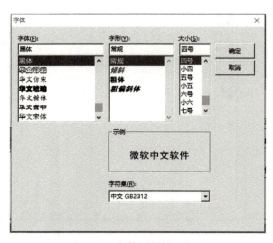

图 3-31 字符属性设置界面

单击工具箱中"插入元件" 图标，在弹出的对话框中选择"指示灯"→"指示灯1"，然后单击"确定"按钮，在用户窗口左上角将自动插入一个指示灯，如图3-32所示。按住鼠标左键将其拖至合适位置，松开鼠标左键。然后在指示灯下方添加文本"转运带M5运行指示灯"和"卸料装置M6运行指示灯"，如图3-33所示。

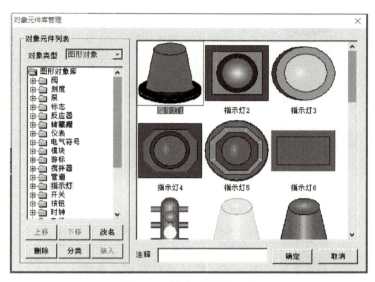

图 3-32　插入"指示灯1"

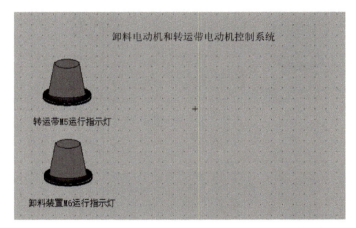

图 3-33　转运带 M5 运行指示灯和卸料装置 M6 运行指示灯

完成上述步骤后，添加文本"设定转运带运行时间、设定卸料装置运行时间和 s"，中间留空白用于放置输入框，如图3-34所示。接着在空白处通过单击 图标添加输入框，如图3-35所示。

单击工具箱中的"标准按钮" 图标，在用户窗口编辑区用鼠标左键拖放出一定大小的按钮后，松开鼠标左键，这样一个按钮构件就绘制在用户窗口中，如图3-36所示。然后双击该按钮构件，弹出"标准按钮构件属性设置"对话框，在"基本属性"选项卡中将"按钮标题"修改为"起动按钮"并将"背景色"修改为绿色，如图3-37所示；"停止按钮"与"起动按钮"的设置方法一致，组态设计完成效果如图3-38所示。

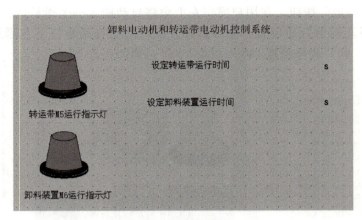

图 3-34　插入文本

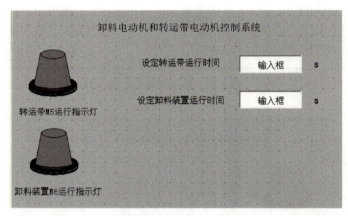

图 3-35　添加输入框

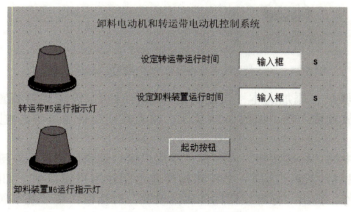

图 3-36　按钮组态设计

项目三　MCGS组态基础应用——智能抓棉分拣机卸料及转运带电动机控制系统安装与调试

图3-37　按钮的基本属性设置

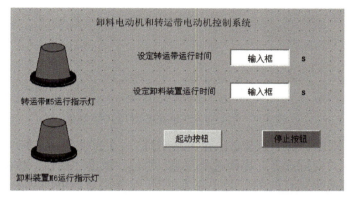

图3-38　最终组态设计界面

## 2. 组态动画连接

双击"转运带M5运行指示灯",在弹出的对话框中单击"填充颜色"右边的 ? 图标,如图3-39所示,在"变量选择"界面选择变量"Q0",然后单击"确认"按钮,如图3-40所示。

图3-39　"单元属性设置"对话框

53

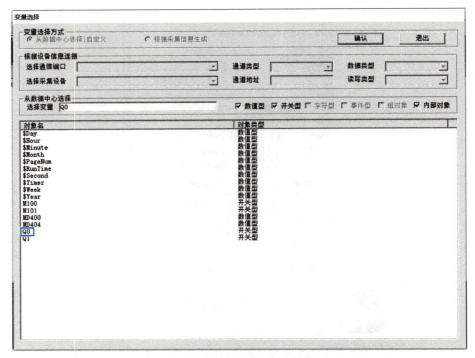

图 3-40 转运带 M5 运行指示灯的变量选择

与之前相同,双击"卸料装置 M6 运行指示灯",在弹出的对话框中单击"填充颜色"右边的 图标,在"变量选择"界面选择变量"Q1",单击"确认"按钮。

双击"设定转运带运行时间"的"输入框",在弹出对话框的"操作属性"选项卡中单击"对应数据对象的名称"下方的 图标,如图 3-41 所示,在"变量选择"界面选择变量"MD400",单击"确认"按钮,如图 3-42 所示。

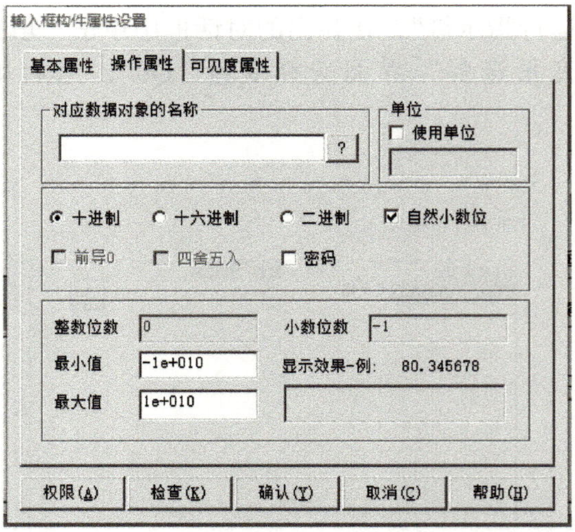

图 3-41 转运带运行时间输入框的"操作属性"设置

☑ 试一试:在完成项目任务后,若需设置最大值为 10、最小值为 5、小数位数为 1,运用所学知识并查看相关资料完成上述功能,并在表 3-6 中做好记录。

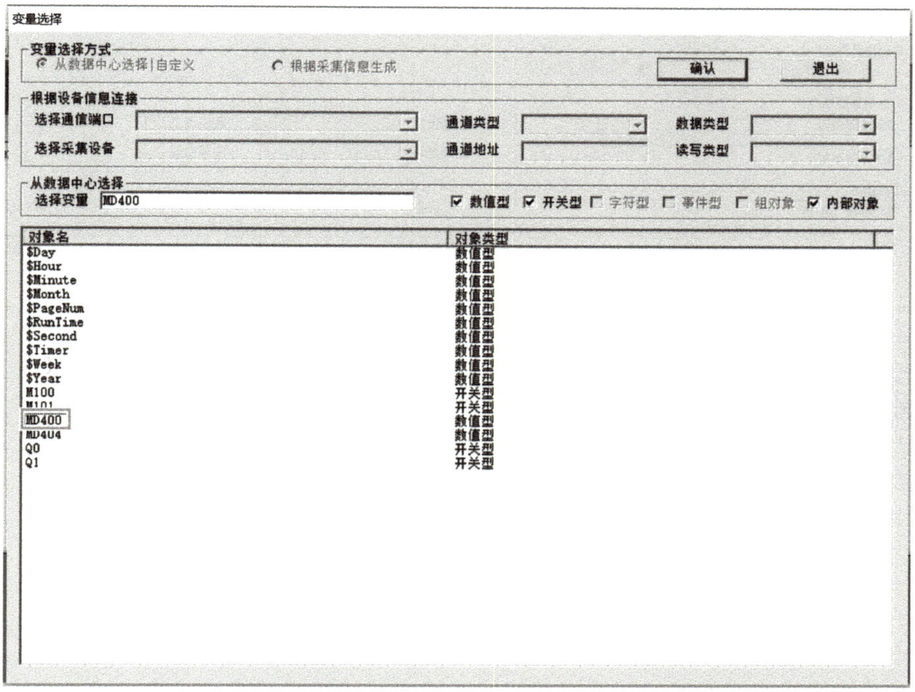

项目三　MCGS组态基础应用——智能抓棉分拣机卸料及转运带电动机控制系统安装与调试

图 3-42　转运带运行时间输入框的对应数据对象选择

与之前相同，双击"卸料装置运行时间"的"输入框"，在弹出对话框的"操作属性"选项卡中单击"对应数据对象的名称"下方的 图标，选择变量"MD404"，单击"确认"按钮。

双击"起动按钮"，在弹出对话框的"操作属性"选项卡中选择"抬起功能"选项组中的"数据对象值操作"，在下拉列表框中选择"按1松0"，如图 3-43 所示，单击 图标，在"变量选择"界面选择变量为"M100"，如图 3-44 所示。"停止按钮"的设置与"起动按钮"一致。"停止按钮"完成后，动画连接的全部操作已完成。

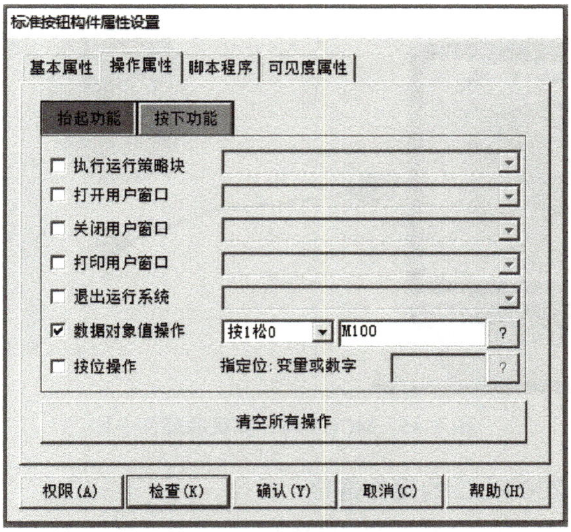

图 3-43　起动按钮的动画连接

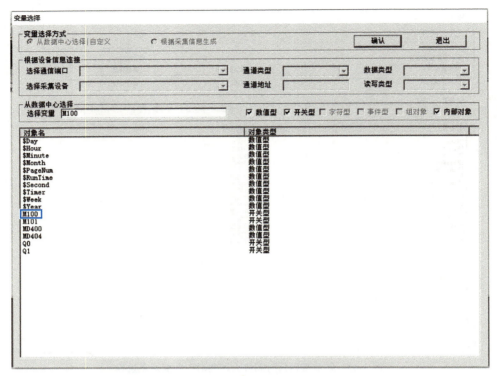

图 3-44 起动按钮的变量选择

## 四、MCGS 的硬件连接及设置

### 1. MCGS 与计算机的硬件连接

通过专用下载线将 MCGS 软件的编程计算机与 MCGS 实物进行关联，连接的方式有两种，一种是用 USB 线连接，另一种是网线连接（部分设备没有），如图 3-45 所示。

项目三 MCGS 硬件连接视频

图 3-45 MCGS 与计算机的硬件连接

### 2. MCGS 与 S7-1200 PLC 的硬件连接

MCGS 与 S7-1200 PLC 间用网线进行连接。

### 3. MCGS 程序下载

首先设置触摸屏的 IP，在打开触摸屏的过程中，通过不断单击屏幕进入系统"启动属性"界面，如图 3-46 所示。

图 3-46 触摸屏系统设置界面

在"启动属性"界面上单击"系统维护"按钮，进入"系统维护"界面后再单击"设置系统参数"进入"TPC 系统设置"界面，如图 3-47 所示。

单击"IP 地址"选项卡，进入"设置 IP 地址"界面，将触摸屏的"IP 地址"设置为192.168.0.10，"子网掩码"设置为 255.255.255.0，单击"设置"按钮，如图 3-48 所示。完成设置后，依次关闭"TPC 系统设置"和"系统维护"界面，回到"启动属性"界面。单击"启动属性"界面上的"重新启动"按钮，重新启动触摸屏，完成触摸屏 IP 地址的设置。

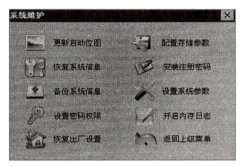

图 3-47 触摸屏参数设置界面

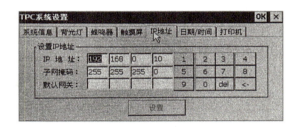

图 3-48 触摸屏网络设置界面

再回到计算机中的 MCGS 软件，单击菜单栏中的"▣"图标，弹出"下载配置"对话框，单击"连机运行"按钮，选择"连接方式"为"TCP/IP 网络"，将"目标机名"修改为触摸屏中设置的 IP 地址"192.168.0.10"，设置完成后再单击"通信测试"。通信测试成功后，单击"工程下载"按钮，完成下载，如图 3-49 所示。

❖ **注意**：在进行下载前，还需将计算机的 IP 地址设为 192.168.0.X，否则将无法下载，本案例将计算机的 IP 地址设为 192.168.0.2。

触摸屏界面下载完成后，在"设备编辑窗口"中，将"本地 IP 地址"设置为"192.168.0.10"，即触摸屏的 IP 地址，"远端 IP 地址"设置为"192.168.0.1"，即 PLC 的 IP 地址，如图 3-50 所示。

☑ **试一试**：在完成项目任务后，分别改变触摸屏、计算机和PLC的IP地址后，进行通信，观察并在表3-6中记录改变上述参数后对系统运行效果的影响。

❖ **注意**：触摸屏和S7-1200 PLC实现通信，还需勾选PLC里的"属性"→"防护与安全"中的"允许来自远程对象的PUT/GET通信访问"，否则无法实现通信。

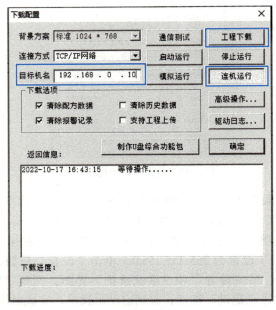

图3-49 "下载配置"对话框

图3-50 设备编辑窗口

## 五、智能抓棉分拣机卸料及转运带电动机控制系统的程序设计

程序段 1：按下起动按钮 SB1 或触摸屏"起动按钮"，系统起动运行，同时可实现循环运行，如图 3-51 所示。

图 3-51　程序段 1

程序段 2：转运带电动机正转运行到触摸屏对应时间后停止，如图 3-52 所示。

图 3-52　程序段 2

程序段 3：卸料电动机正转运行到触摸屏对应时间后停止，如图 3-53 所示。

图 3-53　程序段 3

程序段 4：转运带电动机与卸料电动机分别运行完成后停止 2s，如图 3-54 所示。

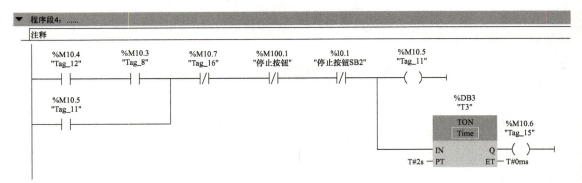

图 3-54　程序段 4

程序段 5：转运带电动机和卸料电动机同时正转运行，运行时间为触摸屏上设定的转运带电动机和卸料电动机运行时间的总时间，如图 3-55 所示。

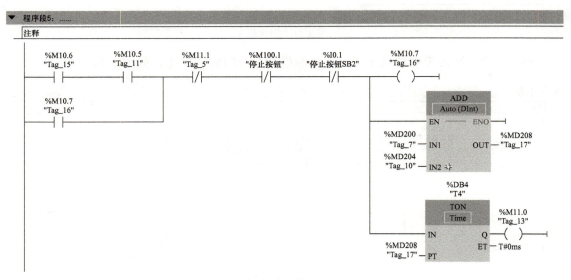

图 3-55　程序段 5

程序段 6：转运带电动机与卸料电动机同时正转运行完成后停止 2s，如图 3-56 所示。

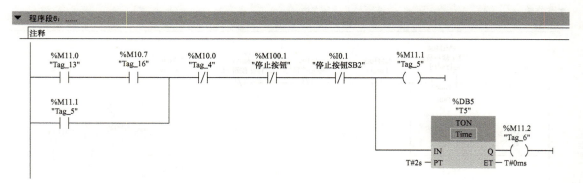

图 3-56　程序段 6

程序段7：转运带电动机运行时HL1以1Hz的频率闪烁，卸料电动机运行时HL2以2Hz的频率闪烁，转运带电动机和卸料电动机同时运行时HL3长亮，触摸屏上的指示灯显示对应电动机的运行状态，如图3-57所示。

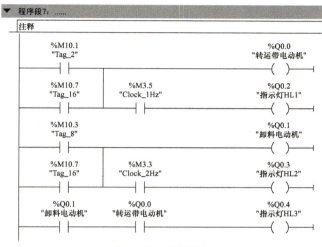

图3-57　程序段7

程序段8：将触摸屏上关联的运行时间单位转换成s（定时器默认单位为ms），如图3-58所示。

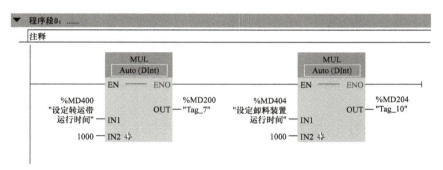

图3-58　程序段8

## 六、智能抓棉分拣机卸料及转运带电动机控制系统的运行调试

### 1. 系统单项功能调试

完成系统程序设计后，将程序下载到PLC和触摸屏。为确保运行安全，以及提高整体运行功能效率，在进行整体运行前，先对系统的各组成设备进行单项功能调试，确保所有设备运行正常。具体调试内容见表3-3。

表3-3　单项功能调试记录表

| 序号 | 调试内容 | 结果 |
|---|---|---|
| 1 | 按钮、开关连接调试 | |
| 2 | 灯连接调试 | |
| 3 | 触摸屏通信调试 | |

## 2. 系统整体运行功能调试

完成系统单项功能调试后，按表 3-4 中的顺序对系统进行整体调试。

❖ **注意**：设备运行过程是连续的，如果在某一阶段无法按系统要求进行运行，需停止调试，待问题解决后再继续调试。

表 3-4　系统整体运行调试记录表

| 调试步骤及现象 | | 结果 |
|---|---|---|
| 调试指令 | 1. 在触摸屏中设定转运带电动机的运行时间为"6"s<br>2. 设定卸料电动机的运行时间为"4"s<br>3. 按下起动按钮 SB1 或按下触摸屏上的"起动按钮" | |
| 运行现象 | 1. 转运带电动机起动运行<br>2. 6s 后转运带电动机停止运行，卸料电动机运行<br>3. 4s 后卸料电动机停止运行<br>4. 2s 后转运带电动机、卸料电动机同时运行<br>5. 10s 后转运带电动机、卸料电动机停止运行<br>6. 2s 后转运带电动机再次起动运行（按照上面步骤1运行），循环运行 | |
| 调试指令 | 按下停止按钮 SB2 或者按下触摸屏上的"停止按钮" | |
| 运行现象 | 1. 转运带电动机、卸料电动机停止运行，调试结束<br>2. 触摸屏上的指示灯、HL1、HL2 和 HL3 均熄灭 | |
| 触摸屏显示 | 1. 调试过程中，触摸屏中转运带电动机和卸料电动机指示灯能正常显示<br>2. 调试过程中，转运带电动机运行时，HL1 以 1Hz 的频率闪烁。卸料电动机运行时，HL2 以 2Hz 的频率闪烁<br>3. 调试过程中，转运带电动机和卸料电动机同时运行时，HL3 常亮，HL1 以 1Hz 的频率闪烁，HL2 以 2Hz 的频率闪烁 | |
| 记录调试过程中存在的问题和解决方案 | | |

# 📊 项目验收

为检验学习成效，要求在限定时间内实施项目，按表 3-5 对项目的安装、接线、编程及安全文明生产情况进行整体评分。

表 3-5　项目验收评分表

| 序号 | 内容 | 评分标准 | 配分 | 得分 |
|---|---|---|---|---|
| 1 | I/O 分配 | 输入/输出地址遗漏或错误扣 1 分/处 | 10 | |
| 2 | 绘制外部接线图 | 1. 未使用工具画图，扣 0.5 分<br>2. 电路图元件符号不规范，不符合要求扣 0.5 分/处 | 10 | |
| 3 | 安装与接线 | 参考项目二 | 20 | |
| 4 | 编程及调试 | 本部分内容由考核教师依据课程资源内的考核要求或自行制订考核标准 | 50 | |
| 5 | 安全文明生产 | 参考项目二 | 10 | |
| | | 合计总分 | 100 | |
| 考核教师 | | | 考核时间 | 年　月　日 |

## 项目三　MCGS组态基础应用——智能抓棉分拣机卸料及转运带电动机控制系统安装与调试

 **系统故障**

在工业现场，MCGS 控制系统经常会出现表 3-6 所示故障，请根据所学知识，在已调试成功的系统中模拟下述故障，从而探究分析故障原因，并提出排除方法。记录在实施过程中出现的系统故障，并在表 3-6 中记录故障原因及排除方法。

表 3-6　系统故障调试记录表

| 序号 | 设备故障 | 故障原因及排除方法 |
| --- | --- | --- |
| 1 | 无法将 MCGS 界面下载到触摸屏 | |
| 2 | 触摸屏无法与 PLC 通信 | |
| 3 | 触摸屏按钮无法控制 PLC 的 I 信号 | |
| 4 | MCGS 设定的时间和 PLC 的时间不一致 | |
| | | |
| | | |

 **想一想**

如果触摸屏上的相应指示灯也需要以 1Hz 的频率闪烁，在触摸屏上实现输入的数据乘上 1000 的功能，请根据所学知识，查看相关使用手册，探索完成上述功能。

# 项目四

# 变频器多段速控制系统设计
## ——智能饲喂控制系统搅拌电动机安装与调试

 项目目标

➢ 【知识目标】

1. 了解变频器在自动控制系统中的应用。
2. 熟悉变频器的工作原理。
3. 熟悉 G120C 变频器多段速控制参数的含义。
4. 掌握 G120C 变频器多段速控制系统的参数设置及调试方法。

➢ 【能力目标】

1. 能根据工艺要求设计智能饲喂控制系统搅拌电动机的硬件电路。
2. 能根据工艺要求连接智能饲喂控制系统搅拌电动机的硬件电路。
3. 能根据工艺要求绘制智能饲喂控制系统搅拌电动机的工艺流程图。
4. 能根据工艺要求编写智能饲喂控制系统搅拌电动机的 PLC 和触摸屏程序。
5. 能根据工艺要求完成智能饲喂控制系统搅拌电动机的调试和优化。

➢ 【素质目标】

培养学生不断探索和求索的科学精神。

 项目引入

在智能饲喂控制系统中，搅拌电动机由变频器控制，其加速时间为 0.5s，减速时间为 0.5s，为减少控制系统饲料生产工段调试量，确保在自动控制系统中搅拌电动机能完成所需各项功能。设置本项目完成搅拌电动机在智能饲喂控制系统所需的各类控制功能，项目由控制面板给 PLC 控制信号，PLC 控制变频器使电动机完成相应动作。具体要求如下：

系统起动自动进入图 4-1 所示的调试界面，在搅拌电动机停止状态下，按下起动按钮 SB1 或触摸屏"起动"按钮，触摸屏"搅拌电动机运行指示灯"及 HL1 都长亮，搅拌电动机以 –50Hz（反转 50Hz）的频率起动，每隔 5s 频率加 10Hz，依次为 –40Hz、–30Hz、

–20Hz……50Hz；搅拌电动机运行中按下暂停按钮 SB3，搅拌电动机停止运行，HL2 以 1Hz 的频率报警闪烁，按下起动按钮 SB1 或触摸屏"起动"按钮，搅拌电动机以停止前的频率和时间继续运行（如在电动机以 30Hz 的频率运行 2s 时按下暂停按钮 SB3，再按下起动按钮 SB1，电动机再以 30Hz 的频率运行 3s 后转 40Hz 运行），HL2 熄灭。按下停止按钮 SB2 或触摸屏"停止"按钮，电动机停止运转，触摸屏"搅拌电动机运行指示灯"和 HL1 同时熄灭。电动机正转时，触摸屏"正转指示灯"绿色闪烁，"反转指示灯"红色长亮；电动机反转时，触摸屏"反转指示灯"绿色闪烁，"正转指示灯"红色长亮。搅拌电动机运行的实时频率应在触摸屏上显示。

图 4-1　智能饲喂控制系统搅拌电动机安装与调试界面

## 一、变频器的基本结构及工作原理

变频器是利用电力半导体器件的通断作用将电压和频率固定不变的工频交流电源变换成电压和频率可变的交流电源，供给交流电动机实现软启动、变频调速、提高运转精度、改变功率因数、过电流/过电压/过载保护等功能的电能变换控制装置，其英文简称为 VVVF（Variable Voltage Variable Frequency）。

随着变频技术的快速发展，变频器尤其是高性能通用变频器的功能越来越丰富，已在工业控制、机械制造、汽车装配、电力系统等行业的电动机控制领域得到了广泛的应用。图 4-2 所示为变频器在煤矿井下有防爆要求的提升机上的应用。

### 1. 变频器的基本结构

目前，通用变频器的变换环节大多采用交 – 直 – 交变频变压方式。该方式是先把工频交流电通过整流器变换成直流电，然后再把直流电逆变成频率、电压连续可调的交流电。通用变频器的基本结构如图 4-3 所示。

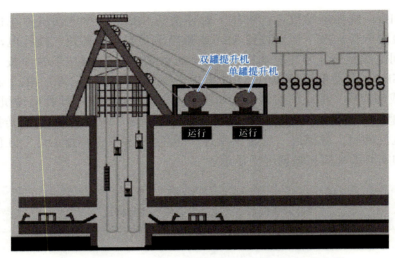

图 4-2　变频器在煤矿井下有防爆要求的提升机上的应用

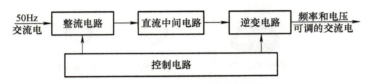

图 4-3　通用变频器的基本结构

### 2. 变频器的主电路

为异步电动机提供可调频、可调压电源等的电力变换电路，称为主电路。图 4-4 所示为某交－直－交通用变频器的主电路。

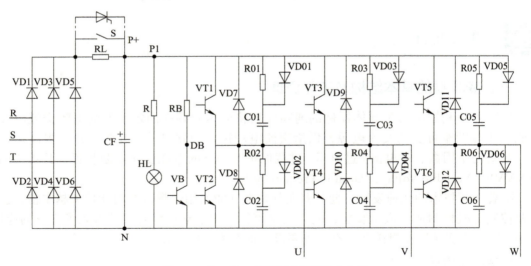

图 4-4　交－直－交通用变频器的主电路

（1）整流电路

整流电路的作用是将频率固定的三相或单相交流电变换成脉动直流电。

图 4-4 中，VD1～VD6 组成三相桥式整流电路，其功能是将交流电变换成脉动直流

电，若电源线电压为 $U_L$，则整流后的平均电压为 $U_D=1.35U_L$。

（2）直流中间电路

直流中间电路的主要作用是将整流电路输出的脉动直流电变换成平滑直流电，以保证逆变电路所需要的直流电源质量。

图 4-4 中，CF 为滤波电容器，其功能是将脉冲直流电变换为平滑直流电。

RL 与开关 S 组成充电限流控制电路，接通电源时，将电容器 CF 的充电浪涌电流限制在允许的范围内，以保护桥式整流电路。而当 CF 充电到一定程度时，令开关 S 接通，将 RL 短路。值得注意的是，在许多新型变频器中，S 已被晶闸管代替。

R 与 HL 组成电源指示电路。

RB 与 VB 组成制动电路，其功能是当电动机减速或变频器输出频率下降过快时，消耗因电动机处于再生发电制动状态而回馈到直流电路中的能量，以避免变频器本身的过电压保护电路动作而切断变频器的正常输出。

（3）逆变电路

逆变电路的功能是在控制电路的控制下，将直流电逆变成频率、幅值可调的交流电。

图 4-4 中，晶体管 VT1～VT6 组成三相桥式逆变器，其功能是通过晶体管 VT1～VT6 按一定规律轮流导通和截止，将直流电逆变成频率、幅值都可调的三相交流电。

VD7～VD12 为续流二极管，组成续流电路，续流电路的作用如下：

1）为电动机绕组的无功电流返回直流电路提供通路。

2）当频率下降使电动机转速下降时，为电动机的再生电能反馈至直流电路提供通路；为电路的寄生电感在逆变过程中释放能量提供通路。

R01～R06、VD01～VD06、C01～C06 组成缓冲电路，其功能是限制过高的电流和电压，保护晶体管免遭损坏。

### 3. 变频器的控制电路

变频器的控制电路为主电路提供控制信号，其主要任务是完成对逆变器开关元件的开关控制和提供多种保护功能。控制方式有模拟控制和数字控制两种。

通用变频器控制电路的控制框图如图 4-5 所示，主要由主控板、键盘与显示板、采样与驱动板、电源板及外接控制电路等构成。

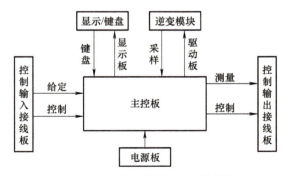

图 4-5 通用变频器控制电路的控制框图

（1）主控板

主控板是变频器运行的控制中心，其核心器件是微处理器（单片微机）或数字信号处理器（DSP）。其主要功能如下：

1）接收并处理从键盘、外部控制电路输入的各种信号，如修改参数、正反转指令等。

2）接收并处理内部的各种采样信号，如主电路中电压与电流的采样信号、各逆变器工作状态的采样信号等。

3）向外电路发出控制信号及显示信号，如正常运行信号、频率到达信号等，一旦发现异常情况，立刻发出保护指令进行保护或停车，并输出故障信号。

4）完成SPWM（正弦脉冲宽度调制），将接收的各种信号进行判断和综合运算，产生相应的SPWM信号，并分配给各逆变器的驱动电路。

5）向显示板和显示屏发出各种显示信号。

（2）键盘与显示板

在变频器中，键盘和显示板总是组合在一起。键盘向主控板发出各种信号或指令，主要用于向变频器发出运行控制或修改运行数据等。

显示板将主控板提供的各种数据进行显示，可以完成以下指示功能：

1）在运行监视模式下，显示各种运行数据，如频率、电流和电压等。

2）在参数模式下，显示功能码和数据码。

3）在故障模式下，显示故障原因代码。

（3）电源板

变频器的内部电源普遍使用开关稳压电源，电源板主要提供以下直流电源：

1）主控板电源：具有良好稳定性和抗干扰能力的一组电源。

2）驱动电源：逆变电路中上桥臂的三个晶体管驱动电路的电源是相互隔离的三组独立电源，下桥臂三个晶体管驱动电源则可共"地"，但驱动电源与主控板电源必须可靠绝缘。

3）外控电源：中小功率变频器驱动电路往往与电源电路在同一块电路板上，驱动电路接收主控板发来的SPWM信号，然后再进行光电隔离、放大后驱动逆变器的晶体管的开关工作。

（4）外接控制电路

外接控制电路可实现由电位器、主令电器、继电器及其他自控设备对变频器的运行控制，并输出其运行状态、故障报警和运行数据信号等。一般包括外部给定电路、外接输入控制电路、外接输出电路和报警输出电路等。

### 4. 变频器的工作原理

由电动机基本理论可以知道，异步电动机的转速表达式为

$$n=\frac{60f}{p}(1-s)$$

式中，$n$ 为异步电动机的转速；$f$ 为异步电动机的定子绕组电源频率；$s$ 为电动机的转差率；$p$ 为电动机的磁极对数。

由此可见，若需改变异步电动机的转速，可以通过调整 $f$、$s$ 或 $p$ 实现，但成品的电动机的转差率 $s$ 和磁极对数 $p$ 都已确定，因此利用变频器改变异步电动机的定子绕组电源频率 $f$，实现异步电动机的转速控制是电动机控制系统的优选方案。

## 二、认识 G120C 变频器

### 1. G120C 变频器的结构

G120C 变频器的结构如图 4-6 所示。

项目四 G120C 变频器接线及快速调试

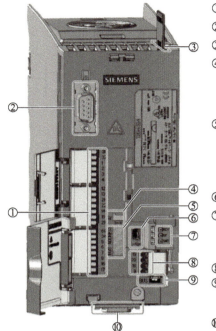

① 端子排
② 操作面板接口
③ 存储卡插槽
④ 模拟量输入开关
　　$I$　0/4~20mA
　　$U$　-10/0~10V
⑤ 选择总线地址：
　　• PROFIBUS
　　• USS
　　• Modbus RTU
　　• CanOpen
⑥ USB 接口，用于连接 PC
⑦ 状态 LED　RDY
　　　　　　　BF
　　　　　　　SAFE
　　　　　　　LNK1，只针对 PROFINET
　　　　　　　LNK2，只针对 PROFINET
⑧ 端子排
⑨ 取决于现场总线
　　• PROFIBUS、PROFINET：无功能
　　• USS、Modbus、CANopen：总线终端
⑩ 现场总线接口

图 4-6　G120C 变频器的结构

BOP-2 面板安装示意图如图 4-7 所示，具体步骤如下：
1）拆下变频器的保护盖。
2）将 BOP-2 外壳的下边缘安装在变频器外壳的下凹槽中。
3）朝着变频器的方向推入 BOP-2，直到锁扣与变频器外壳卡死。
BOP-2 面板安装完成，变频器通电后，操作面板 BOP-2 即处于"运行就绪"状态。

图 4-7　BOP-2 面板安装示意图

## 2. G120C 变频器的接线

变频器的输入电源和负载接线如图 4-8 所示。

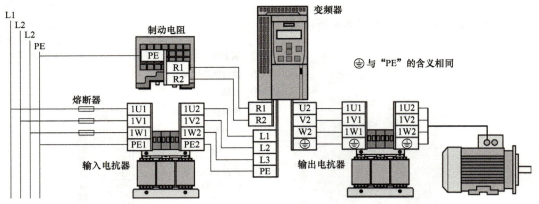

图 4-8 变频器的输入电源和负载接线

## 3. G120C 变频器端子排介绍

G120C 变频器有很多用于接收控制信号等功能的端子，各端子的具体功能如图 4-9 所示。

① 模拟量输入由一个内部 10V 电源供电。
② 模拟量输入由一个外部 10V 电源供电。
③ 使用内部电源时的接线，可连接源型触点。
④ 使用外部电源时的接线，可连接源型触点。
⑤ 使用内部电源时的接线，可连接漏型触点。
⑥ 使用外部电源时的接线，可连接漏型触点。

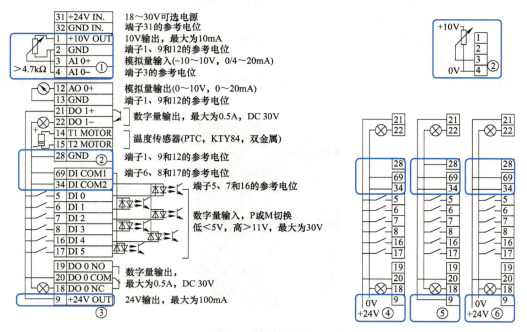

图 4-9 端子排功能

## 三、使用 BOP-2 面板操作 G120C 变频器

### 1. BOP-2 面板的按键功能

G120C 变频器可用 BOP-2 面板进行快速设置参数、监控、复位及控制等功能，面板按键功能见表 4-1，BOP-2 面板显示图标功能见表 4-2。

表 4-1  BOP-2 面板按键功能

| 名称 | 按键 | 功能描述 |
|---|---|---|
| "确认"键 | OK | 1. 在菜单选择时，按下该按键表示确认所选的菜单项<br>2. 在参数选择时，按下该按键表示确认所选的参数和参数值设置，并返回上一级界面<br>3. 在故障诊断界面，使用该按键可以清除故障信息 |
| "向上"键 | △ | 1. 在菜单选择时，按下按键表示返回上一级界面<br>2. 在参数修改时，按下该按键可改变参数号或参数值<br>3. 在手动模式的点动运行方式下，长时间同时按住"向上"键和"向下"键，若变频器处于运行状态，则变频器将切换至与原方向相反的运行状态；若变频器处于停止状态，则变频器将切换到运行状态 |
| "向下"键 | ▽ | 1. 在菜单选择时，按下该按键表示进入下一级界面<br>2. 当参数修改时，按下该按键可改变参数号或参数值 |
| "取消"键 | ESC | 1. 若按下该按键 2s 以下，表示返回上一级菜单，且不保存所修改的参数值<br>2. 若按下该按键 3s 以上，系统将返回监控界面<br>3. 在参数修改时，按下此按键表示不保存所修改的参数值，除非之前已经按下"确认"键 |
| "起动"键 | I | 1. 在自动模式下，该按键不起作用<br>2. 在手动模式下，按下该按键则执行起动命令 |
| "停止"键 | O | 1. 在自动模式下，该按键不起作用<br>2. 在手动模式下，若按下该按键一次，将执行 OFF1 命令，即按 P1121 的下降时间停车<br>3. 在手动模式下，若连续按下该按键两次，将执行 OFF2 命令，即自由停车 |
| "手自动切换"键 | HAND/AUTO | 1. 在手动模式下，按下该按键，变频器切换至自动模式。若自动模式的起动命令在，变频器自动切换自动模式下的速度给定值<br>2. 在自动模式下，按下该按键，变频器切换至手动模式。切换手动模式时，速度设定值保持不变<br>3. 在电动机运行期间按下该按键，可以实现自动模式和手动模式的切换 |

若要锁住或解锁按键，只需同时按下"取消"键和"确认"键 3s 以上即可。

表 4-2  BOP-2 面板显示图标功能

| 图标 | 名称 | 功能描述 |
|---|---|---|
| ✋ | 手动模式 | 在手动模式下显示，在自动模式下隐藏 |
| ◐ | 运行状态 | 在变频器处于运行状态时，该图标显示，否则该图标隐藏 |
| JOG | 点动功能激活 | 在点动功能激活时显示，在点动功能未激活时隐藏 |
| ※ | 故障 | 在故障状态下，该图标闪烁，变频器会自动停止 |
| ⊗ | 报警 | 静止的图标表示变频器处于报警状态，变频器仍可工作 |

## 2. BOP-2 面板的菜单结构及功能

BOP-2 面板的菜单结构如图 4-10 所示。

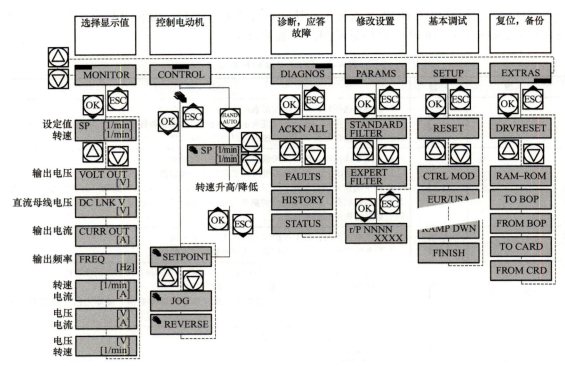

图 4-10　BOP-2 面板的菜单结构

6 个菜单的功能描述见表 4-3。

表 4-3　BOP-2 面板菜单的功能描述

| 菜单 | 功能描述 |
| --- | --- |
| 监视（MONITOR） | 显示运行速度、电压和电流值 |
| 控制（CONTROL） | 使用 BOP-2 面板控制变频器 |
| 诊断（DIAGNOS） | 显示故障报警和控制字、状态字 |
| 参数（PARAMS） | 查看或修改参数 |
| 调试（SETUP） | 快速调试 |
| 附加（EXTRAS） | 设备的工厂复位和数据备份 |

恢复出厂设置步骤如图 4-11 所示。

按图 4-11 所示步骤恢复 G120C 变频器的出厂设置，按下"OK"键后，变频器开始复位，BOP-2 面板显示"BUSY"并闪烁，数秒后显示变为"DONE"，表示参数复位完成。

> ☑ 试一试：完成项目任务后，在面板显示"BUSY"并闪烁时进行其他参数设置，观察并在表 4-16 中记录对系统运行效果的影响。

## 项目四 变频器多段速控制系统设计——智能饲喂控制系统搅拌电动机安装与调试

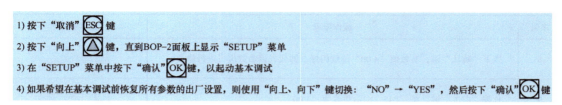

1) 按下"取消"[ESC]键
2) 按下"向上"[△]键，直到BOP-2面板上显示"SETUP"菜单
3) 在"SETUP"菜单中按下"确认"[OK]键，以起动基本调试
4) 如果希望在基本调试前恢复所有参数的出厂设置，则使用"向上、向下"键切换："NO" → "YES"，然后按下"确认"[OK]键

图 4-11 恢复出厂设置步骤

### 3. 参数设置步骤

G120C变频器所提供参数的参数号由一个前置的"P"或者"r"、参数号和可选用的下标或位数组组成，"P"为可读写参数号，"r"为只读参数号，变频器可写参数更改步骤如图4-12所示，具体操作流程见表4-4。

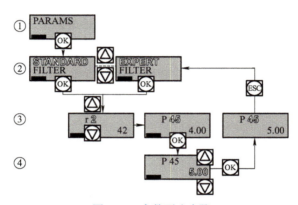

图 4-12 参数更改步骤

表 4-4 参数更改具体操作流程

| 序号 | 操作流程 | 显示屏显示 |
| --- | --- | --- |
| 1 | 上电后，显示设定值及当前转速 | SP 0000 0.0 |
| 2 | 按下"取消"键，进入"监视"菜单 | MONITOR |
| 3 | 按3次"向上"键，选择"参数"菜单 | PARAMS |
| 4 | 按下"确认"键，进入"参数"菜单 | STANDARD FILtEr |
| 5 | 按下"向下"键1次，选择"EXPERT FILTER"模式 | EXPERT FILtEr |
| 6 | 按下"确认"键，进入"EXPERT FILTER"模式，在该模式下可设置和读取变频器所有参数。"r2"参数号的"2"闪烁 | r2 31 |
| 7 | 长按"向上"键将所需更改的参数号调整为"P45"，此时显示"4.00"为当前参数值 | P45 4.00 |

（续）

| 序号 | 操作流程 | 显示屏显示 |
|---|---|---|
| 8 | 按下"确认"键,参数值"4.00"连续闪烁,即代表该参数值可进行修改 | P45 4.00 |
| 9 | 长按"向上"键,将"P45"的值更改为"5.00" | P45 5.00 |
| 10 | 按下"确认"键,BOP-2 面板"BUSY"闪烁数秒 | -BUSY- |
| 11 | "BUSY"闪烁数秒后,BOP-2 面板显示 P45 参数的"45"参数号闪烁,参数值为"5.00",P45 参数修改完成 | P45 5.00 |

注：1. 在第 3 步选择参数筛选条件中，在 STANDARD 模式下，变频器只显示重要参数，在 EXPERT 模式下，变频器显示所有参数。由于在 STANDARD 模式中没有 P45 参数，因此本例通过按"向上"或"向下"键，选择 EXPERT 模式
2. 如果还需设置其他参数，可重复第 7 步~第 11 步进行所需参数的设置

### 4. 快速调试参数设置及调试

快速调试是通过设置电动机参数、变频器的命令源和速度设定源等基本参数，达到简单快速运转电动机的一种操作模式。快速调试参数设置见表 4-5，快速调试参数设置的更改可参照表 4-4。

❖ **注意**：在启动系统调试之前，必须小心确保潜在危险负载的安全，可采取将负载放在地面上或用电动机停机抱闸钳住负载等安全措施。

表 4-5 快速调试参数设置

| 序号 | 参数号 | 初始值 | 设定值 | 功能 | 显示屏显示 |
|---|---|---|---|---|---|
| 1 | 在 SETUP 菜单中按下"确认"键，进入"RESET"参数设置，使用"向上"键切换"NO"→"YES"，按下确认键，完成参数复位<br>注意：在启动快速调试前建议恢复所有参数的出厂设置 | | | 参数复位 | -BUSY- |
| 2 | P210 | 400 | 380 | 输入电压 | INN VOLT 380 |
| 3 | P304 | 400 | 380 | 额定电压 | MOT VOLT 380 |
| 4 | P305 | 1.70 | 0.66 | 额定电流 | MOT CURR 0.66 |
| 5 | P307 | 0.55 | 0.06 | 电动机功率 | MOT POW 0.06 |
| 6 | P311 | 1395.00 | 1500.00 | 额定转速 | MOT RPM 1500.0 |
| 7 | P15 | 7 | 1 | 宏程序 1 | coN 2 SP |
| 8 | P1080 | 0 | 0 | 最小转速 | MIN RPM 0.00 |

项目四　变频器多段速控制系统设计——智能饲喂控制系统搅拌电动机安装与调试

(续)

| 序号 | 参数号 | 初始值 | 设定值 | 功能 | 显示屏显示 |
|---|---|---|---|---|---|
| 9 | P1082 | 1500.00 | 1500.00 | 最大转速 | MAX RPM 1500.00 |
| 10 | P1120 | 10 | 1 | 设置加速时间 | RAMP UP 1.000 |
| 11 | P1121 | 10 | 1 | 设置减速时间 | RAMP DWN 1.000 |
| 12 | P1900 | 2 | 0 | 无电动机检测 | OFF 0 |
| 13 | FINISH | NO | YES | 完成参数设置 | FINISH YES |

☑ **试一试**：在完成电动机调试后，断电再上电，观察表4-5中的参数是否复位，观察并在表4-16中记录改变上述参数后对系统运行效果的影响。

#### 5. 电动机调试

完成快速调试参数设置后，需通过手动调试电动机，检查所设置的快速调试参数是否合理。按下"手自动切换"键，将变频器运行模式设为"手动模式"，BOP-2面板中显示"运行状态"图标。

此时有两种调试方式：①按下"起动"键，电动机起动；按下"向上"键，加速运转；按下"向下"键，电动机会在当前转速下逐渐减速运转，若一直按"向下"键，参数就会出现"-"号，此时电动机会根据相应转速反转运行，按下"停止"键，电动机停止运转，在这种方式下，电动机根据设定值实时改变。②先按下"向上"或"向下"键调至所需方向与转速，此时按下"起动"键，电动机会逐渐达到所设定值，按下"停止"键，电动机停止运转。调试时，若需要查看电动机的电压、电流、转速和频率的数值，按下"确认"键即可查看。所有功能都能实现，说明参数设置正确，可在此基础上进行多段速或模拟量控制参数设置。

❖ **注意**：变频器还可通过电动机数据检测静止电动机的数据。检测电动机数据并优化控制器需要以下两个前提条件：

1）在快速调试时已经选择了一种电动机数据检测的方式，例如：对P1900参数设置为STILL方式，在静止时测量电动机数据，快速调试结束后，变频器输出"A07991"报警。

2）电动机已冷却到环境温度，因为电动机温度太高会导致电动机数据检测的结果错误。

### 四、G120C变频器多段速应用案例

#### 1. 案例导入

图4-13所示为电梯门示意图，电梯门的开关门控制系统由PLC与变频器控制，电梯

门的工作过程一般有起动运行、快速运行和减速运行三个过程,在用 PLC 对变频器进行控制前,需先用外部开关调试变频器功能。某电梯门的起动运行速度为 20Hz,快速运行速度为 40Hz,减速运行速度为 10Hz,加减速时间都为 1s。以实现此案例要求为例,介绍 G120C 系列变频器多段速控制的常规参数及设置。

项目四 变频器多段速应用案例

图 4-13 电梯门示意图

❖ **注意**:在进行变频器多段速控制的常规参数设置前需先完成变频器的快速调试。

### 2. 设置变频器预定义接口宏 P0015

G120C 为满足不同的接口定义提供了 18 种预定义接口宏,每种宏对应着一种接线方式。如选择其中一种宏程序后,变频器内部会自动设置与其接线方式相对应的一些参数,可方便地设置变频器的指令源和设定值源。

在选用宏功能时请注意以下三点:

1) 只有在设置 P0010=1 时才能更改 P0015 参数。

2) 若其中一种宏定义的接口方式完全符合所需应用要求,那么按照该宏的接线方式设计原理图,并在调试时选择相应的宏功能即可实现控制要求。

3) 若所有宏定义的接口方式都不能完全符合所需应用要求,或有部分端子损坏,可选择与所需要求较相近的宏程序,然后根据需要来调整输入/输出的配置。

G120C_DP 和 G120C_PN 系列的宏程序初始值为 6,G120C_USS 和 G120C_CAN 系列的宏程序初始值为 2。本案例采用多段速控制,案例只需三种速度,设置参数 P0015=1,选择宏程序 1(双方向两线制控制两个固定转速)。图 4-14、图 4-15 所示分别为宏程序 1 接口预定义和宏程序 1 参数预定义。

宏程序 1 具体功能如下:

1) 起停控制:变频器采用两线制控制方式,电动机的起停、旋转方向通过数字量输入控制。

2) 速度调节:通过数字量输入选择,可以设置两个固定转速,数字量输入 DI4 接通时采用固定转速 1,数字量输入 DI5 接通时采用固定转速 2。DI4 与 DI5 同时接通时采用固定转速 1+固定转速 2 得到第三个转速。

## 项目四 变频器多段速控制系统设计——智能饲喂控制系统搅拌电动机安装与调试

| | | |
|---|---|---|
| 5 | DI 0 | ON/OFF1(右侧) |
| 6 | DI 1 | ON/OFF1(左侧) |
| 7 | DI 2 | 应答故障 |
| 16 | DI 4 | 转速固定设定值3 |
| 17 | DI 5 | 转速固定设定值4 |
| 18 | DO 0 | 故障 |
| 19 | | |
| 20 | | |
| 21 | DO 1 | 报警 |
| 22 | | |
| 12 | AO 0 | 转速实际值 |

图 4-14 宏程序 1 接口预定义

| 参数号 | 参数值 | 说明 | 参数组 |
|---|---|---|---|
| P840[0] | r3333.0 | 由2线制信号起动变频器 | CDS0 |
| P1113[0] | r3333.1 | 由2线制信号反转 | CDS0 |
| P3330[0] | r722.0 | 数字量输入DI0作为2线制-正转起动命令 | CDS0 |
| P3331[0] | r722.1 | 数字量输入DI1作为2线制-反转起动命令 | CDS0 |
| P2103[0] | r722.2 | 数字量输入DI2作为故障复位命令 | CDS0 |
| P1022[0] | r722.4 | 数字量输入DI4作为固定转速1选择 | CDS0 |
| P1023[0] | r722.5 | 数字量输入DI5作为固定转速2选择 | CDS0 |
| P1070[0] | r1024 | 转速固定设定值作为主设定值 | CDS0 |

图 4-15 宏程序 1 参数预定义

❖ **注意**：在预定义接口宏不能完全符合要求时，必须根据需要调整指令源和设定值源。

☑ **试一试**：在工业现场，因暴力拆装，导致 DI1 端子损坏，因此变频器无法实现反转功能，经现场工程师检测确定 DI3 端子功能完好，请根据所学知识并自主查阅手册解决上述故障，并在表 4-16 中做好记录。

### 3. 设置转速设定值源

P1000 参数可设置转速设定值源。多段速功能，也称为固定转速，在 P1000=3 的前提下，用数字量端子的组合选择固定设定值，实现对电动机多段速的控制。案例宏程序 1 中已预定义，不需要重新设置。具体操作见表 4-6。

表 4-6 设置转速设定值源的操作流程

| 编号 | 操作流程 | 显示屏显示 |
|---|---|---|
| 1 | 上电后，按下"取消"键，再按下"向上"键3次，直到BOP-2面板显示"PARAMS"菜单，按下"确认"键，进入"修改设置"菜单 | PARAMS |
| 2 | 按下"向上"键出现"EXPERT FILTER"菜单，按下"确认"键，进入变频器所有参数选择模式 | EXPERT FILTEr |
| 3 | 长按"向上"键，选择需要更改的可写参数值P1000，按下"确认"键2次，选中"00"下方的默认参数值"2"，再次按下"确认"键，此参数值"2"连续闪烁，即可更改参数 | P1000 00 2 |
| 4 | 按下"向上"键1次，将数值更改为3 | P1000 00 3 |

### 4. 数字量输入功能设置

G120C 变频器提供了 5、6、7、8、16、17 共 6 个数字量输入端，必要时也可以将模拟量 AI 作为数字量输入端使用，数字量输入端子接通时相对应的数字量输入端状态为高电平，如本案例接通 5 号数字量输入端，则 r722.0=1。

P0015 宏程序 1 预设参数中 P3333.0=r722.0，表示设置双线制控制指令 1 的信号源为 DI0；PO840=r3333.0，表示起动信号读取的是 P3333.0 的状态，因此宏程序 1 中的输入 DI0（5号端子）被预定义为起动信号。宏程序 1 预定义转速固定设定值选择位 P1022=r722.4，表示将数字量输入信号 DI4（16号端子）作为固定转速 3 选择，设置转速固定设定值选择位 P1023=r722.5，表示将数字量输入信号 DI5（17号端子）作为固定转速 4 选择。DI 所对应的状态位见表 4-7。

表 4-7 DI 所对应的状态位

| 数字量输入编号 | 端子号 | 数字量输入端状态位 |
| --- | --- | --- |
| DI0 | 5 | r722.0 |
| DI1 | 6 | r722.1 |
| DI2 | 7 | r722.2 |
| DI3 | 8 | r722.3 |
| DI4 | 16 | r722.4 |
| DI5 | 17 | r722.5 |

❖ **注意**：r722.0～r722.5 分别代表了不同的数字量输入端状态位，如 r722.0 代表数字量输入 DI0，外部接线端子是 5 号端子，每个状态位也对应着固定的数字输入量和变频器外部接线端子。

**5. 设置转速固定设定值选择模式及固定转速**

G120C 有 4 个转速固定设定值选择位，P1020 转速固定设定值选择位 0，P1021 转速固定设定值选择位 1，P1022 转速固定设定值选择位 2，P1023 转速固定设定值选择位 3，它们均用于设置选择转速固定设定值的信号源。

转速固定设定值选择模式参数 P1016，可以设置为 1 或 2。当设置为 1 时，将选择的固定转速值累加，如误操作容易出现超过 50Hz，若本案例设置 P1016=1，DI4 和 DI5 接通时，变频器的速度为 1800r/min（10Hz+50Hz=60Hz），已超过工频电动机最高运行频率，因此不建议设置 P1016=1；当设置 P1016=2 时，转速固定设定值（P1001～P1015）与选择固定转速信号源（P1020～P1023）采用四位二进制方式关联，转速固定设定值与转速固定设定值的信号源的具体关联关系见表 4-8。根据表 4-8，需设置 P1004=300r/min（10Hz）、P1008=1200r/min（40Hz）、P1012=600r/min（20Hz）；当 DI4 接通时，P1022 状态位为 1，选择固定转速值 4（P1004）；当 DI5 接通时，P1023 状态位为 1，选择固定转速值 8（P1008）；当 DI4 和 DI5 都接通时，即 P1022 和 P1023 状态位都为 1，选择固定转速值 12（P1012）。

表 4-8 转速固定设定值与转速固定设定值的信号源的关联关系

| 参数号 | 名称 | 初始值/(r/min) | 设定范围/(r/min) | 转速固定设定值的信号源的组合 | | | |
| --- | --- | --- | --- | --- | --- | --- | --- |
| | | | | P1023 | P1022 | P1021 | P1020 |
| P1001 | 固定转速值 1 | 0 | −210000～210000 | 0 | 0 | 0 | 1 |
| P1002 | 固定转速值 2 | 0 | −210000～210000 | 0 | 0 | 1 | 0 |
| P1003 | 固定转速值 3 | 0 | −210000～210000 | 0 | 0 | 1 | 1 |
| P1004 | 固定转速值 4 | 0 | −210000～210000 | 0 | 1 | 0 | 0 |
| P1005 | 固定转速值 5 | 0 | −210000～210000 | 0 | 1 | 0 | 1 |
| ⋮ | ⋮ | ⋮ | ⋮ | ⋮ | ⋮ | ⋮ | ⋮ |
| P1015 | 固定转速值 16 | 0 | −210000～210000 | 1 | 1 | 1 | 1 |

❖ **注意**：改变转速固定设定值选择位的参数，可通过灵活使用外部端子选择固定转速，如将参数 P1020 设为 r722.2，即该转速固定设定值选择位的状态由 DI2 控制；将参数 P1021 设为 r722.3，即该转速固定设定值选择位的状态由 DI3 控制。

### 6. 设置主设定值的信号源

G120C 变频器的输出频率由主设定值和附加设定值累加组成，在常规使用中不考虑附加设定值，因此参数设置时只需考虑设置主设定值的信号源参数 P1070，P1070=r1024 表示转速固定设定值有效。如本案例设置 P1070=r1024，表示可通过对 DI4 和 DI5 控制转速固定设定值选择位 P1022 和 P1023 的状态位，以状态位二进制组合方式选择出固定转速，并将该固定转速设为变频器的主设定值。本案例宏程序 1 中已预定义，不需要重新设置。

### 7. 案例实施

根据控制要求完成变频器外部接线图的绘制和接线，本案例变频器的外部接线如图 4-16 所示。

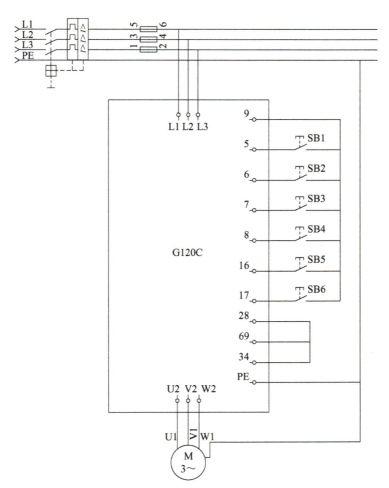

图 4-16 变频器的外部接线

在完成变频器的外部接线图并检查无误后，通电运用 BOP-2 面板进行快速调试。根据控制要求以及上述参数介绍，在完成快速调试后，通电运用 BOP-2 面板设置如表 4-5 所示参数，并进行快速调试，调试完成后，本案例还需设置的参数见表 4-9。

表 4-9 多段调速控制参数设置

| 参数 | 设定值 | 功能 |
| --- | --- | --- |
| P1000 | 3 | 转速设定值源为多段速 |
| P1016 | 2 | 二进制组合选择固定转速 |
| P1004 | 300r/min | 固定转速 4 |
| P1008 | 1200r/min | 固定转速 8 |
| P1012 | 600r/min | 固定转速 12 |
| P1070 | r1024 | 转速固定设定值有效 |

设置上述参数后，将 DI0 和 DI4 置为高电平，变频器输出为 300r/min，电动机正转；将 DI0 和 DI5 设为高电平，变频器输出为 1200r/min，电动机正转；将 DI0、DI1、DI4 和 DI5 设为高电平，变频器输出为 600r/min，电动机反转。

> ☑ 试一试：在完成电动机调试后，根据所学知识并自主查阅手册分析 P1000 各设置值的作用，观察并在表 4-16 中记录改变上述参数后的运行效果。

##  项目实施

### 一、智能饲喂控制系统搅拌电动机的硬件设计

#### 1. PLC 的 I/O 地址分配

详细分析项目的控制要求，根据"满足功能、留有裕量"的原则，完成 PLC 的选型，并对 PLC 的 I/O 地址功能进行分配，具体见表 4-10。

表 4-10 PLC 的 I/O 地址分配

| 输入信号 | | 输出信号 | |
| --- | --- | --- | --- |
| 起动按钮 SB1 | I0.0 | 变频器 5 号端子 | Q0.0 |
| 停止按钮 SB2 | I0.1 | 变频器 6 号端子 | Q0.1 |
| 暂停按钮 SB3 | I0.2 | 变频器 7 号端子 | Q0.2 |
| | | 变频器 8 号端子 | Q0.3 |
| | | 变频器 16 号端子 | Q0.4 |
| | | 指示灯 HL1 | Q8.0 |
| | | 指示灯 HL2 | Q8.1 |

#### 2. 电路图设计

完成 PLC 的 I/O 地址分配后，结合项目要求，完成系统电路图设计，如图 4-17 所示。

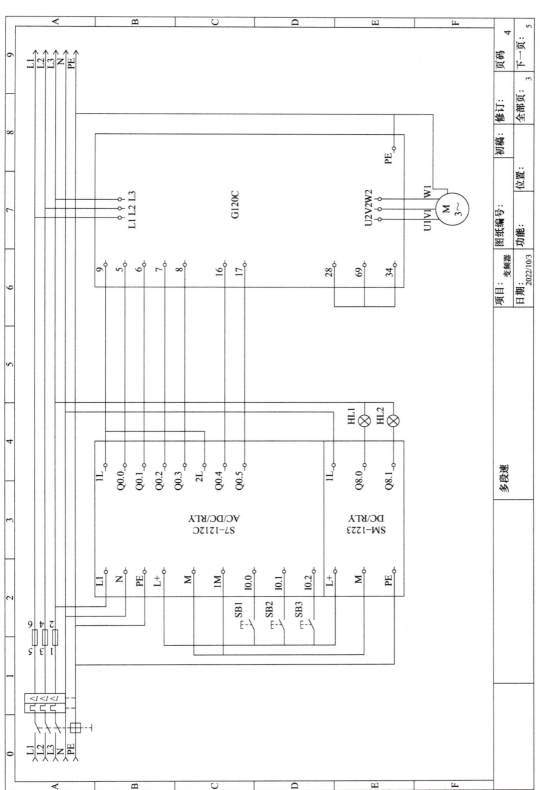

图 4-17 系统电路图

> ☑ **想一想**：本案例中所使用的变频器调速方式是通过激活变频器的 5、6、7、8、16 端子来实现的，若按照图 4-17 所示的接线方法，是否可以再通过激活 17 端子实现变频器的调速？

### 3. 变频器参数设置

根据系统电路图在实训设备上完成接线，用万用表检查接线准确无误后，结合项目要求，完成变频器参数设置，具体见表 4-11。

表 4-11 变频器的参数设置

| 序号 | 参数号 | 初始值 | 设定值 | 功能 |
| --- | --- | --- | --- | --- |
| 1 | 在 "SETUP" 菜单中按下 "确认" 键，进入 "RESET" 参数设置，使用 "向上" 键切换 "NO" → "YES"，按下 "确认" 键，完成参数复位<br>注意：在启动快速调试前建议恢复所有参数的出厂设置 | | | 参数复位 |
| 2 | P210 | 400 | 380 | 输入电压 |
| 3 | P304 | 400 | 380 | 额定电压 |
| 4 | P305 | 1.7 | 0.66 | 额定电流 |
| 5 | P307 | 0.55 | 0.06 | 电动机功率 |
| 6 | P311 | 1395 | 1500 | 额定转速 |
| 7 | P15 | 7 | 1 | 宏程序 1 |
| 8 | P1080 | 0 | 0 | 最小转速 |
| 9 | P1082 | 1500 | 1500 | 最大转速 |
| 10 | P1120 | 10 | 0.5 | 设置加速时间 |
| 11 | P1121 | 10 | 0.5 | 设置减速时间 |
| 12 | P1900 | 2 | 0 | 无电动机检测 |
| 13 | FINISH | NO | YES | 完成参数设置 |
| | 至此完成快速参数设置 | | | |
| | 完成快速调试并测试电动机能正常工作后，进入 "EXPERT FILTER" 菜单完成后续参数设置 | | | |
| 14 | P1000 | 3 | 3 | 固定转速 |
| 15 | P1001 | 0 | 1500 | 转速固定设定值 1 |
| 16 | P1002 | 0 | 1200 | 转速固定设定值 2 |
| 17 | P1003 | 0 | 900 | 转速固定设定值 3 |
| 18 | P1004 | 0 | 600 | 转速固定设定值 4 |
| 19 | P1005 | 0 | 300 | 转速固定设定值 5 |
| 20 | P1016 | 1 | 2 | 转速固定设定值选择 |
| 21 | P1020 | 0 | r722.2 | 转速固定设定值选择位 |
| 22 | P1021 | 0 | r722.3 | 转速固定设定值选择位 |
| 23 | P1070 | 755[0] | P1024 | 转速固定设定值有效 |
| 24 | P971 | 0 | 1 | 保存参数 |

❖ **注意**：要将 P971 参数值更改为 1，该操作的目的是保证在突然性断电后所设置的参数不会因此丢失。

## 二、智能饲喂控制系统搅拌电动机的软件设计

### 1. 智能饲喂控制系统搅拌电动机的组态设计

根据项目要求，参考图4-1完成 MCGS 触摸屏界面制作，MCGS 触摸屏与 PLC 间的关联地址分配见表4-12，正转指示灯的闪烁效果设计流程如图4-18所示。

表 4-12 MCGS 触摸屏与 PLC 间的关联地址分配

| 输入信号 | | | 输出信号 | | |
| --- | --- | --- | --- | --- | --- |
| 功能 | MCGS | PLC | 功能 | MCGS | PLC |
| 起动按钮 | M10 | M1.0 | 系统运行指示灯 | M12 | M1.2 |
| 停止按钮 | M11 | M1.1 | 触摸屏正转指示灯 | M13 | M1.3 |
| | | | 触摸屏反转指示灯 | M14 | M1.4 |
| | | | 运行频率显示 | MD100 | MD100 |

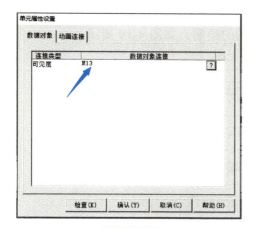

a) 可见度关联　　　　　　　　　　b) 选择要闪烁的组合图符

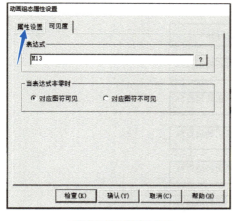
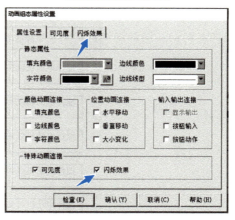

c) 设置闪烁出现的表达式　　　　　d) 选择"闪烁效果"选项卡

图 4-18　正转指示灯的闪烁效果设计流程

e)选择"闪烁实现方式"

图 4-18 正转指示灯的闪烁效果设计流程（续）

## 2. 智能饲喂控制系统搅拌电动机的工艺流程图绘制

详细分析项目的控制要求，完成工艺流程图的绘制，如图 4-19 所示。

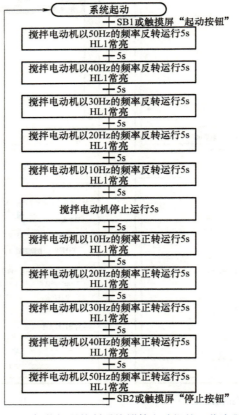

图 4-19 智能饲喂控制系统搅拌电动机的工艺流程图

项目四　变频器多段速控制系统设计——智能饲喂控制系统搅拌电动机安装与调试

### 3. 智能饲喂控制系统搅拌电动机的程序设计

搅拌电动机控制系统的程序如图 4-20～图 4-28 所示，各程序段的具体功能说明如下：

程序段 1：控制系统从 –50Hz 开始每隔 5s 逐步增加到 50Hz，采用定时器 + 比较指令的方法完成程序编写，同时需考虑暂停后能继续运行的功能，因此选用 TONR 定时器，如图 4-20 所示。

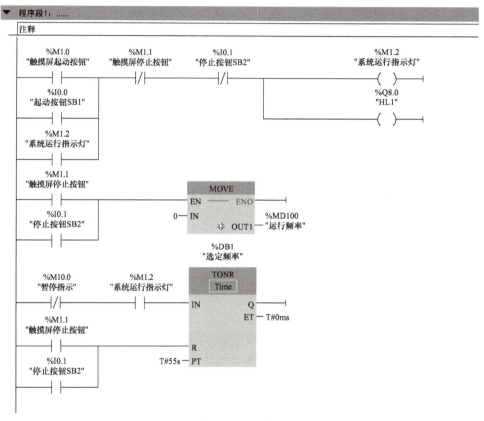

图 4-20　程序段 1

程序段 2：在 0～5s、10～15s、20～25s、30～35s、40～45s、50～55s 时，接通 DIN2 端子，如图 4-21 所示。

程序段 3：在 5～10s、10～15s、40～45s、45～50s 时，接通 DIN3 端子，如图 4-22 所示。

程序段 4：在 15～20s、20～25s、30～35s、35～40s 时，接通 DIN4 端子，如图 4-23 所示。

程序段 5：在实现电动机运行过程中可随时按下 SB3 暂停电动机运行，并且指示灯 HL2 以 1Hz 的频率闪烁报警，再次按下 SB1 或触摸屏"起动按钮"，电动机以停止前的频率和时间继续运行，如图 4-24 所示。

程序段 6：系统反转指示，在 0～25s 时，电动机反转运行，如图 4-25 所示。

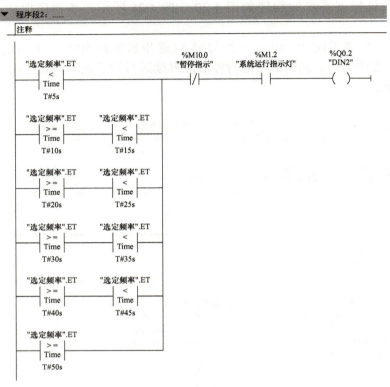

图 4-21　程序段 2

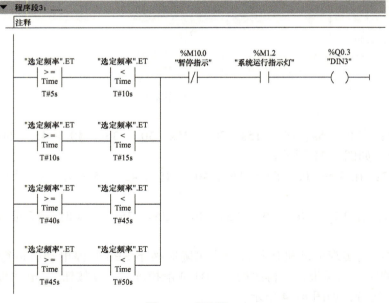

图 4-22　程序段 3

▼ 程序段4：……
注释

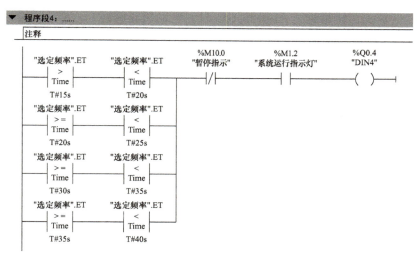

图 4-23　程序段 4

▼ 程序段5：……
注释

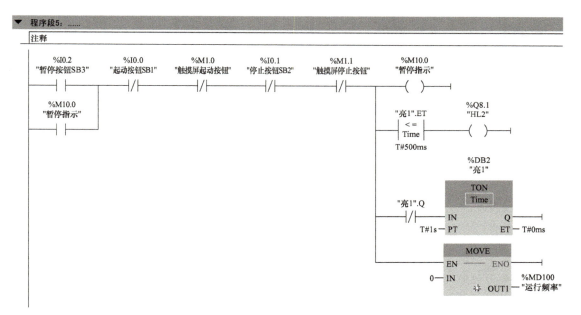

图 4-24　程序段 5

▼ 程序段6：……
注释

图 4-25　程序段 6

程序段 7：系统正转指示，在 30～55s 时，电动机正转运行，如图 4-26 所示。

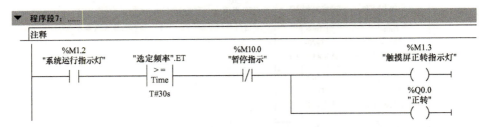

图 4-26　程序段 7

程序段 8、程序段 9：系统正转或反转时，运用比较指令选取在一个周期内的不同时间段，用 MOVE 指令将相对应的频率传送给触摸屏，实现触摸屏实时显示电动机运行频率的功能，如图 4-27 和图 4-28 所示。

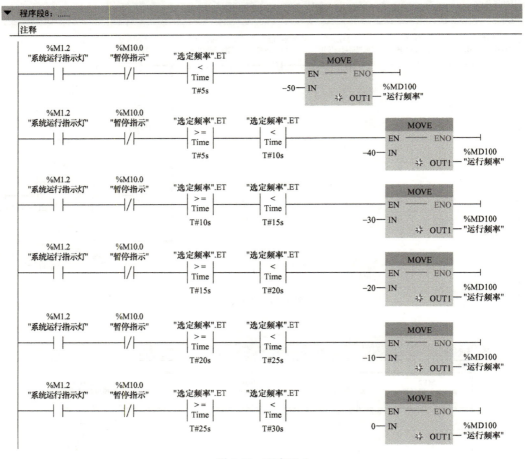

图 4-27　程序段 8

项目四　变频器多段速控制系统设计——智能饲喂控制系统搅拌电动机安装与调试

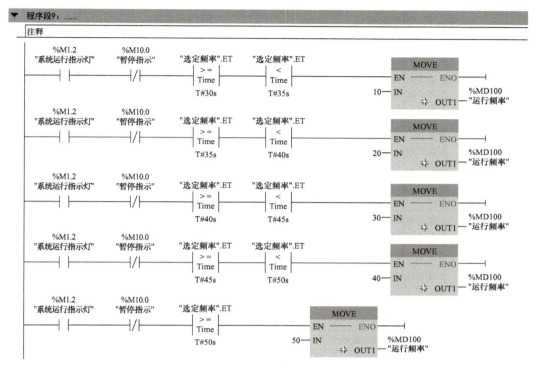

图 4-28　程序段 9

## 三、智能饲喂控制系统搅拌电动机的运行调试

### 1. 系统单项功能调试

完成系统程序设计后，将程序下载到 PLC 和触摸屏。为确保运行安全，以及提高整体运行功能效率，在进行整体运行前，先对系统的各组成设备进行单项功能调试，确保所有设备运行正常。具体调试内容见表 4-13。

表 4-13　系统单项功能调试记录表

| 序号 | 调试内容 | 结果 |
| --- | --- | --- |
| 1 | 按钮、开关连接调试 | |
| 2 | 灯连接调试 | |
| 3 | 触摸屏通信调试 | |
| 4 | 变频器点动功能测试 | |

### 2. 系统整体运行功能调试

完成系统单项功能调试后，按表 4-14 中的顺序对系统进行整体调试。

❖ 注意：设备运行过程是连续的，如果在某一阶段无法按系统要求进行运行，需停止调试，待问题解决后再继续调试。

表 4-14　系统运行调试记录表

| 调试步骤及现象 | | 结果 |
|---|---|---|
| 调试指令 | 按下起动按钮 SB1 或触摸屏"起动按钮" | |
| 运行现象 | 1. 触摸屏中,"搅拌电动机运行指示灯"常亮<br>2. 指示灯 HL1 常亮<br>3. 搅拌电动机以 –50Hz(反转 50Hz)的频率运行 | |
| 调试指令 | 运行 5s 后 | |
| 运行现象 | 1. 搅拌电动机以 –40Hz(反转 40Hz)的频率运行;每隔 5s 频率加 10Hz,依次以 –30Hz、–20Hz、–10Hz、0Hz、10Hz、20Hz、30Hz、40Hz、50Hz 的频率运行<br>2. 指示灯 HL1 常亮 | |
| 调试指令 | 搅拌电动机以 20Hz 的频率运行 2s 时,按下暂停按钮 SB3 | |
| 运行现象 | 1. 搅拌电动机停止运行<br>2. 指示灯 HL2 以 1Hz 的频率闪烁报警 | |
| 调试指令 | 按下起动按钮 SB1 或触摸屏"起动按钮" | |
| 运行现象 | 1. 搅拌电动机以 20Hz 的频率运行 3s 后,以 30Hz 的频率运行,每隔 5s 频率加 10Hz,依次以 40Hz、50Hz 的频率运行<br>2. 指示灯 HL2 熄灭<br>3. 指示灯 HL1 常亮 | |
| 调试指令 | 按下停止按钮 SB2 或触摸屏"停止按钮" | |
| 运行现象 | 1. 搅拌电动机停止运行<br>2. 触摸屏上"搅拌电动机运行指示灯"熄灭<br>3. 指示灯 HL1 熄灭 | |
| 触摸屏显示 | 1. 电动机正转时,触摸屏"正转指示灯"绿色闪烁,"反转指示灯"红色常亮;电动机反转时,触摸屏"反转指示灯"绿色闪烁,"正转指示灯"红色常亮<br>2. 触摸屏上显示搅拌电动机运行的实时频率 | |
| 记录调试过程中存在的问题和解决方案 | | |

# 项目验收

为检验学习成效,要求在限定时间内实施项目,按表 4-15 对项目的安装、接线、编程及安全文明生产情况进行整体评分。

表 4-15　项目验收评分表

| 序号 | 内容 | 评分标准 | 配分 | 得分 |
|---|---|---|---|---|
| 1 | I/O 分配 | 输入/输出地址遗漏或错误扣 1 分/处 | 10 | |
| 2 | 绘制外部接线图 | 1. 未使用工具画图,扣 0.5 分<br>2. 电路图元件符号不规范,不符合要求扣 0.5 分/处 | 10 | |
| 3 | 安装与接线 | 参考项目二 | 20 | |
| 4 | 编程及调试 | 本部分内容由考核教师依据课程资源内的考核要求或自行制订考核标准 | 50 | |
| 5 | 安全文明生产 | 参考项目二 | 10 | |
| 合计总分 | | | 100 | |
| 考核教师 | | | 考核时间 | 年　月　日 |

## 🔗 系统故障

在工业现场，变频器控制系统经常会出现表 4-16 所示故障，请根据所学知识，在已调试成功的系统中模拟下述故障，从而探究分析故障原因，并提出排除方法。记录在实施过程中出现的系统故障，并在表 4-16 中记录故障原因及排除方法。

表 4-16　系统故障调试记录表

| 序号 | 设备故障 | 故障原因及排除方法 |
| --- | --- | --- |
| 1 | 系统起动，变频器无法起动 | |
| 2 | 变频器输出速度和预想设定速度不一致 | |
| 3 | 变频器过电流报警无法运行 | |
| 4 | 变频器过电压报警无法运行 | |
| 5 | 无法启用 P1001 参数速度 | |
| 6 | 多段速 15 段速无法组成，缺少 4 段速度 | |
|  |  |  |
|  |  |  |

## 想一想

本项目在设置参数时已知所采用的电动机的额定电流，因此可将 P1900 设为 0，即不进行电动机检测。某公司现计划将一台水泵改为变频控制，铭牌已丢失，现场工程师根据原配置的接触器和热继电器，初步估算出水泵功率约为 12kW，请根据水泵功率进行导线及变频器选型，通过查阅 G120C 变频器使用手册，设置变频器相应参数以检测电动机的额定电流。

# 项目五

# 变频器模拟量控制系统设计
## ——抓棉小车控制系统安装与调试

 **项目目标**

➢【知识目标】

1. 熟悉 G120C 变频器模拟量接线端子的组成。
2. 熟悉 G120C 变频器模拟量相对应参数的含义。
3. 掌握 G120C 变频器电压模拟量、电流模拟量的参数设置及调试方法。

➢【能力目标】

1. 能根据工艺要求设计智能抓棉分拣机抓棉小车控制系统的硬件电路。
2. 能根据工艺要求连接智能抓棉分拣机抓棉小车控制系统的硬件电路。
3. 能根据工艺要求绘制智能抓棉分拣机抓棉小车控制系统的工艺流程图。
4. 能根据工艺要求编写智能抓棉分拣机抓棉小车控制系统的 PLC 和触摸屏程序。
5. 能根据工艺要求完成智能抓棉分拣机抓棉小车控制系统的调试和优化。

➢【素质目标】

培养学生通过实践感受精益求精的工匠精神。

 **项目引入**

在智能抓棉分拣机控制系统中,抓棉小车由三相异步电动机驱动,根据棉花的不同品质控制速度。三相异步电动机由变频器进行无级调速控制,在抓棉过程中,变频器输出频率与棉花品质的对应关系如下:高品质电动机转速为 15Hz±1Hz、中品质转速为 30Hz±1Hz、低品质转速为 45Hz±1Hz,加速时间为 0.5s,减速时间为 0.5s。为减少控制系统调试量,需确保在自动控制系统中抓棉小车能完成所需各项功能。设置本项目完成抓棉小车在智能抓棉分拣机控制系统所需的各类控制功能,项目由控制面板给 PLC 控制信号,PLC 控制变频器使电动机完成相应动作。具体要求如下:

系统起动后进入图 5-1 所示的调试界面,指示灯 HL1、HL2 以 1Hz 的频率交替闪烁,等待系统调试。按下起动按钮 SB1 或触摸屏"起动按钮",系统起动运行,HL1、HL2 熄灭,抓棉小车以 15Hz 的频率运行 3s 后 M3 电动机停止;再按下 SB1 或触摸屏"起动按钮",抓棉小车以 30Hz 的频率运行 5s 后 M3 电动机停止;再按下 SB1 或触摸屏"起动按钮",抓棉小车以 45Hz 的频率运行 7s 后抓棉小车停止,HL1、HL2 以 1Hz 的频率交替闪烁,等待系统重新开始调试。在电动机运行过程中可随时按下 SB2 或触摸屏"停止按钮"使抓棉小车停止,再次按下 SB1 或触摸屏"起动按钮",电动机继续运行。在抓棉小车调试过程中,触摸屏抓棉小车"运行指示灯"及 HL3 以 1Hz 的频率闪烁,调试结束后 HL3 熄灭。变频器运行的实时频率应在触摸屏中显示(精度保留一位小数,单位为 Hz),如图 5-1 所示。

图 5-1 抓棉小车控制系统调试界面

 知识准备

## 一、G120C 模拟量控制的常用参数以及设置步骤

### 1. G120C 变频器模拟量控制的输入端子介绍

G120C 变频器的模拟量输入端子为 3(AI0+)和 4(AI0-),其中 3 端子接至直流源"+"级,4 端子接至直流源"-"极。模拟量的输入电源既可以是内部 10V 电源,也可以是外部电源,如图 5-2 所示。

### 2. G120C 变频器模拟量控制参数设置及应用案例

在某高压清洗系统中,用 0～10V 电压(设备正面 0～10V 直流电压源)模拟压力 0～150MPa,运用变频器控制电动机在 0～50Hz 的频率范围内运行,加减速时间都为 0.5s,图 5-3 所示为高压清洗系统示意图。以实现此案例要求为例,介绍 G120C 系列变频器模拟量控制的常规参数及设置。

❖ **注意**:在进行变频器模拟量常规参数设置前需完成变频器的快速调试。

根据控制要求完成变频器外部接线图的设计和接线,本案例变频器的外部接线如图 5-4 所示。

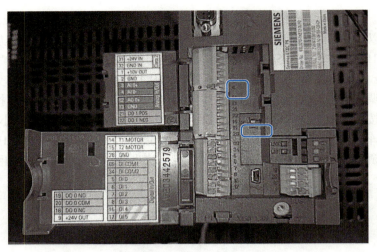

图 5-2　G120C 变频器端子排

图 5-3　高压清洗系统示意图

项目五　模拟量
控制参数设置及
应用案例

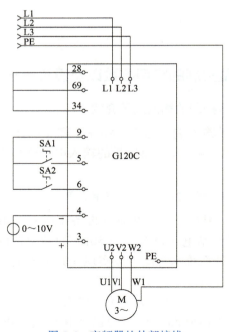

图 5-4　变频器的外部接线

# 项目五 变频器模拟量控制系统设计——抓棉小车控制系统安装与调试

按图 5-4 完成接线并检测无误后上电，快速调参且电动机可正常运行后进行以下操作，根据要求设置参数，具体操作步骤见表 5-1。

表 5-1 变频器的参数设置

| 参数号及功能说明 | 初始值 | 设定值 | 屏幕显示 |
|---|---|---|---|
| 将图 5-2 中的拨码开关拨到"U"处<br>说明：必须正确选择输入类型，否则变频器无法按要求工作<br>拨码开关有"U"和"I"两种模式可以设置，拨码开关拨到"U"处，变频器采用电压输入，拨到"I"处，变频器采用电流输入 | | | |
| 选择参数设置模式：PARAMS | | | PARAMS |
| 选择专家模式：EXPERT FILTEr | | | EXPERT FILTEr |
| 选择快速调试：P10 | 0 | 1 | P10  1 |
| 3  AI 0  设定值<br>4       I □ U  -10V~10V<br>5  DI 0  ON/OFF1<br>6  DI 1  换向<br>7  DI 2  应答<br>8  DI 3  ---<br>16 DI 4  ---<br>17 DI 5  ---    选择宏程序：P15<br>P15=12 时，变频器的起动端为 DI0，变频器的换向端为 DI1（在 DI0 激活的前提下，换向有效，仅激活 DI1，变频器无法起动） | 7 | 12 | P15  12 |
| 选择输入类型：P756<br>说明：<br>设定值为 0：单极电压输入（0～10V）<br>设定值为 1：带监控的单极电压输入（2～10V）<br>设定值为 2：单极电流输入（0～20mA）<br>设定值为 3：带监控的单极电流输入（4～20mA）<br>设定值为 4：双极电压输入（-10～10V）<br>设定值为 8：没有连接传感器 | 4 | 0 | P756  0 |
| 设定控制单元模拟量输入特性曲线值 $X1$：P757 | 0.000 | 0.000 | P757  0.000 |
| 设定控制单元模拟量输入特性曲线值 $Y1$[%]：P758 | 00.00 | 0.00 | P758  0.00 |
| 设定控制单元模拟量输入特性曲线值 $X2$：P759 | 10.000 | 10.000 | P759  10.000 |
| 设定控制单元模拟量输入特性曲线值 $Y2$[%]：P760 | 100.00 | 100.00 | P760  100.00 |

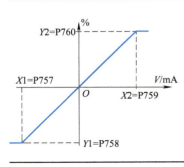

说明：左图所示为 P757、P758、P759、P760 所构成的对应线性函数图。其中 P757 与 P759 的设定值范围为 -50.00～160.00，两点对应的横坐标为电流或电压输入的区间范围；P758 与 P760 的设定值范围为 -1000.00～1000.00，纵坐标为所设定的电动机速度与 P2000（P2000 参数值为电动机最大转速参考值，即 100% 时所对应的转速值，默认初始值为 1500r/min）所设速度的百分比

本表所设参数说明：输入电压为 0V（P756=0）时电动机的转速为 0r/min（P758=0），在 10V（P759=10）时的转速为 1500r/min（P760=100%，P2000 参数值 ×100%=1500r/min），即 0～10V 电压对应电动机 0～1500r/min 转速，输入电压与电动机转速呈线性关系

若需达到 0～8V 电压对应电动机 0～1400r/min 转速，只需将例中的 P759 设为 8，P2000 设为 1400 即可，本组其他参数不变

(续)

| 参数号及功能说明 | 初始值 | 设定值 | 屏幕显示 |
|---|---|---|---|
| 设定控制单元模拟量输入断线监控的动作阈值：P761 | 2 | 0 | P761 00 0.00 |
| 选择快速调试：P10 | 1 | 0 | P10 0 |
| 保存参数：P971 | 0 | 1 | P971 1 |

> ☑ **想一想**：本项目所使用的 PLC 没有电流模拟量输入端，在工业现场某设备需采集系统运行电流，经 PLC 处理后，再对变频器进行控制，请根据所学知识并自主查阅手册解决此问题，并在表 5-8 中做好记录。

将 0～10V 直流源输出电压调为 5V，接通开关 SA1，电动机以 750r/min 的速度正转；0～10V 直流源输出电压调为 8V，电动机以 1200r/min 的速度正转；断开开关 SA1，电动机停止运转；将 0～10V 直流源输出电压调为 10V，接通开关 SA2，再接通开关 SA1，电动机以 1500r/min 的速度反转；断开开关 SA1 和开关 SA2，电动机停止运转。

> ☑ **试一试**：在完成项目任务后，将变频器上的拨码开关拨到"I"，观察并在表 5-8 中记录上述操作对系统运行效果的影响。

### 二、认识西门子 SM1232 模拟量控制模块

如图 5-5 所示，SM1232 输入端子有 L+、M 和 ⏚，分别对应连接 +24V、0V 和接地线。输出端子是由四个端子组成的两个输出通道，0M 端子和 0 端子组成通道 0，1M 端子和 1 端子组成通道 1，其中 0M 端子和 1M 端子相当于公共端。两个通道都可以输出直流电压和直流电流，直流电压输出范围为 –10～10V，相对应数字量的值为 –27648～27648，即 PLC 内部特定地址值为 27648 时，直流电压输出值为 10V；直流电流的输出范围有 0～20mA 和 4～20mA 两种，相对应数字量的值为 0～27648，输出类型和范围可按"2）设置模拟量输出类型和 STOP 模式的输出值"流程进行设置。完成 SM1232 模块的输入连接后，还需进行 SM1232 模块的组态并设置参数后方可使用，具体步骤如下。

1）SM1232 模块的硬件组态。按"硬件目录"→"AQ"→"AQ 2×14BIT"→"6ES7 232-4HB30-0XB0"步骤完成 SM1232 模块的组态，如图 5-6 所示。

❖ **注意**：在组态时组态的版本号必须和实物版本号一致，否则系统将报错。

> ☑ **试一试**：在完成项目任务后，断开 SM1232 上的 L+ 线，观察并在表 5-8 中记录上述操作对系统运行效果的影响。

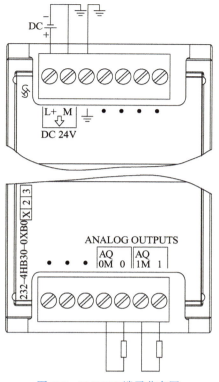

图 5-5　SM1232 端子分布图

图 5-6　SM1232 模块的组态

2）设置模拟量输出类型和 STOP 模式的输出值。双击设备组态界面的 AQ 2 模块，打开属性目录，选择"常规"→"AQ 2"→"模拟量输出"→"通道 0"，可在"模拟量输出的类型"中设置通道 0 输出的模拟量类型为电压或电流，设置通道 0 的"从 RUN 模式切换到 STOP 模式时，通道的替代值"，也就是该模块处于 STOP 模式时的输出值，一般设为 0，如图 5-7 所示。

图 5-7　SM1232 模块的输出类型和 STOP 模式的输出值设置

☑ 试一试：在完成项目任务后，将"……通道的替代值"改为 2.0，观察并在表 5-8 中记录上述操作对系统运行效果的影响。

3) 设置模拟量模块的输出地址。单击"I/O 地址",设置模拟量模块的输出地址,模块通道 0 的初始输出地址为 QW96,通道 1 的初始输出地址为 QW99,如图 5-8 所示。通过改变输出地址的数字量即可改变输出模拟量的值,如在通道 0 输出 2.5V 电压,需在程序中将 QW96 的值设为 6912。还可根据需要更改起始地址,如将起始地址改为 200,通道 0 的输出地址即修改为 QW200,通道 1 的输出地址也自动修改为 QW202。

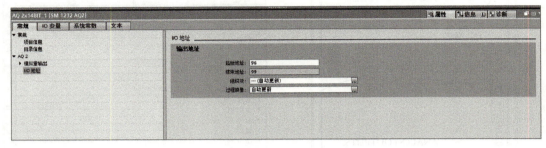

图 5-8 模拟量模块的输出地址设置

☑ 试一试:在完成项目任务后,将变频器上的拨码开关拨到"I",观察并在表 5-8 中记录上述操作对系统运行效果的影响。

 项目实施

### 一、抓棉小车控制系统的硬件设计

#### 1. PLC 的 I/O 地址分配

详细分析项目的控制要求,根据"满足功能、留有裕量"的原则,完成 PLC 的选型,并对 PLC 的 I/O 地址功能进行分配,具体见表 5-2。

表 5-2 PLC 的 I/O 地址分配

| 输入信号 | | 输出信号 | |
|---|---|---|---|
| 起动按钮 SB1 | I0.0 | 指示灯 HL1 | Q0.0 |
| 停止按钮 SB2 | I0.1 | 指示灯 HL2 | Q0.1 |
| | | 指示灯 HL3 | Q0.2 |
| | | 变频器 5 号端子 | Q0.4 |
| | | 变频器 3 号端子 | AQ0 |
| | | 变频器 4 号端子 | AQ0M |

#### 2. 电路图设计

完成 PLC 的 I/O 地址分配后,结合项目要求,完成系统电路图设计,如图 5-9 所示。

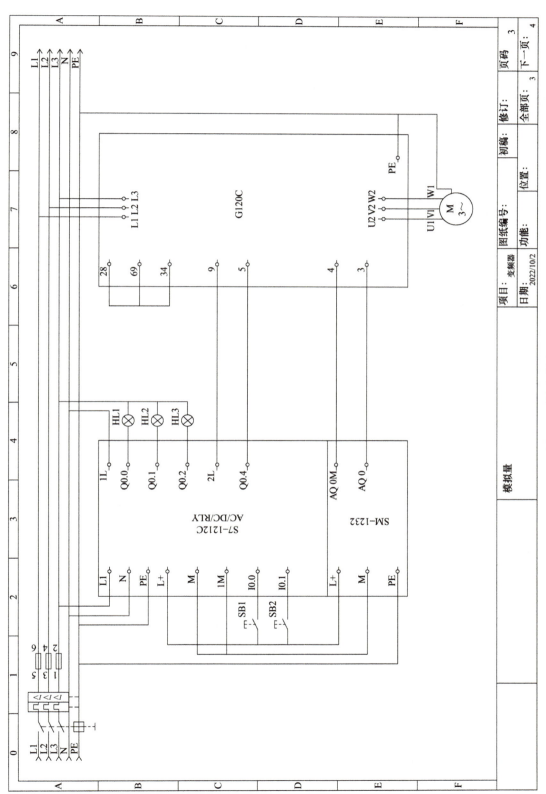

图 5-9 系统电路图

### 3. 变频器参数设置

根据系统电路图在实训设备上完成接线，用万用表检查接线准确无误后，结合项目要求，完成变频器的参数设置，具体见表 5-3。

表 5-3 变频器的参数设置

| 序号 | 参数号 | 初始值 | 设定值 | 功能 |
|---|---|---|---|---|
| 1 | 在"SETUP"菜单中按下"确认"键，进入"RESET"参数设置，使用"向上"键切换"NO"→"YES"，按下"确认"键，完成参数复位<br>注意：在启动快速调试前建议恢复所有参数的出厂设置 | | | 参数复位 |
| 2 | P210 | 400 | 380 | 输入电压 |
| 3 | P304 | 400 | 380 | 额定电压 |
| 4 | P305 | 1.7 | 0.66 | 额定电流 |
| 5 | P307 | 0.55 | 0.06 | 电动机功率 |
| 6 | P311 | 1395 | 1500 | 额定转速 |
| 7 | P15 | 7 | 12 | 宏程序 12 |
| 8 | P1080 | 0 | 0 | 最小转速 |
| 9 | P1082 | 1500 | 1500 | 最大转速 |
| 10 | P1120 | 10 | 0.5 | 设置加速时间 |
| 11 | P1121 | 10 | 0.5 | 设置减速时间 |
| 12 | P1900 | 2 | 0 | 无电动机检测 |
| 13 | FINISH | NO | YES | 完成参数设置 |
| 至此完成快速参数设置 | | | | |
| 完成快速调试并测试完成后，再进入"PARAMS"菜单下"EXPERT FILTER"模式设置后续参数 | | | | |
| 14 | P756 | 4 | 0 | 选择 0~10V 模拟量输入类型 |
| 15 | P757 | 0 | 0 | 模拟量输入特性曲线值 $X1$ |
| 16 | P758 | 0 | 0 | 模拟量输入特性曲线值 $Y1$ |
| 17 | P759 | 10 | 10 | 模拟量输入特性曲线值 $X2$ |
| 18 | P760 | 100 | 100 | 模拟量输入特性曲线值 $Y2$ |
| 19 | P971 | 0 | 1 | 保存参数 |

## 二、抓棉小车控制系统的软件设计

### 1. 抓棉小车控制系统的组态设计

根据项目要求，参考图 5-1 完成抓棉小车控制系统调试界面设计，参考表 5-4 完成 PLC 与 MCGS 间的关联地址分配和设置，运用"循环脚本"完成运行指示灯的闪烁功能。

表 5-4　PLC 与 MCGS 间的关联地址分配和设置

| 输入信号 | | | 输出信号 | | |
| --- | --- | --- | --- | --- | --- |
| 功能 | MCGS | PLC | 功能 | MCGS | PLC |
| 起动按钮 | M101 | M100.1 | 电动机运行指示灯 | M100 | M100.0 |
| 停止按钮 | M102 | M100.2 | 运行频率显示 | MD200 | MD200 |

## 2. 抓棉小车控制系统的工艺流程图绘制

详细分析项目的控制要求，完成工艺流程图的绘制，如图 5-10 所示。

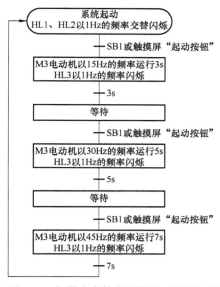

图 5-10　抓棉小车控制系统的工艺流程图

## 3. 抓棉小车控制系统的程序设计

程序段 1：进入调试界面，指示灯 HL1、HL2 以 1Hz 的频率交替闪烁，并等待起动，如图 5-11 所示。

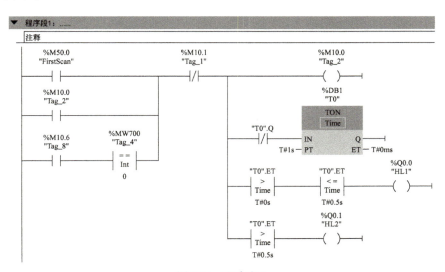

图 5-11　程序段 1

程序段 2：按下 SB1 或触摸屏"起动按钮"，电动机以 15Hz 的频率运行 3s，用 TONR 指令实现停止又重新启动后继续运行剩余时间的功能，如图 5-12 所示。

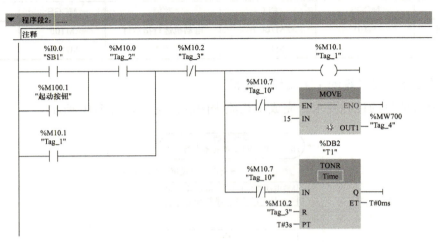

图 5-12　程序段 2

程序段 3、程序段 5：等待步，电动机停止运转，等待下一次按下 SB1 或触摸屏"起动按钮"，如图 5-13 和图 5-15 所示。

程序段 4：电动机以 30Hz 的频率运行 5s，用 TONR 指令实现停止又重新启动后继续运行剩余时间的功能，如图 5-14 所示。

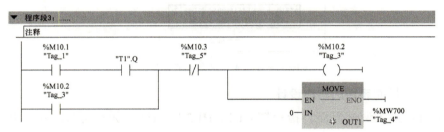

图 5-13　程序段 3

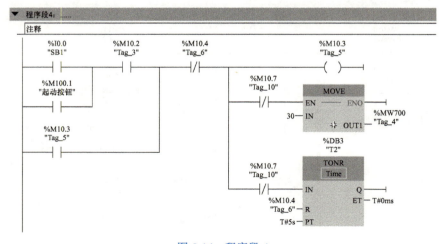

图 5-14　程序段 4

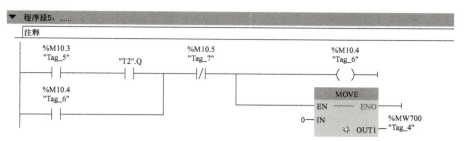

图 5-15　程序段 5

程序段 6：电动机以 45Hz 的频率运行 7s，用 TONR 指令实现停止又重新启动后继续运行剩余时间的功能，如图 5-16 所示。

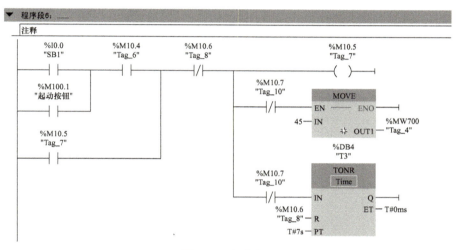

图 5-16　程序段 6

程序段 7：电动机停止运转，并返回程序段 1，等待重新起动，如图 5-17 所示。

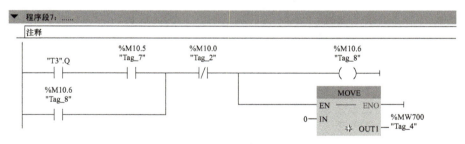

图 5-17　程序段 7

程序段 8：PLC 输出端控制变频器运行，变频器运行时指示灯 HL3 以 1Hz 的频率闪烁，如图 5-18 所示。

程序段 9：实现在电动机运行过程中随时按下 SB2 或触摸屏"停止按钮"使抓棉小车停止，再次按下 SB1 或触摸屏"起动按钮"使电动机继续运行的功能，如图 5-19 所示。

程序段 10：变频器频率标准化处理程序，用 CONV 指令将频率由整数转化为浮点数，再将触摸屏中的 MD200 变量的小数位数设为"1"，实现在触摸屏中实时显示一位小数的功能，如图 5-20 所示。

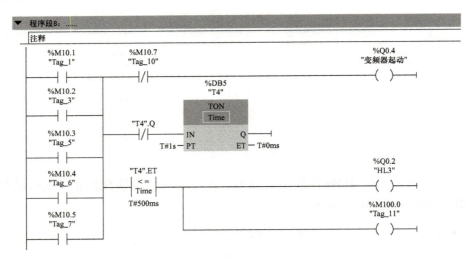

图 5-18　程序段 8

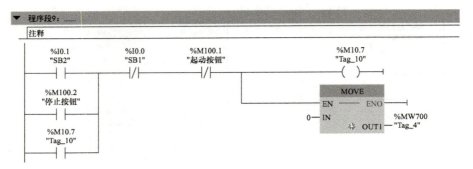

图 5-19　程序段 9

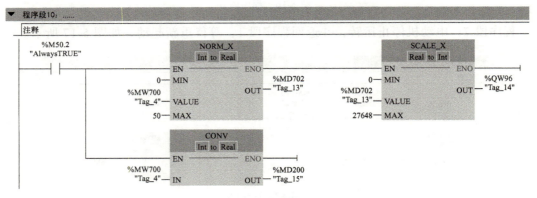

图 5-20　程序段 10

## 三、抓棉小车控制系统的运行调试

### 1. 系统单项功能调试

完成系统程序设计后，将程序下载到 PLC 和触摸屏。为确保运行安全，以及提高整体运行功能效率，在进行整体运行前，先对系统的各组成设备进行单项功能调试，确保所有设备运行正常。具体调试内容见表 5-5。

项目五　变频器模拟量控制系统设计——抓棉小车控制系统安装与调试

表 5-5　抓棉小车单项功能调试记录表

| 序号 | 调试内容 | 结果 |
|---|---|---|
| 1 | 按钮、开关连接调试 | |
| 2 | 灯连接调试 | |
| 3 | 触摸屏通信调试 | |
| 4 | 变频器点动功能测试 | |

#### 2. 系统整体运行功能调试

完成系统单项功能调试后，按表 5-6 中的顺序对系统进行整体调试。

❖ **注意**：设备运行过程是连续的，如果在某一阶段无法按系统要求运行，需停止调试，待问题解决后再继续调试。

表 5-6　抓棉小车系统运行调试记录表

| 调试步骤及现象 | | 结果 |
|---|---|---|
| 调试指令 | 上电后将 PLC 的模式设置为 "RUN" | |
| 运行现象 | HL1、HL2 指示灯以 1Hz 的频率交替闪烁 | |
| 调试指令 | 按下 SB1 或触摸屏上的 "起动按钮" | |
| 运行现象 | 变频器以 15Hz 的频率运行，3s 后停止 | |
| 调试指令 | 再次按下 SB1 或触摸屏上的 "起动按钮" | |
| 运行现象 | 变频器以 30Hz 的频率运行，5s 后停止 | |
| 调试指令 | 按下 SB1 或触摸屏上的 "起动按钮" | |
| 运行现象 | 变频器以 45Hz 的频率运行 | |
| 调试指令 | 在 7s 内，按下 SB2 或触摸屏上的 "停止按钮" | |
| 运行现象 | 变频器停止运行 | |
| 调试指令 | 停止 3s 后，按下 SB1 或触摸屏上的 "起动按钮" | |
| 运行现象 | 变频器以 45Hz 的频率继续运行到 7s 后停止，调试结束（以 45Hz 的频率运行的总时间为 7s） | |
| 触摸屏及指示灯显示 | 1. 调试过程中，指示灯 HL3 以 1Hz 的频率闪烁<br>2. 调试过程中，指示灯 HL1 和 HL2 熄灭<br>3. 触摸屏中，实时显示输出频率（精度保留一位小数）<br>4. 触摸屏中，电动机运行时，抓棉小车运行指示灯常亮；电动机停止运行时，抓棉小车运行指示灯熄灭 | |
| 记录调试过程中存在的问题和解决方案 | | |

## 📊 项目验收

为检验学习成效，要求在限定时间内实施项目，按表 5-7 对项目的安装、接线、编程及安全文明生产情况进行整体评分。

表 5-7　项目验收评分表

| 序号 | 内容 | 评分标准 | 配分 | 得分 |
|---|---|---|---|---|
| 1 | I/O 分配 | 输入/输出地址遗漏或错误扣 1 分/处 | 10 | |
| 2 | 绘制外部接线图 | 1. 未使用工具画图，扣 0.5 分<br>2. 电路图元件符号不规范，不符合要求扣 0.5 分/处 | 10 | |
| 3 | 安装与接线 | 参考项目二 | 20 | |

(续)

| 序号 | 内容 | 评分标准 | 配分 | 得分 |
|---|---|---|---|---|
| 4 | 编程及调试 | 本部分内容由考核教师依据课程资源内的考核要求或自行制订考核标准 | 50 | |
| 5 | 安全文明生产 | 参考项目二 | 10 | |
| | | 合计总分 | 100 | |
| 考核教师 | | | 考核时间 | 年　月　日 |

## 系统故障

在工业现场，变频器控制系统经常会出现表 5-8 所示故障，请根据所学知识，在已调试成功的系统中模拟下述故障，从而探究分析故障原因，并提出排除方法。记录在实施过程中出现的系统故障，并在表 5-8 中记录故障原因及排除方法。

表 5-8　系统故障调试记录表

| 序号 | 设备故障 | 故障原因及排除方法 |
|---|---|---|
| 1 | 系统起动，变频器无法起动 | |
| 2 | PLC 有电压输出，变频器未运行 | |
| 3 | SM1232 模块的硬件组态报错 | |
| 4 | 可实现电压模拟量控制变频器功能，无法实现电流模拟量控制功能 | |
| | | |
| | | |

## 想一想

某企业的智能涂装控制系统中，喷涂泵电动机由 PLC 通过电流对变频器进行控制。在工业现场，操作员在触摸屏上输入工件直径（工件直径 $D$ 应在 40～120cm 之间），单击触摸屏上的"工件确认"按钮确定工件直径后，再按下起动按钮 SB1，喷涂泵电动机起动并正转运行 8s，喷涂泵电动机的运行频率由工件直径与频率的对应关系确定，40cm<$D$<60cm 时，喷涂泵电动机的运行频率 $f$=50Hz；60cm<$D$<120cm 时，喷涂泵电动机的运行频率 $f$=50-($D$-60)/2。运行过程中按下停止按钮 SB2，喷涂泵电动机停止运行；再按下起动按钮 SB1，喷涂泵电动机继续之前的状态运行直至到达电动机的运行时间。请根据控制要求，查阅 G120C 变频器使用手册，合理设置变频器，运用前期所学知识完成上述任务。

## 项目拓展

变频器模拟量控制系统参考程序

# 项目六

# 步进电动机控制系统设计
## ——转塔步进电动机控制系统安装与调试

 **项目目标**

➤【知识目标】

1. 了解步进电动机的组成结构及工作原理。
2. 了解编码器的组成结构及工作原理。
3. 熟悉步科步进驱动器的接线方式。
4. 掌握步科步进驱动器的电流及细分设置方法。
5. 掌握 S7-1200 PLC 脉冲指令及高速计数器指令的应用。

➤【能力目标】

1. 能根据工艺要求设计智能抓棉分拣机转塔步进电动机控制系统的硬件电路。
2. 能根据工艺要求连接智能抓棉分拣机转塔步进电动机控制系统的硬件电路。
3. 能根据工艺要求绘制智能抓棉分拣机转塔步进电动机控制系统的工艺流程图。
4. 能根据工艺要求编写智能抓棉分拣机转塔步进电动机控制系统的 PLC 和触摸屏程序。
5. 能根据工艺要求完成智能抓棉分拣机转塔步进电动机控制系统的调试和优化。

➤【素质目标】

培养学生一丝不苟的工匠精神。

 **项目引入**

转塔步进电动机 M1 安装在丝杠上（已知直线导轨的螺距为 4mm，步进电动机旋转一周需要 2000 个脉冲），安装示意图如图 6-1 所示。其中 SQ3、SQ4 分别为转塔左右移动限位开关，SQ1、SQ2 分别为极限位开关。转塔步进电动机 M1 开始调试前，滑块位于 SQ3 与 SQ4 之间并设置好速度（在触摸屏上的设定速度范围应在 4.0～12.0mm/s 之间，按下 "复位" 按钮，回原点速度固定为 4.0mm/s，精确到小数点后一位）。按下 "复位" 按钮使转塔步进电动机 M1 回到左侧原点位置 SQ3 处（此时触摸屏显示转塔步进电动机 M1 位置为 0.0mm）。按下起动按钮 SB1，转塔步进电动机 M1 向右行驶 2cm 后停止 2s，然后继续向右运行，至 SQ4 处停止，等待 2s 后以设定速度的 80% 向左运行，向左行驶 2cm 后停止，2s 后运行至 SQ3 处停止，整个调试过程结束。整个过程中按下停止按钮 SB2，转塔步进电动机 M1 停止，再次按下 SB1，转塔步进电动机 M1 从当前位置开始继续运行。在转塔步进电动机 M1 调试过程中，转塔移动时 HL2 以 1Hz 的频率闪烁，停止时 HL2 熄灭。按下"复位"按钮回到原点时 HL1 常亮。

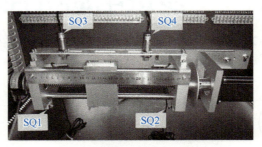

图 6-1　丝杠平台安装示意图

在运行过程中 SA1 旋转左侧，使用步进控制器脱机信号使步进电动机在当前位置停止运行，手动滑动使滑块移动到 SQ3 和 SQ4 中间，此时触摸屏中应实时显示位置变化情况（误差为 ±5mm），SA1 旋转右侧，电动机 M1 若没有调试完成，需按下"复位"按钮回到原点后重新调试。转塔步进电动机 M1 的运行速度及距原点距离应在触摸屏相应位置显示（精度保留一位小数），触摸屏上的指示灯显示电动机左、右移动运行状态。图 6-2 所示为转塔步进电动机控制系统的 MCGS 界面。

图 6-2　转塔步进电动机控制系统的 MCGS 界面

项目六 步进电动机控制系统设计——转塔步进电动机控制系统安装与调试

 知识准备

## 一、认识步进电动机

步进电动机是一种将电脉冲信号转换成相应角位移或线位移的电动机。每输入一个脉冲信号，转子就转动一个角度或前进一步，其输出的角位移或线位移与输入的脉冲数成正比，转速与脉冲频率成正比，因此，步进电动机又称为脉冲电动机。步进电动机的实物图如图 6-3 所示。

步进电动机相对于其他控制用途电动机的最大区别是，它接收数字控制信号（电脉冲信号）并转化成与之相对应的角位移或直线位移，它本身就是一个完成数字模式转化的执行元件。而且它可开环位置控制，输入一个脉冲信号就得到一个规定的位置增量，这样的所谓增量位置控制系统与传统的直流控制系统相比，其成本明显降低，几乎不必进行系统调整。步进电动机的角位移量与输入的脉冲个数严格成正比，而且在时间上与脉冲同步，因而只要控制脉冲的数量、频率和电动机绕组的相序，即可获得所需的转角、速度和方向。

### 1. 步进电动机的分类

1）永磁式步进电动机：其动态性能好，输出转矩较大，但是误差相对较大。

2）反应式步进电动机：其结构简单，成本低，转角分辨率高但是动态性能差，效率低，发热大，可靠性难以得到保证，已基本被淘汰。

3）混合式步进电动机：在拥有反应式电动机的高精度的同时，也拥有了更大的转矩，并且误差也较小，但由于其高昂的价格，因此一般用于工业和高精度场合。

### 2. 步进电动机的基本结构及工作原理

（1）三相混合式步进电动机的结构

图 6-3 所示为步科 3S57Q-04079 型三相步进电动机的实物图。三相混合式步进电动机与常规电动机一样，由定、转子两部分组成，该步进电动机的内部结构如图 6-4 所示，外部接线如图 6-5 所示，该步进电动机的主要技术参数见表 6-1。从图 6-4 可以看出，三相混合式步进电动机的定、转子为双凸极，结构较为复杂。定子为集中式绕组，有 12 个大极，A、B、C 三相依次顺序排布，而每个大极上又分布有若干小齿。转子由旋转轴、轴承、转子铁心和内部励磁磁钢组成，与常规电动机不同，转子铁心为多段式结构，其内含磁钢沿轴向充磁，分 N、S 两段，电角度上互差 180°，而每段圆周上又均匀分布有 50 个小齿，段与段之间刚好错开半个齿距，在空间上也刚好错开 180°。从磁场变化周期来看，一个齿距刚好对应 N、S 极变化一次，因此一个齿距就对应一个电周期，即转子本质上为 50 对极。

图 6-3 步进电动机的实物图

图 6-4 三相混合式步进电动机的内部结构

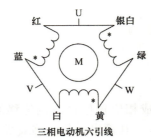

图 6-5 步科 3S57Q-04079 型三相步进电动机的外部接线

表 6-1 步科 3S57Q-04079 型三相步进电动机的主要技术参数

| 参数名称 | 步距角 | 相电流 | 保持转矩 | 阻尼转矩 | 电动机轴径 | 电动机惯量 |
| --- | --- | --- | --- | --- | --- | --- |
| 参数值 | 1.2° | 5.8A | 1.0N·m | 0.04N·m | 8mm | 0.48kg·cm² |

（2）三相混合式步进电动机的工作原理

步进电动机的电磁转矩是由转子与定子线圈之间形成的磁场产生的。如图 6-6 所示，按照 A+ → B- → C+ → A- → B+ → C- 顺序通电的方式给电动机绕组供电，步进电动机每次只有一相绕组通电，每次转换通电状态，转子就会以步距角 7.5° 逆时针旋转。由工作原理可知，按照一定规律给电动机绕组通电，每次变化定子线圈的通断情况，电动机将转过固定的角度，这个角度就是步距角 $\theta_b$。步进电动机的步距角大小与供电规律、转子齿数有关系，其关系式为：$\theta_b = \dfrac{360°}{nz}$，式中，$\theta_b$ 的单位为 °；$n$ 为电动机相数；$z$ 为转子齿数。

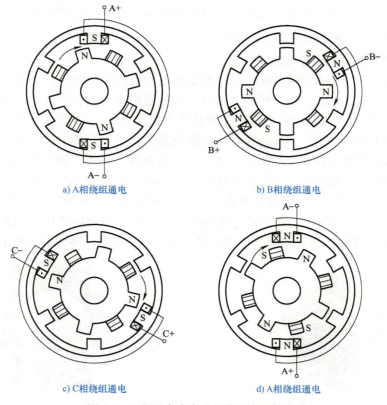

图 6-6 三相混合式步进电动机的工作原理

## 二、步科 3M458 步进驱动器的参数介绍及设置

步进电动机不能直接接到交直流电源上工作,而必须使用专用设备——步进驱动器,如图 6-7 所示。步进驱动器接收到一个脉冲信号,它就驱动步进电动机按设定的方向转动一个固定的角度(称为"步距角")。步进驱动器可以通过控制脉冲个数来控制步进电动机的角位移量,达到准确定位的目的;同时可以通过控制脉冲频率来控制电动机转动的速度和加速度,达到调速和定位的目的。

步进电动机和步进电动机驱动器组成的控制系统一般为开环控制系统,如图 6-8 所示。控制系统根据输入指令,经过运算发出脉冲指令给步进电动机驱动器,从而驱动工作台移动一定距离。步进电动机的实质是数字脉冲到角度或位移的变换,仅靠驱动装置本身就能实现定位。这种伺服系统比较简单,工作稳定,容易掌握,但精度和速度的提高会受到限制,一般应用于经济型数控机床。

图 6-7 步科 3M458 步进驱动器实物图

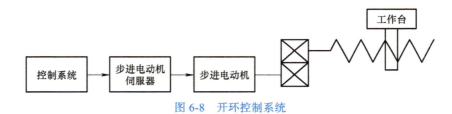

图 6-8 开环控制系统

### 1. 步科 3M458 步进驱动器的接线方式

步科 3M458 步进驱动器有共阳和共阴两种接线方式,如图 6-9 所示。图 6-9a 所示为共阳接法,图 6-9b 所示为共阴接法。西门子 1200 DC/DC/DC 系列 PLC 为源型输出,所以需采用共阴接法。

❖ **注意**:当控制器的控制信号的电压为 5V 时,连接电路中的电阻为 0Ω;当控制器的控制信号电压为 24V 时,为保证控制信号的电流符合驱动器的要求,在连接线路中的电阻为 2kΩ,否则容易出现电动机发热的情况。

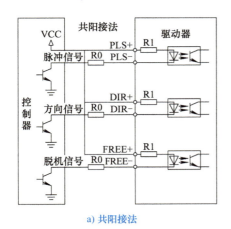
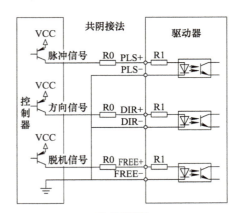

a) 共阳接法　　　　　　　　　　　　　　b) 共阴接法

图 6-9 步科 3M458 步进驱动器的接线方式

### 2. 步科 3M458 步进驱动器的参数设置

在步科 3M458 步进驱动器的侧面连接端子中间有一个红色的八位 DIP 功能设定开关，图 6-10 所示为该 DIP 开关的正视图及功能划分说明图，可用于设定驱动器的工作参数，包括细分设置、静态电流设置和运行电流设置。细分设置功能通过细分驱动技术实现，可实现步距角的细分化，将步距角成倍地减小，步数成倍地增加，提高分辨率，还可以减少或消除低频振动，使电动机运行更加平稳均匀。步科 3M458 步进驱动器采用了细分驱动技术，细分设定见表 6-2。步科 3S57Q-04079 型三相步进电动机的步距角为 1.2°，即在无细分的条件下 300 个脉冲电动机转一圈，如将细分设为"000"，则需 10000 个脉冲电动机转一圈，精度明显提升。驱动器运行电流需根据步进电动机的相电流进行设置。静态电流是指步进电动机待机不运行时的电流，一般为了减少电动机的发热会选择自动半流功能有效。输出相电流设定见表 6-3。

某企业的中空玻璃自动抹胶系统由步科 3M458 步进驱动器与步科 3S57Q-04079 型三相步进电动机组成的开环控制系统实现，精度要求为 2000 步/r。根据系统要求，按表 6-2 将 DIP1～DIP3 设为"011"，按表 6-3 将 DIP5～DIP8 设为"1111"，为降低系统停止工作步进电动机的发热温度，DIP4 也设为"0"。

❖ **注意**：DIP 开关露红为 ON 状态。

| 开关序号 | ON 功能 | OFF 功能 |
|---|---|---|
| DIP1～DIP3 | 细分设置用 | 细分设置用 |
| DIP4 | 自动半流功能禁止 | 自动半流功能有效 |
| DIP5～DIP8 | 电流设置用 | 电流设置用 |

图 6-10 DIP 开关的正视图及功能划分说明图

表 6-2 细分设定

| DIP1 | DIP2 | DIP3 | 细分 |
|---|---|---|---|
| ON | ON | ON | 400 步/r |
| ON | ON | OFF | 500 步/r |
| ON | OFF | ON | 600 步/r |
| ON | OFF | OFF | 1000 步/r |
| OFF | ON | ON | 2000 步/r |
| OFF | ON | OFF | 4000 步/r |
| OFF | OFF | ON | 5000 步/r |
| OFF | OFF | OFF | 10000 步/r |

表 6-3 输出相电流设定

| DIP5 | DIP6 | DIP7 | DIP8 | 输出电流峰值 |
|---|---|---|---|---|
| OFF | OFF | OFF | OFF | 3.0A |

(续)

| DIP5 | DIP6 | DIP7 | DIP8 | 输出电流峰值 |
|---|---|---|---|---|
| OFF | OFF | OFF | ON | 4.0A |
| OFF | OFF | ON | ON | 4.6A |
| OFF | ON | ON | ON | 5.2A |
| ON | ON | ON | ON | 5.8A |

### 三、增量型光电编码器

编码器（Encoder）是将信号（如比特流）或数据进行编制、转换为可用于通信、传输和存储的信号形式的设备。编码器是传感器（Sensor）的一种，主要用于测量机械运动的角位移，通过角位移可计算出机械运动的位置、速度等。

增量型光电编码器通过光电转化技术，把转轴的几何位移量转化为等宽脉冲进行输出，即把连续的位移量离散化为多个等大的脉冲，而且产生的脉冲与位移大小相对应，因此一个脉冲对应的位移量越小则越精确，记录的脉冲之和就对应为位移之和。增量型光电编码器具有体积小、精度高、操作方便等特点，而且既可以用来测量角位移，又可以通过加上联轴器来测量直线位移。然而由于测量直线位移时必须安装联轴器，因此需要考虑由机械摩擦产生的误差。

增量型光电编码器由光源、码盘基片、光栅板、光敏元件和透镜等组成，如图6-11所示。码盘上有很多个透光狭缝，相邻两个透光狭缝的间距大小相同并且代表一个周期。检测光栅上有两组间距相差刚好1/4间距的透光狭缝，检测光栅的透光狭缝和码盘的透光狭缝的间距相同。增量型光电编码器正常工作时，检测光栅固定不动，而码盘被转轴带动旋转，此时由编码器内部光源发出的光线周期性地穿过码盘和检测光栅并且照射到光电检测器件上时，光电检测器件将会输出两个相位相差90°的正弦信号（记为A相、B相），且码盘每旋转一圈就产生一个Z相脉冲信号。紧接着这两个正弦信号通过转换电路转化为方波，即A相脉冲和B相脉冲。通过分析A相和B相的相位关系可以方便地判断出旋转方向，一般设A相比B相超前时为正方向旋转，则B相超前A相就是负方向旋转，Z相可以用来减少累计误差。增量型光电编码器输出信号的波形如图6-12所示。

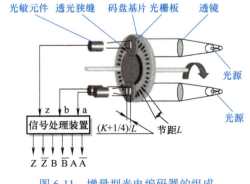

图6-11 增量型光电编码器的组成

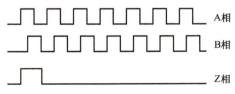

图6-12 增量型光电编码器输出信号的波形

增量型光电编码器每旋转360°提供的通或暗刻线（即脉冲数）的数量称为分辨率，也称为线数，一般分辨率为5～10000p/r（每转脉冲数）。YL-158GA1所使用的是具有A、

B 两相 90° 相位差的增量型光电编码器，工作电源为 DC 12～24V，分辨率为 1000p/r（一个脉冲代表 360°/1000）。增量型光电编码器每旋转一定角度会发出一个脉冲，即输出脉冲随角位移的增加而累加，该编码器可直接连接到丝杠上，将滑块在丝杠上的位移转化为角位移。增量型光电编码器一般与 PLC 的高速计数器配合使用。

❖ **注意**：增量型光电编码器在断电或电源出现故障时位置信息会丢失，需找零。

### 四、S7-1200 PLC 轴组态流程

（1）新增"轴"对象

选中所需进行轴控制的 PLC 模块，双击"工艺对象"下的"新增对象"选项，在弹出的对话框中单击"运动控制"→"TO_PositioningAxis"→"确认"，完成在该 PLC 上的"轴"添加，如图 6-13 所示。

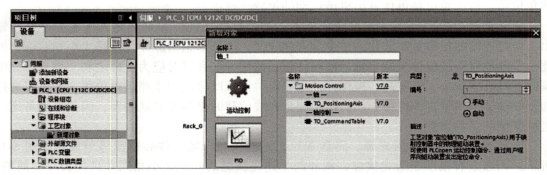

图 6-13 新增"轴"对象

（2）组态"常规"参数

在"轴名称："的输入框中定义轴名称为"轴_1"。设置驱动器控制模式，本项目的 PLC 采用"脉冲+方向"方式控制轴，因此选择"PTO"控制模式。根据轴对象所安装的丝杠的螺距设置测量单位，项目所采用的实训设备的螺距为 4mm，即轴旋转一圈，轴所带负载位移为 4mm，因此将单位设置为"mm"，如图 6-14 所示。

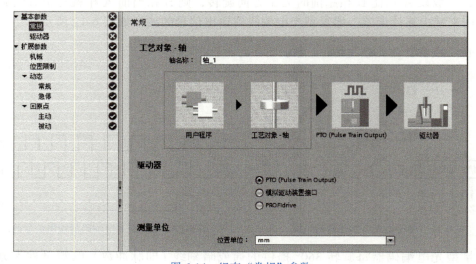

图 6-14 组态"常规"参数

驱动器控制方式说明如下：

1）PROFidrive 方式：S7-1200 PLC 通过基于 PROFIBUS/PROFINET 的 PROFidrive 总线通信方式与支持 PROFidrive 的驱动器连接，进行运动控制，该方式又称为总线控制。此方式是今后的发展趋势。

2）PTO 方式：驱动器通过脉冲发生器输出、可选使能输出和可选准备就绪输入进行连接。即 S7-1200 PLC 通过发送 PTO 脉冲的方式控制驱动器，该方式是目前普遍应用的控制方式，本项目选用此工作方式。

3）模拟量方式：S7-1200 PLC 通过输出模拟量信号，如 0～10V、4～20mA 信号来控制驱动器，此方式已逐步淘汰。

（3）组态"驱动器"参数

在"信号类型"的下拉列表框中选择"PTO（脉冲 A 和方向 B）"，如图 6-15 所示。

信号类型说明如下：

1）"PTO（脉冲 A 和方向 B）"：使用一个脉冲输出和一个方向输出控制步进电动机。

2）"PTO（时钟增加 A 和时钟减少 B）"：分别使用一个正向和负向运动的脉冲输出控制步进电动机。

3）"PTO（A/B 相移）"：A 相和 B 相的两个脉冲输出在同一频率下运行。在驱动器步进结束时会评估这两个脉冲输出的周期。A 相和 B 相之间的相位偏移量决定了运动方向。

4）"PTO（A/B 相位偏移量 – 四重）"：A 相和 B 相的两个脉冲输出在同一频率下运行。在驱动器步进结束时会评估 A 相和 B 相的所有上升沿和下降沿。A 相和 B 相之间的相位偏移量决定了运动方向。

❖ **注意**：脉冲输出必须使用具有晶体管输出的 PLC。

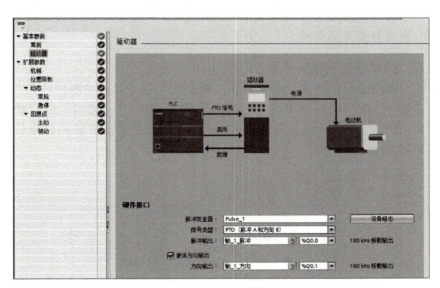

图 6-15　组态"驱动器"参数

☑ **试一试**：在完成项目任务后，试试用继电器输出 PLC 调试可否驱动步进电动机，并在表 6-12 中做好记录。

（4）组态"机械"参数

将"电动机每转的脉冲数"设为"2000"，"电动机每转的负载位移"设为"4.0"，选择"所允许的旋转方向"为"双向"，勾选"反向信号"，如图6-16所示。

图6-16　组态"机械"参数

参数说明如下：

1）"电动机每转的脉冲数"：电动机旋转一周时PLC所需输出的脉冲量，一般需与步进或伺服电动机旋转一周的脉冲量一致。

2）"电动机每转的负载位移"：电动机旋转一周时生产机械所产生的位移，一般与配套丝杠螺距一致。

3）"所允许的旋转方向"：可选择"正方向""负方向"和"双向"，选择"双向"时，可以控制电动机实现正、反两个方向的工作，所以一般选择"双向"。

4）"反向信号"：系统初始设置电动机安装在丝杠的左侧，如本项目的电动机装在丝杠右侧，与系统初始设置相反，需勾选"反向信号"。

☑ 试一试：在完成项目任务后，依次改变"电动机每转的脉冲数、电动机每转的负载位移、反向信号"等参数，观察并在表6-12中记录改变上述参数后对系统运行效果的影响。

（5）组态"位置限制"参数

本项目可不启用硬限位开关。若需启用，则应先勾选"启用硬限位开关"前的复选按钮，然后将"轴1"的"硬件下限位开关输入"设为"I0.4"，"轴1"的"硬件上限位开关输入"设为"I0.5"，"选择电平"均为"高电平"，项目不需要使用软限位，因此不做设置，如图6-17所示。

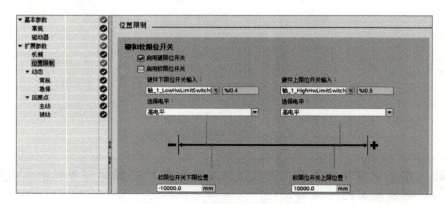

图6-17　组态"位置限制"参数

参数说明如下：

1)"启用硬限位开关"及"硬件上、下限位开关输入"：勾选"启用硬限位开关"前的复选按钮即启用，在下拉列表框中选择硬件限位开关下限和上限的数字量输入。在轴到达硬件限位开关时，电动机急停。在设备中，一般将滑台左右两边的极限位设置为硬件限位开关。

2)"选择电平"：有"低电平"和"高电平"两种模式，即选择激活该硬限位开关的电平。电平的选择需与外部接线相配合，常规情况下会将限位的常开信号接入 PLC，因此选择"高电平"。

3)"启用软限位开关"及"软限位开关上、下限位位置"：可以设置软限位开关的下限值和上限值。这两个软限位值一般要在硬件限位开关范围之内，以便在硬件开关动作之前停止电动机运行。

（6）组态"动态 – 常规"参数

选择"速度限值的单位"为"mm/s"，"最大转速"设为"12.0"，即 12.0mm/s，"启动/停止速度"设为"0.1"，即 0.1mm/s，"加速时间"设为"0.1"，即 0.1s，"减速时间"设为"0.1"，即 0.1s，以上参数设置完成后系统会自动计算出加速度和减速度，因此"加速度"和"减速度"两个参数不需要再设置，如图 6-18 所示。

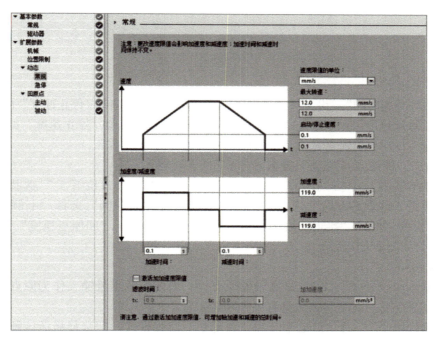

图 6-18　组态"动态 – 常规"参数

参数说明如下：

1)"速度限值的单位"：可选择速度限值单位，包括"转/分钟""脉冲/s"和"mm/s"三种。

2)"最大转速"：可设置系统的最大运行速度，系统自动运算以 mm/s 为单位的最大速度，实训台上行程较短，速度不可过快，一般将其设为 12.0mm/s。

3)"启动/停止速度"：可设置系统的启动/停止速度，系统自动运算以 mm/s 为单位的启动/停止速度。

4)"加速时间"和"减速时间":可设置从"启动/停止速度"到"最大转速"所需的时间,如果无重载可设为"0.1"。

(7)组态"动态-急停"参数

"最大转速"和"启动/停止速度"已在组态"动态-常规"参数中设置,无须重新设置。"急停减速时间"设为"0.1",即0.1s。以上参数设置完成后系统会自动计算出"紧急减速度",因此"紧急减速度"不需要再设置,如图6-19所示。

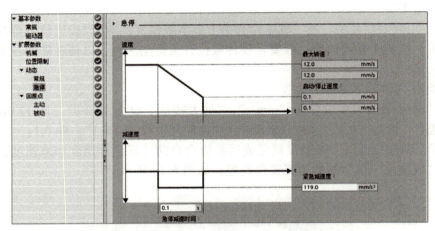

图6-19 组态"动态-急停"参数

参数说明如下:

1)"急停减速时间":设置从"最大转速"急停减速到"启动/停止速度"的减速时间。

2)"紧急减速度":设置从"最大转速"急停减速到"启动/停止速度"的减速度。

❖ 注意:以上两个参数设置一个,系统即可计算出另一个参数。

(8)组态"回原点-主动"参数

在"选择电平"下拉列表框中选择"高电平","输入归位开关"选择"SQ3"即"I0.3","接近/回原点方向"选择"负方向","归位开关一侧"选择"上侧","原点位置偏移量"设为"0.0","接近速度"设为"4.0",即4.0mm/s,"回原点速度"设为"1.0",即1.0mm/s,如图6-20所示。

参数说明如下:

1)"输入归位开关":可定义某轴的原点,一般使用数字量输入作为原点开关,通过PTO的驱动器连接,该输入必须具有中断功能。

2)"选择电平":有"低电平"和"高电平"两种模式,即选择激活该硬限位开关的电平。电平的选择需与外部接线相配合,常规情况下会将限位的常开信号接入PLC,因此选择"高电平"。

3)"允许硬限位开关处自动反转":可实现在寻找原点过程中碰到硬件限位点自动反向的功能。如果勾选"允许硬限位开关处自动反转"复选按钮,激活该功能后,轴在碰到原点之前碰到了硬件限位点,此时系统认为原点在反方向,会按组态好的斜坡减速曲线停车并反转运行去寻找原点开关。若该功能没有激活并且轴到达硬件限位,则回原点过程会因为错误被取消,并且急停减速对轴进行制动。如果轴在回原点的一个方向上没有碰到原点开关,则需要勾选该复选按钮,这样轴可以自动掉头,向反方向寻找原点开关。

项目六　步进电动机控制系统设计——转塔步进电动机控制系统安装与调试

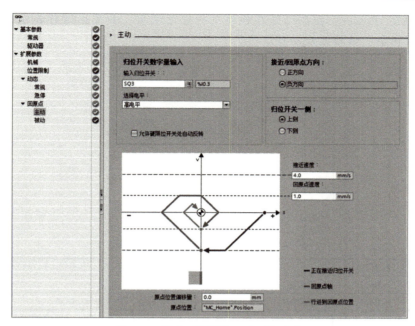

图 6-20　组态"回原点 – 主动"参数

4)"原点位置偏移量":如果指定的回原点位置与回原点开关的位置存在偏差,则可在此域中指定起始位置偏移量。如果该值不等于 0,则轴在回原点开关处回原点后将执行以下动作:以"回原点速度"使轴移动"原点位置偏移量"所指定的距离。到达"起始位置偏移量"位置处时,轴处于运动控制指令"MC_Home"的输入参数"POSITION"中指定的起始位置处(将"POSITION"的值传输给轴的"ACTUALPOSITION",可配合相对位移或绝对位移前往原点)。

5)"接近/回原点方向":用于选择回主动原点时的运行方向。

6)"归位开关一侧":可以选择轴是在回原点开关的"上侧"还是"下侧"进行回原点。"上侧"是指轴电动机正方向上传感器上侧,"下侧"是指轴电动机正方向上传感器下侧。假设电动机向左为正方向,电动机左侧传感器下降沿为上侧,上升沿为下侧;电动机右侧传感器上升沿为上侧,下降沿为下侧。

7)"接近速度":是指系统刚开始回原点时的速度,这个速度会一直保持到系统碰到原点开关为止。

8)"回原点速度":是指系统碰到原点开关后的速度,这个速度会一直保持到回原点过程结束。

> ☑ 试一试:在完成项目任务后,依次改变"输入归位开关、选择电平、允许硬限位开关处自动反转"等参数,观察并在表 6-12 中记录改变上述参数后对系统运行效果的影响。

## 五、S7-1200 PLC 运动控制指令

### 1."MC_Power"指令

"MC_Power"指令可启用或禁用轴,该指令如图 6-21 所示,其引脚参数见表 6-4。

119

❖ **注意**:"MC_Power"指令必须在程序里一直被调用,如果在运行其他控制指令之前未启动该指令,该轴无法动作。

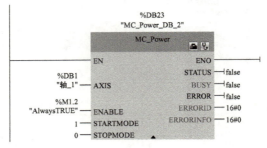

图 6-21 "MC_Power"指令

表 6-4 "MC_Power"指令的引脚参数

| 引脚参数 | 数据类型 | 说明 |
| --- | --- | --- |
| EN | Bool | 使能输入 |
| ENO | Bool | 使能输出 |
| AXIS | TO_Axis_PTO | 轴工艺对象 |
| BUSY | Bool | 标记"MC_Power"指令是否处于活动状态 |
| ERROR | Bool | 标记"MC_Power"指令是否产生错误 |
| ERRORID | Word | 当指令产生错误时,显示错误号 |
| ERRORINFO | Word | 当指令产生错误时,显示错误信息 |
| STARTMODE | Int | 0= 速度控制<br>1= 位置控制 |
| STOPMODE | Int | 0= 紧急停止,按照轴工艺对象参数中的"急停"速度或时间来停止轴<br>1= 立即停止,PLC 立即停止发送脉冲<br>2= 由加速度变化率控制的紧急停止(适合于重载运行设备) |
| STATUS | Bool | 轴的使能状态 |

2. "MC_Home"指令

"MC_Home"指令的功能是使轴归位,设置参考点后该指令可将轴坐标与实际物理驱动器位置匹配,并赋予一个新的值,该指令如图 6-22 所示,其引脚参数见表 6-5。

❖ **注意**:在设置"归位开关数字量输入、回原点方向、归位开关一侧"参数后,启动"MC_Home"指令,轴会根据组态设置的回原点方向自动寻找到设置的原点位置,并计入,当轴运行完成需要返回原点时,再次执行"MC_Home"指令,轴会自动回到指定原点位置的一侧。

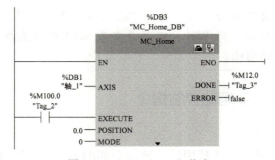

图 6-22 "MC_Home"指令

表 6-5 "MC_Home"指令的引脚参数

| 引脚参数 | 数据类型 | 说明 |
| --- | --- | --- |
| EXECUTE | Bool | 检测到上升沿开始执行 |
| POSITION | Real | 当 MODE=0、2 或 3 时，设置轴的绝对位置值<br>当 MODE=1 时，设置当前轴位置的修正值 |
| MODE | Int | 0：绝对式直接回原点，新的轴位置为参数"POSITION"的值<br>说明：触发"MC_Home"指令后轴并不运行，也不会去寻找原点开关。轴的坐标值直接更新成新的坐标，新的坐标就是参数"POSITION"的值<br>1：相对式直接回原点，新的轴位置为当前轴位置+参数"POSITION"的值<br>说明：触发"MC_Home"指令后轴并不运行，只是更新轴的当前位置值，与 MODE=0 时不同，此时是将在轴原来坐标值的基础上加上"POSITION"端对应的参数后得到的坐标值作为轴当前位置的新值<br>2：被动回原点，即轴在运行过程中碰到原点开关，轴的当前位置将设置为参数"POSITION"的值<br>3：主动回原点，轴将按照轴工艺组态的参数进行回原点动作，PLC 将指令中"POSITION"端对应的参数值赋值给当前值，生成系统的位置参考值，即原点。一般选用此工作模式<br>6：绝对编码器调节（相对），将当前轴位置的偏移值设置为参数"POSITION"的值，计算得到的绝对值移动<br>7：绝对编码器调节（绝对），将当前的轴位置设为参数"POSITION"的值，计算得到的绝对值移动 |
| DONE | Bool | 为 1 表示任务完成 |
| COMMANDABORTED | Bool | 为 1 表示任务在执行过程中被另一个任务中止 |
| REFERENCEMARKPOSITION | Real | 之前坐标系中参考标记处的轴位置 |

注：该指令的 EN、ENO、AXIS、ERROR 引脚参数的功能与"MC_Power"指令一致，此处不再重复说明。

### 3. "MC_Movejog"指令

通过"MC_Movejog"指令可以在点动模式下以指定的速度连续运动轴，与其他指令一样必须先启用轴，即"MC_Power"需启动，指令如图 6-23 所示，其引脚参数见表 6-6。

❖ **注意**：当 JOGFORWARD 和 JOGBACKWARD 同时激活时，轴将减速直至停止，ERROR、ERRORID 及 ERRORLNFO 引脚输出错误号及相关信息，因此在执行点动指令时，需采用互锁方式确保 JOGFORWARD 和 JOGBACKWARD 不会同时触发。

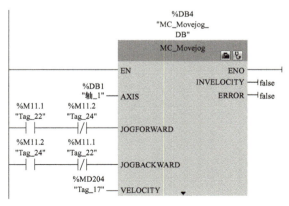

图 6-23 "MC_Movejog"指令

表 6-6 "MC_Movejog"指令的引脚参数

| 引脚参数 | 数据类型 | 说明 |
| --- | --- | --- |
| JOGFORWARD | Bool | 指定轴按参数"VELOCITY"中指定的速度正向移动 |
| JOGBACKWARD | Bool | 指定轴按参数"VELOCITY"中指定的速度反向移动 |
| VELOCITY | Real | 设定点动模式的速度,可实时修改并实时生效 |
| POSITIONCONTROLLED | Bool | 0:非位置控制,操作即运行在速度控制模式,由模拟量控制<br>1:位置控制,操作即运行在位置控制模式,由发出脉冲控制,在位置控制模式下选择此模式时,该值为初始值 |
| INVELOCITY | Bool | 为 1 表示当前时刻已达到参数"VELOCITY"中设定的速度<br>为 0 表示当前时刻未达到参数"VELOCITY"中设定的速度 |

注:该指令的 EN、ENO、AXIS、ERROR 引脚参数的功能与"MC_Power"或"MC_Home"指令一致,此处不再重复介绍。

## 六、编码器组态流程

### 1. 启用高速计数器 HSC1

打开 CPU 的"属性"界面,在"常规"选项卡中单击"高速计数器(HSC)"→"HSC1",勾选"启用该高速计数器",启用高速计数器 HSC1,如图 6-24 所示。

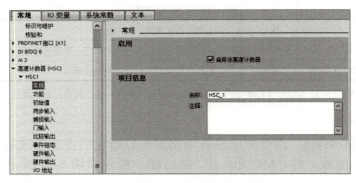

图 6-24 启用高速计数器 HSC1

### 2. 设置高速计数器功能

本项目需实现正反转计数功能,因此选择"计数类型"为"计数",选择"工作模式"为"A/B 计数器",选择"初始计数方向"为"加计数",如图 6-25 所示。

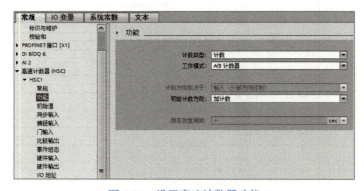

图 6-25 设置高速计数器功能

### 3. 启用脉冲捕捉，选择需要的输入滤波器时间

依次单击"常规"→"DI8/DQ6"→"数字量输入"，将通道 0 和通道 1 的"输入滤波器"设为"0.1millisec"，并勾选"启用脉冲捕捉"，如图 6-26 所示。

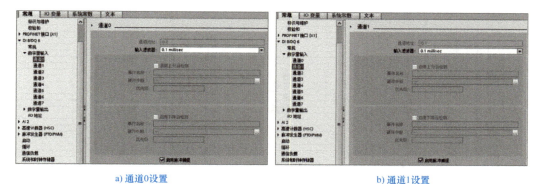

a) 通道0设置      b) 通道1设置

图 6-26 启用脉冲捕捉

"输入滤波器"说明如下：

本项目所用的编码器为 1000p/r，螺距为 4mm，最大速度可达 12.0mm/s，即编码器在最大速度时每秒需走 3000p，因此"输入滤波器"选择"0.1millisec"，滤波器时间选择过大或过小都将影响计数准确率。

❖ **注意**：如果选择的是非单通道模式，需设置对应的两个通道的输入滤波器时间，若未全部启用，则高速计数器将无法计数。

## 项目实施

### 一、智能抓棉分拣机转塔步进电动机控制系统的硬件设计

#### 1. PLC 的 I/O 地址分配

详细分析项目的控制要求，根据"满足功能、留有裕量"的原则，完成 PLC 的选型，并对 PLC 的 I/O 地址功能进行分配，具体见表 6-7。

表 6-7 PLC 的 I/O 地址分配

| 输入信号 | | 输出信号 | |
|---|---|---|---|
| 编码器 A 相 | I0.0 | 脉冲输出 | Q0.0 |
| 编码器 B 相 | I0.1 | 方向输出 | Q0.1 |
| 选择开关 SA1 | I0.2 | 脱机信号 | Q0.2 |
| SQ3 | I0.3 | 指示灯 HL1 | Q0.3 |
| SQ4 | I0.4 | 指示灯 HL2 | Q0.4 |
| 起动按钮 SB1 | I0.5 | | |
| 停止按钮 SB2 | I0.6 | | |

#### 2. 电路图设计

完成 PLC 的 I/O 地址分配后，结合项目要求，完成系统电路图设计，如图 6-27 所示。

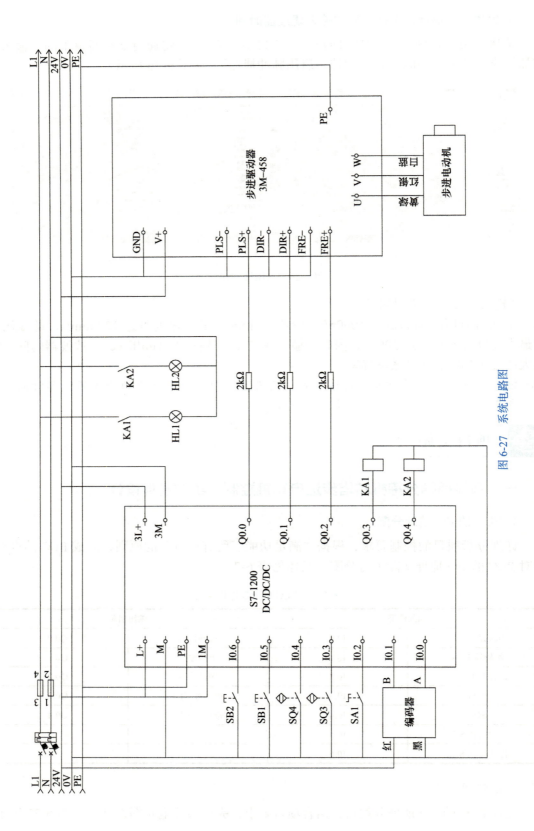

图 6-27 系统电路图

## 二、智能抓棉分拣机转塔步进电动机控制系统的软件设计

### 1. 智能抓棉分拣机转塔步进电动机控制系统的组态设计

根据项目要求，参考图 6-1 完成转塔步进电动机控制系统的 MCGS 界面设计，并根据项目要求完成 PLC 与 MCGS 间的关联地址分配和设置，具体见表 6-8。

表 6-8  PLC 与 MCGS 间的关联地址分配和设置

| 输入信号 | | | 输出信号 | | |
| --- | --- | --- | --- | --- | --- |
| 功能 | MCGS | PLC | 功能 | MCGS | PLC |
| 复位按钮 | M100 | M100.0 | 电动机右移指示 | M101 | M100.1 |
| 设定电动机速度 | MD200 | MD200 | 电动机左移指示 | M102 | M100.2 |
|  |  |  | 电动机速度显示 | MD208 | MD208 |
|  |  |  | 电动机位置显示 | MD212 | MD212 |

### 2. 智能抓棉分拣机转塔步进电动机控制系统的工艺流程图绘制

详细分析项目的控制要求，完成工艺流程图的绘制，如图 6-28 所示。

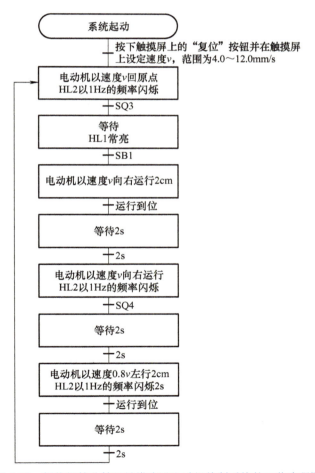

图 6-28  智能抓棉分拣机转塔步进电动机控制系统的工艺流程图

### 3. 智能抓棉分拣机转塔步进电动机控制系统的程序设计

程序段 1：启用轴，如图 6-29 所示。

程序段 2、程序段 4～程序段 5：脱机复位后，按下触摸屏上的"复位"按钮，转塔步进电动机返回原点，到达原点后将编码器复位，如图 6-30、图 6-32 和图 6-33 所示。

程序段 3：用"MC_Movejog"指令实现转塔步进电动机的控制功能，如图 6-31 所示。

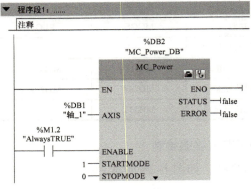

图 6-29　程序段 1

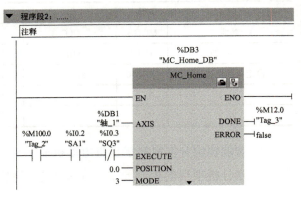

图 6-30　程序段 2

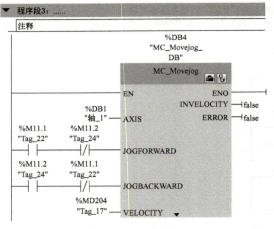

图 6-31　程序段 3

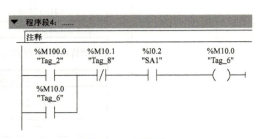

图 6-32　程序段 4

程序段 6～程序段 12：实现"往右运行 2cm—停 2s—运行到 SQ4—停 2s—往左运行 2cm—停 2s—回到原点"的工作流程，如图 6-34～图 6-40 所示。

程序段 13：如图 6-41 所示，M11.1 用于控制转塔步进电动机正转，M11.2 用于控制转塔步进电动机反转。M100.1、M100.2 用于在触摸屏上显示电动机正反转的运行状态。

程序段 14：如图 6-42 所示，按下停止按钮 SB2 系统暂停运行，再按下起动按钮 SB1 恢复原运行状态。

程序段 15：如图 6-43 所示，将运行速度和运行位置实时传送给触摸屏。到达 SQ4 后，编码器可测出从原点到 SQ4 的总脉冲数，用"SUB"指令将总脉冲数减去 5000（编码器分辨率为 1000p/r），即可得到从 SQ3 到 SQ4 区间中距离 SQ4 为 2cm 的编码器总脉冲数，从而实现程序段 11 在转塔步进电动机从 SQ4 往 SQ3 方向走 2cm 的控制功能。

项目六 步进电动机控制系统设计——转塔步进电动机控制系统安装与调试

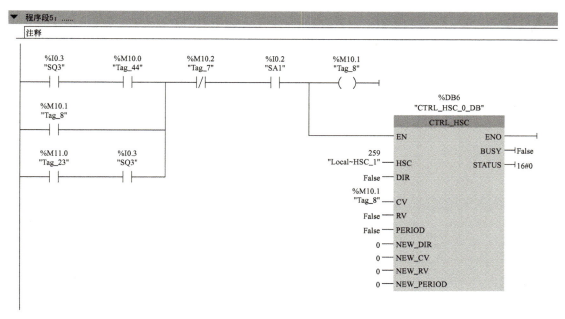

图 6-33 程序段 5

图 6-34 程序段 6

图 6-35 程序段 7

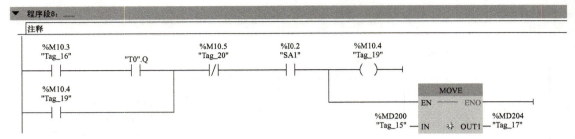

图 6-36　程序段 8

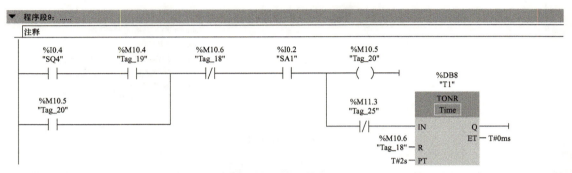

图 6-37　程序段 9

图 6-38　程序段 10

图 6-39　程序段 11

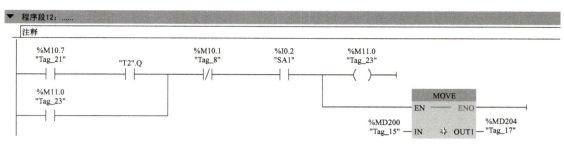

图 6-40　程序段 12

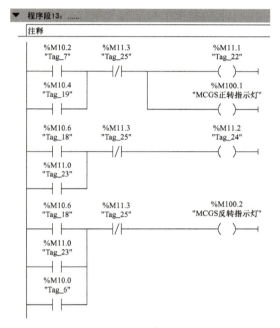

图 6-41　程序段 13

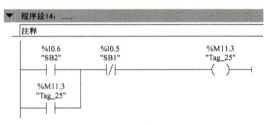

图 6-42　程序段 14

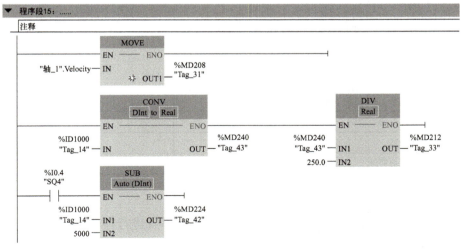

图 6-43　程序段 15

程序段 16：脱机信号，如图 6-44 所示。
程序段 17：转塔步进电动机在原点时 HL1 常亮，如图 6-45 所示。

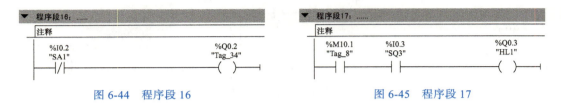

图 6-44　程序段 16　　　　　　　图 6-45　程序段 17

程序段 18：转塔步进电动机在运行时 HL2 以 1Hz 的频率闪烁，如图 6-46 所示。

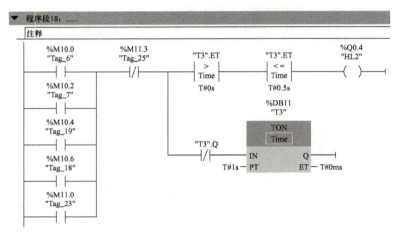

图 6-46　程序段 18

## 三、智能抓棉分拣机转塔步进电动机控制系统的运行调试

### 1. 系统单项功能调试

完成系统程序设计后，将程序下载到 PLC 和触摸屏。为确保运行安全，以及提高整体运行功能效率，在进行整体运行前，先对系统的各组成设备进行单项功能调试，确保所有设备运行正常。具体调试内容见表 6-9。

表 6-9　系统单项功能调试记录表

| 序号 | 调试内容 | 结果 |
| --- | --- | --- |
| 1 | 按钮、开关连接调试 |  |
| 2 | 灯连接调试 |  |
| 3 | 触摸屏通信调试 |  |

### 2. 系统整体运行功能调试

完成系统单项功能调试后，按表 6-10 中的顺序对系统进行整体调试。

❖ **注意**：设备运行过程是连续的，如果在某一阶段无法按系统要求进行运行，需停止调试，待问题解决后再继续调试。

表 6-10　系统运行调试记录表

| 调试步骤及现象 | | 结果 |
|---|---|---|
| 调试指令 | 将 SA1 旋转至左侧 | |
| 运行现象 | 电动机应该没有任何动作 | |
| 调试指令 | 将 SA1 旋转至右侧，并设置运行速度为 8.0mm/s，按下复位按钮 | |
| 运行现象 | 步进电动机以 4.0mm/s 的速度回到左侧原点 SQ3 | |
| 调试指令 | 按下 SB1 | |
| 运行现象 | 转塔步进电动机向右行驶 2cm，停止 2s | |
| 调试指令 | 在转塔步进电动机向左运行过程中，按下 SB2 | |
| 运行现象 | 转塔步进电动机停止 | |
| 调试指令 | 再次按下 SB1 | |
| 运行现象 | 转塔步进电动机继续运行，回到左侧原点 SQ3 | |
| 记录调试过程中存在的问题和解决方案 | | |

## 项目验收

为检验学习成效，要求在限定时间内实施项目，按表 6-11 对项目的安装、接线、编程及安全文明生产情况进行整体评分。

表 6-11　项目验收评分表

| 序号 | 内容 | 评分标准 | 配分 | 得分 |
|---|---|---|---|---|
| 1 | I/O 分配 | 输入/输出地址遗漏或错误扣 1 分/处 | 10 | |
| 2 | 绘制外部接线图 | 1. 未使用工具画图，扣 0.5 分<br>2. 电路图元件符号不规范，不符合要求扣 0.5 分/处 | 10 | |
| 3 | 安装与接线 | 参考项目二 | 20 | |
| 4 | 编程及调试 | 本部分内容由考核教师依据课程资源内的考核要求或自行制订考核标准 | 50 | |
| 5 | 安全文明生产 | 参考项目二 | 10 | |
| | | 合计总分 | 100 | |
| 考核教师 | | | 考核时间 | 年　月　日 |

## 系统故障

在工业现场，步进电动机经常会出现表 6-12 所示故障，请根据所学知识，在已调试成功的系统中模拟下述故障，从而探究分析故障原因，并提出排除方法。记录在实施过程中出现的系统故障，并在表 6-12 中记录故障原因及排除方法。

表 6-12　系统故障调试记录表

| 序号 | 设备故障 | 故障原因及排除方法 |
|---|---|---|
| 1 | 上电后步进电动机没有抱死 | |
| 2 | 系统运行时，步进电动机发热但无法运动 | |
| 3 | 步进电动机运行速度偏慢 | |

(续)

| 序号 | 设备故障 | 故障原因及排除方法 |
|---|---|---|
| 4 | 步进电动机运行速度偏快 | |
| 5 | 步进电动机能抱死,但只有一个方向 | |
| 6 | 没有任何信号,但步进电动机会自动不匀速运行 | |
| 7 | 步进电动机上电正常,但脉冲信号发出后电动机未运行 | |
| | | |
| | | |

 **想一想**

平移电动机 M1 安装在丝杠上,其中 SQ1、SQ2 分别为平移电动机 M1 左、右移动限位开关。平移电动机 M1 开始调试前,滑块位于 SQ1 与 SQ2 之间。在触摸屏上输入平移电动机 M1 的速度(设定范围为 4.0~12.0mm/s,精确到小数点后一位),按下触摸屏上的"复位按钮",滑块回到左侧原点位置 SQ1 处(此时显示位置为 0mm);复位完成,按下起动按钮 SB1 或触摸屏上的"起动按钮",滑块向右运行 3cm 后停止 2s;再向右运行 4cm 后停止 2s;再向右以设定速度的 50% 运行至 SQ2 处,停止 3s 后以 1.5 倍的设定速度反向回到 SQ1 处,整个调试过程结束。调试过程中按下停止按钮 SB2 或触摸屏上的"停止按钮",平移电动机 M1 停止,再次按下起动按钮 SB1 或触摸屏上的"起动按钮",平移电动机 M1 从当前位置开始继续运行。运行过程中,当平移电动机 M1 复位回到原点时 HL1 常亮,平移电动机 M1 运行过程中 HL1 以 1Hz 的频率闪烁,平移电动机 M1 暂停运行时 HL1 以 0.5Hz 的频率闪烁,当调试完成后 HL1 熄灭。

在运行过程中旋转 SA2,使用步进控制器脱机信号使步进电动机在当前位置停止运行,手动滑动滑块使其移动到 SQ1 和 SQ2 中间,此时触摸屏中应实时显示位置变化情况(误差 ±5mm),SA2 回正,若误差小于 2cm,则继续运行;若误差超过 2cm,需复位完成后重新调试。

请根据控制要求,运用前期所学知识完成上述任务。

 **项目拓展**

步进电动机控制
系统参考程序

# 项目七

## 伺服电动机控制系统设计
——抓棉臂电动机控制系统安装与调试

 **项目目标**

➤【知识目标】

1. 熟悉伺服电动机的工作原理。
2. 掌握 ASDA-B2 伺服驱动器的参数设置方法。
3. 掌握 MCGS 界面设计以及各类脚本编程方法。

➤【能力目标】

1. 能根据工艺要求设计抓棉臂电动机控制系统的硬件电路。
2. 能根据工艺要求连接抓棉臂电动机控制系统的硬件电路。
3. 能根据工艺要求绘制抓棉臂电动机控制系统的工艺流程图。
4. 能根据工艺要求编写抓棉臂电动机控制系统的 PLC 和触摸屏程序。
5. 能根据工艺要求完成抓棉臂电动机控制系统的调试和优化。

➤【素质目标】

1. 感受科技创新助力"千万工程"的成效,着力培育和践行社会主义核心价值观。
2. 通过实践感受追求卓越的工匠精神。

 **项目引入**

控制系统在联调前需对各组成部分进行单调测试,否则不仅会影响调试效率,甚至可能会造成事故。在智能抓棉分拣机控制系统中,抓棉臂电动机 M2 由伺服电动机控制,为减少控制系统调试量,确保在自动控制系统中抓棉臂电动机 M2 能完成所需各项功能。设置本项目完成抓棉臂电动机 M2 在智能抓棉分拣机控制系统所需的各类控制功能,项目由控制面板给 PLC 控制信号,PLC 控制抓棉臂电动机 M2 完成相应动作。具体要求如下:

由触摸屏输入抓棉臂电动机 M2 的速度(速度范围应在 6.0 ~ 10.0mm/s 之间,精确到小数点后一位，伺服电动机旋转一周需要 1000 个脉冲）。按下起动按钮 SB1，抓棉臂电动机 M2 正向运行 9mm，停止 2s，继续正向运行 12mm，停止 2s 后，以设定速度的 50% 反向运行 21mm，停止 3s 后，以设定速度再正向运行 15mm，停止 3s 再反向运行 12mm 后停止运行，抓棉臂电动机 M2 调试结束。在抓棉臂电动机 M2 运行过程中，HL1、HL2 以亮 1s 灭 1s 的周期交替闪烁，停止和调试结束时 HL1 和 HL2 熄灭。

抓棉臂电动机 M2 的运行速度及距原点距离应在触摸屏相应位置显示（精度保留一位小数），触摸屏上的指示灯显示电动机正、反向运行状态，如图 7-1 所示。

图 7-1　抓棉臂电动机控制系统调试界面

## 一、认识伺服系统

伺服系统是指用来精确地跟随或者复现某个过程的反馈控制系统，也可称为随动系统。伺服系统属于自动控制系统的一种，通常具有负反馈的闭环或半闭环控制系统，当系统的给定量变化时，输出量能够自动地、快速地、准确地随给定量的变化而变化。

近几十年来，随着各种新技术的出现与发展，伺服系统已从早期的液压、气动伺服系统发展到如今的电动伺服系统。特别是电力电子技术和计算机技术的快速进步，使得电动伺服系统得到了突飞猛进的发展，不仅在工农业领域得到了非常广泛的应用，而且在许多高科技领域，如激光加工、数控机床、机器人、柔性制造系统及自动化生产线等领域中的应用也迅速发展。此外，伺服系统在智能化农业设备和系统中也得到了广泛应用，助力浙江省绘就"千万工程"新图景，如在农业包装设备领域，伺服系统对于提高设备性能、确保生产效率和产品质量具有重要意义，图 7-2 所示为伺服系统在小麦自动包装机中的应用。

图 7-2　伺服系统在小麦自动包装机中的应用

#### 1. 伺服系统的分类

根据伺服控制原理，伺服系统可以分为开环控制系统、闭环控制系统、半闭环控制系统。与步进电动机更多地应用于开环控制系统相比，具有内置编码器的伺服电动机更多地用于精度要求更高的半闭环控制系统和闭环控制系统。

（1）半闭环控制系统

半闭环控制系统如图 7-3 所示，半闭环控制系统在伺服电动机一侧加装了位置检测元件（如编码器），输出的结果对输入有影响，系统稳定性与精度较开环系统有了很大的提升。这种控制系统所能达到的精度、速度和动态特性优于开环控制系统，其复杂性和成本低于闭环控制系统，主要用于大多数中小型数控机床。

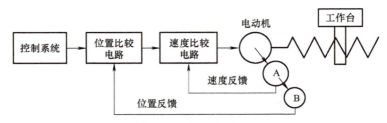

图 7-3　半闭环控制系统

（2）闭环控制系统

闭环控制系统如图 7-4 所示，它是误差随动系统，由伺服电动机、比较线路、伺服驱动器和安装在工作台上的位置检测器等组成。闭环控制系统在控制器执行末端安装检测装置（如光栅尺等），将反馈信号与给定值进行比较，用差值进行控制，驱动执行机构精确运动到给定位置。这种系统定位精度高，控制精度可达 0.1μm，主要用于对控制精度要求较高的系统。

#### 2. 伺服系统的控制模式

交流伺服系统主要有三种基本控制模式：位置控制模式、速度控制模式和扭矩控制模式。在不同的模式下，系统的工作原理略有不同，其应用场合也不同。在正常使用时，既可以采用单一的基本控制模式，也可以采用由两种或三种基本控制模式构成的混合控制模式。

# 智能控制系统安装与调试

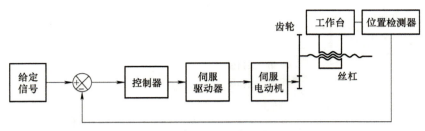

图 7-4　闭环控制系统

（1）位置控制模式

位置控制模式由驱动器接收输入的脉冲或内部寄存器的位置命令，控制伺服电动机运行至目标位置，与电动机同轴旋转的编码器会将电动机的旋转信息反馈给伺服驱动器，形成闭环控制。伺服控制器输出的脉冲信号用来确定伺服电动机的转数，在驱动器中，该脉冲信号与编码器送来的脉冲信号进行比较，当两者相等时，表明电动机旋转的转数已达到要求，即电动机驱动的执行部件已移动到指定的位置。伺服系统的位置控制模式在定位装置中得到了广泛应用，例如数控机床、印刷机械等。根据位置命令来源不同，可将位置控制模式分为 PT 与 PR 两种，PT 位置控制模式的脉冲来源于外部输入，PR 位置控制模式的位置命令来源于内建位置命令寄存器。位置控制模式的组成结构如图 7-5 所示。

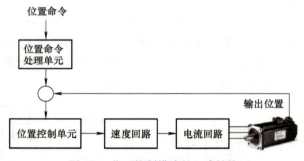

图 7-5　位置控制模式的组成结构

（2）速度控制模式

速度控制模式由伺服驱动器接收速度命令，控制电动机调速至目标速度，然后匀速运行。根据速度命令来源可分为 S 与 Sz 两种，其中 S 速度控制模式的速度信号既可来源于内部寄存器，也可来源于外部端子台输入的 $-10 \sim +10V$ 模拟电压，而 Sz 速度控制模式的速度命令只能由内部寄存器提供。采用速度控制模式时的伺服驱动器类似于变频器，通过操作伺服驱动器的有关输入开关及输入电位器，实现电动机转速的调节。伺服驱动器的输入开关、电位器等输入的控制信号也可以用 PLC 等控制设备来产生。速度控制模式主要用于精密控制速度的应用场合，如 CNC 加工机等。速度控制模式的组成结构如图 7-6 所示。

（3）扭矩控制模式

扭矩控制模式由伺服驱动器接收扭矩命令，并控制伺服电动机以目标扭矩运行，根据其扭矩命令的来源可分为 T 和 Tz 两种，其中，T 扭矩控制模式的扭矩命令来源于内部寄存器或外部端子台输入的 $-10 \sim +10V$ 模拟电压，而 Tz 扭矩控制模式的扭矩命令仅来源于内部寄存器。扭矩命令通过操作伺服驱动器的有关输入开关及输入电位器，实现伺服电动机的输出转矩（又称扭矩）的调节。假设在伺服系统中设定 10V 对应 6N·m，则当外部输入的模拟量为 5V 时，电动机轴的输出为 3N·m；若电动机轴上的负载低于 3N·m，电动机沿正方向转动；若电动机轴上的负载等于 3N·m，电动机停止转动；若电动机轴上的负载大于 3N·m，电动机沿反方向转动（一般是在有重力负载的条件下发生第三种情况）。扭矩控制模式主要用于需做扭力控制的场合，如绕线机等。扭矩控制模式的组成结构如图 7-7 所示。

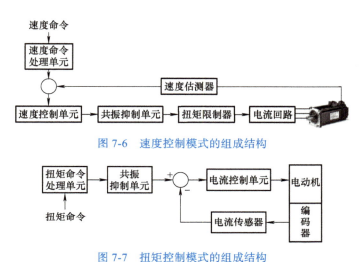

图 7-6 速度控制模式的组成结构

图 7-7 扭矩控制模式的组成结构

## 二、伺服电动机的基本结构及工作原理

伺服电动机（Servo Motor）又称为执行电动机，在自动控制系统中用作执行元件，把所接收到的电信号转换成电动机轴上的角位移或角速度输出。

伺服电动机的转子转速受输入信号控制，具有能快速反应、机电时间常数小、线性度高等特性。伺服电动机可分为直流和交流伺服电动机两大类。随着电子技术的不断成熟，交流伺服电动机技术凭借其优异的性价比，逐渐取代直流电动机成为伺服系统的主导执行电动机。

图 7-8 所示为台达 ECMA–C20604RS 三相交流伺服电动机，ECMA–C20604RS 的含义：ECM 表示电动机类型为电子换相式，C 表示电压及转速规格为 220V、3000r/min，2 表示编码器为光学编码器，分辨率为 2500p/r，输出信号线数为 5 根线，04 表示电动机的额定功率为 400W，R 表示无刹车有油封的键槽结构，S 表示为标准轴径。该电动机外部部件有动力线和编码器连接线，编码器连接线将编码器测得的转速数据传送到伺服驱动器，输入电源线电缆连接伺服驱动器与电动机内部绕组 U、V、W 及 GND。

### 1. 三相永磁交流伺服电动机的基本结构

永磁式交流伺服电动机由定子、转子和编码器构成，如图 7-9 所示。

交流伺服电动机定子分为外定子和内定子两部分，内、外定子铁心通常均由硅钢片叠成，定子铁心槽中放置空间互差 120° 电角度的三个绕组。转子铁心表面放置永磁体。

伺服电动机的编码器用来检测转速和位置，一般采用增量型光电编码器，增量型光电编码器可将角位移转换成光电脉冲信号，它具有结构简单、体积小、响应迅速快及价格低等特点。

图 7-8　台达 ECMA-C20604RS 三相交流伺服电动机

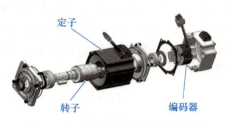

图 7-9　交流伺服电动机的基本结构

### 2. 三相永磁交流伺服电动机的工作原理

三相永磁同步电动机的结构模型如图 7-10 所示，当定子三相绕组通上交流电源后，就产生一个旋转磁场，该旋转磁场将以同步转速 n 旋转。由于磁极同性相斥异性相吸，定子磁场与转子的永磁磁极互相吸引，并带着转子一起旋转，因此，转子也将以同步转速 n 与旋转磁场一起旋转。当转子加上负载转矩之后，转子磁极轴线将落后定子磁场轴线一个角度 θ，随着负载增加，θ 也随之增大；负载减少时，θ 也减少；只要不超过一定限度，转子始终跟着定子的旋转磁场以恒定的同步转速 n 旋转。

由电动机的基本理论可以知道，永磁同步电动机（PMSM）的转速为

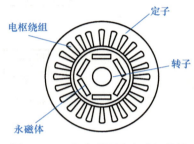

图 7-10　三相永磁同步电动机的结构模型

$$n = \frac{60f}{p}$$

由此可见，改变定子绕组的电源频率，可改变电动机的转速。永磁同步电动机是通过改变定子绕组的电源频率来调节转速的。

### 三、伺服驱动器

伺服驱动器又称为伺服放大器，是交流伺服系统的核心设备，其功能是通过整流电路将工频为 50Hz 或 60Hz 的三相交流电源或单相交流电源转换成直流电源，然后将直流电信号送到逆变电路，转换成 U、V、W 三相幅度和频率均可变的交流电源，提供给伺服电动机，从而驱动电动机运转。伺服驱动器的内部结构如图 7-11 所示，在驱动器内部的电流环、速度环、位置环都采用了比变频器更为先进的控制技术和控制算法，能实现各种控制模式，还能有效地对交流伺服电动机进行过载、短路、欠电压等故障保护。当伺服驱动器以速度控制模式工作时，可通过控制输出电源的频率来调节电动机的转速；当以扭矩控制模式工作时，可通过控制输出电源的幅度来控制电动机的转矩；当以位置控制模式工作时，可根据输入脉冲来决定输出电源的通断时间。根据伺服电动机的类型可以把伺服驱动器分为直流伺服驱动器和交流伺服驱动器。目前由交流伺服驱动器和永磁同步电动机组成的现代交流伺服控制系统已广泛应用于数控机床和工业机器人等领域。

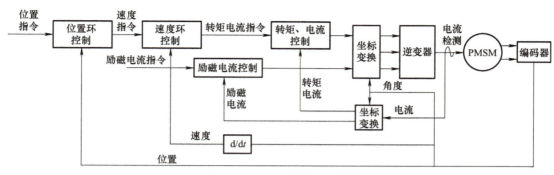

图 7-11 伺服驱动器的内部结构

**1. 台达 ASDA-B2 伺服驱动器**

图 7-12 所示为台达 ASDA-B2 伺服驱动器的正面部件组成,各部件的名称及功能见表 7-1。

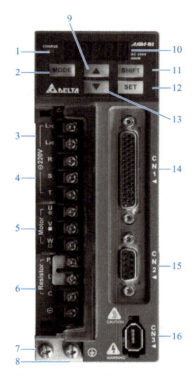

图 7-12 台达 ASDA-B2 伺服驱动器的正面部件组成

表 7-1 台达 ASDA-B2 伺服驱动器正面部件的名称及功能

| 序号 | 部件名称 | 功能介绍 |
| --- | --- | --- |
| 1 | 电源指示灯 | 当指示灯亮红色时,表示此时主电源回路中得电 |
| 2 | "MODE"键 | 按下"MODE"键可进行"参数模式、监视模式、报警模式"的切换。在编辑模式时,按"MODE"键可跳到参数模式 |
| 3 | 控制回路电源输入端 | L1c 和 L2c 连接单相交流电源 |

(续)

| 序号 | 部件名称 | 功能介绍 |
|---|---|---|
| 4 | 主电路电源输入端 | R、S、T 连接三相交流电源（全系列通用）<br>R、S 连接单相交流电源（1.5kW 及以下功率机种适用）<br>注意：伺服驱动器电源接法分为三相与单相两种，单相仅适用于 1.5kW 及以下功率机种。应根据产品型号，选择适当的电压规格 |
| 5 | 伺服电动机输出端 | 购买线材后，U、V、W 的引出线连接伺服驱动器的 U、V、W 端，另一端接头与伺服电动机的电源接头 U、V、W 相连接，不可接入控制电路及主电路电源输入端 |
| 6 | 内、外部回生电阻 | 当电动机的输出力矩和转速的方向相反时，它代表能量从负载端传回至驱动器内。此能量灌注到直流总线中的电容使得其电压值上升。当上升到某一值时，回灌的能量只能靠回生电阻来消耗。驱动器内含回生电阻，使用者也可以外接回生电阻<br>① 使用外部回生电阻时，将回生电阻接于 P、C 端，P、D 端开路<br>② 使用内部回生电阻时，P、C 端开路，P、D 端短路 |
| 7 | 散热座 | 进行伺服驱动器的散热和固定伺服驱动器 |
| 8 | 接地端子 | 进行接地，以防伺服驱动器漏电 |
| 9 | "UP" 键 | 变更参数码、设定值或监控码，按下后显示部分数值加 1 |
| 10 | 显示屏 | 由 5 位数七段 LED 显示参数码、设定值、监控码和报警值 |
| 11 | "SHIFT" 键 | 在参数模式下可更改参数码，在设定模式下可向左更改数位。被选择的数位进行闪烁 |
| 12 | "SET" 键 | 显示或储存设定值 |
| 13 | "DOWN" 键 | 变更参数码、设定值或监控码，按下后显示部分数值减 1 |
| 14 | CN1 接口 | 控制器连接插口。与 PLC 或控制 I/O 端口连接 |
| 15 | CN2 接口 | 编码器连接插口。购买线材后将引脚一头插入 CN2 端口，另一头与伺服电动机的编码器接头相连接 |
| 16 | CN3 接口 | RS485 和 RS422 通信连接插口，与计算机或控制器连接 |

**2. 基于台达 ASDA–B2 伺服驱动器与台达 ECMA–C20604PS 三相交流伺服电动机的伺服控制系统构建**

图 7-13 所示为伺服驱动器的外围装置接线，下面对各部分外围接线的接法以及参数设置进行详细介绍。

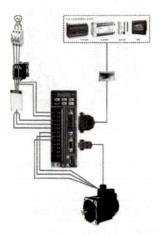

图 7-13　伺服驱动器的外围装置接线

（1）连接伺服驱动器电源线

伺服驱动器电源线接法分为单相与三相两种，实训设备上的伺服驱动器为单相供电方

项目七 伺服电动机控制系统设计——抓棉臂电动机控制系统安装与调试

式,具体连接方式如下:

1)控制回路电源输入端:L 线和 N 线经过保护开关后分别接到 L1c 和 L2c 端。
2)主回路电源输入端:L 线和 N 线经过保护开关后分别接到 R 和 S 端。
3)PE 线接到接地端。

按上述方法完成伺服驱动器电源线的连接后,伺服驱动器即可正常得电。

(2)连接动力线

伺服驱动器动力输出端与伺服电动机自带电源线间的对应接线如图 7-14 所示,按该图可完成伺服驱动器与伺服电动机间动力线的连接。

> ☑试一试: 在完成项目任务后,改变伺服电动机自带电源线接在伺服驱动器动力输出端上的顺序,如将 U 输出端和 V 输出端进行互换,观察并在表 7-15 中记录上述操作对系统运行效果的影响。

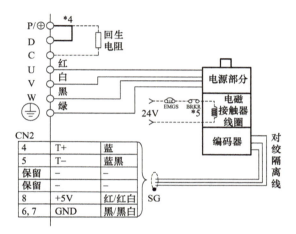

图 7-14 伺服驱动器与伺服电动机连接图

EMGS—紧急停止信号 BRKR—电磁制动控制接点

(3)连接编码器线

连接伺服驱动器与伺服电动机前需制作一根连接线,连接伺服驱动器侧采用 9 针串口公头,连接编码器侧采用 9 针快速接头,两侧针头的示意图如图 7-15 所示。

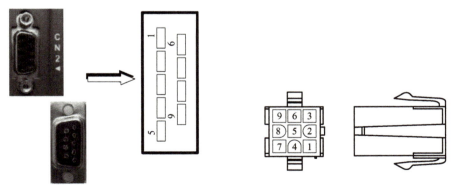

a) 伺服驱动器侧CN2接口引脚排序图　　b) 连接编码器侧快速接头端子排序图

图 7-15 两侧针头的示意图

### 智能控制系统安装与调试

**（4）连接回生电阻**

台达 ECMA-C20604PS 三相交流伺服电动机内含回生电阻，若使用内部回生电阻，需将 P、C 端开路，P、D 端短路。若使用外部回生电阻，需将 P、C 端接电阻，P、D 端开路。

**（5）连接 CN1 接口的 I/O 接线**

台达 ASDA-B2 伺服驱动器的 CN1 接口提供了可任意规划的 6 组输出和 9 组输入，编码器的 A、B、Z 的信号脉冲，急停、复位、正转行程限位、反转行程限位、故障、零速检测等，以及模拟扭矩指令输入、速度指令输入、位置指令输入及脉冲位置指令输入。CN1 接口端子引脚图如图 7-16 所示。

不同控制功能的 CN1 接口的接线方式不相同，图 7-17 所示为位置控制模式标准接线图，在位置控制模式下 CN1 接口使用的端子及其功能见表 7-2，位置控制模式下表 7-2 中未介绍的端子不需要再进行连接。

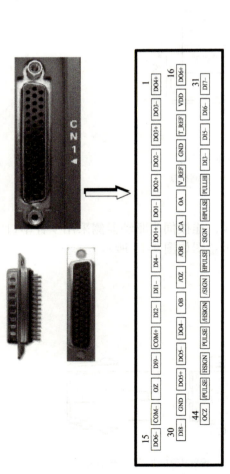

图 7-16 CN1 接口端子引脚图

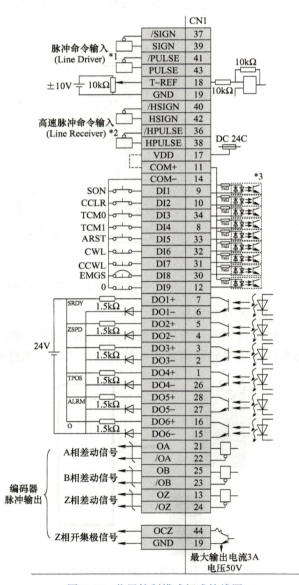

图 7-17 位置控制模式标准接线图

项目七 伺服电动机控制系统设计——抓棉臂电动机控制系统安装与调试

> ☑ 试一试：图 7-17 所示为位置控制模式标准接线图，若需实现速度控制模式，应如何接线？请根据所学知识自主查阅手册尝试接线，并在表 7-15 中做好记录。

表 7-2 位置控制模式下 CN1 接口使用的端子及其功能

| 端子号 | 名称 | 功能描述 |
|---|---|---|
| 9 | SON | 使能端：SON 为 ON，伺服电动机起动抱死 |
| 32 | CWL | 反转禁止极限：须保持导通（ON），否则驱动器显示 AL-014 报警 |
| 31 | CCWL | 正转禁止极限：须保持导通（ON），否则驱动器显示 AL-015 报警 |
| 11 | COM+ | COM+：DI 的电压输入正极公共端 |
| 14 | COM- | COM-：DI 的电压输入负极公共端 |
| 17 | VDD | 电源输出：驱动器所提供的 +24V 电源，使用 VDD 时，须将 VDD 连接至 COM+ |
| 30 | EMGS | 紧急停止：须保持导通（ON），否则驱动器显示 AL-013 报警 |
| 37 | /SIGN | 位置脉冲由 CN1 的 /PULSE（43）、PULSE（41）、HPULSE（38）、/HPULSE（36）与 /SIGN（39）、SIGN（37）、HSIGN（42）、/HSIGN（40）端子输入，可以是集极开路，也可以是差动（LineDriver）方式。命令的形式也可分成三种（正逆转脉冲、脉冲与方向、AB 相脉冲），可由参数 P1-00 设置 |
| 39 | SIGN | |
| 41 | /PULSE | |
| 43 | PULSE | 注意：当位置脉冲使用集极开路方式输入时，必须将端子连接至外加电源，作为提升准位用 |

（6）ASDA-B2 伺服驱动器的工作模式

1）参数模式。伺服驱动器在使用时需先恢复出厂设置，以 ASDA-B2 伺服驱动器恢复出厂设置为例讲解常规参数设置流程，具体操作流程见表 7-3。

表 7-3 恢复出厂设置流程表

| 编号 | 操作流程 | 显示屏显示 |
|---|---|---|
| 1 | 完成伺服驱动器的电源线、动力线、编码器线的连接，检测无误后送电<br>注意：该报错原因为 CN1 端子未连接，不影响参数复位，可忽略 | AL.013 |
| 2 | 选择参数模式：按"MODE"键切换到参数模式<br>说明：按"MODE"键可按监视模式→参数模式→报警模式的顺序切换工作模式 | P0-00 |
| 3 | 选取群组码：按"SHIFT"键 2 次选取 P2-00 群组码<br>说明：参数起始代码 P 后的第一字符为群组字符，其后的二字符为参数字符。参数群组定义如下：监控参数（例：P0-××）、基本参数（例：P1-××）、扩充参数（例：P2-××）、通信参数（例：P3-××）、诊断参数（例：P4-××），可按"SHIFT"键切换选取群组码 | P2-00 |
| 4 | 选取参数码：长按"UP"键选取 P2-08 参数码，再按"SET"键选取该参数码进入编辑模式，显示器显示该参数码的当前值 00000<br>说明：每按 1 次"UP"键可将参数码加 1，每按 1 次"DOWN"键可将参数码减 1，若需快速增减参数码，可长按"UP"键或"DOWN"键 | P2-08<br>00000 |
| 5 | 编辑参数值：按"SHIFT"键 1 次，再按"UP"键 1 次，将参数值设为 00010<br>说明：可按"UP"键或"DOWN"键修改参数值，若需快速设置高位的参数值可按"SHIFT"键左移选位（每按 1 次左移 1 位），再按"UP"键或"DOWN"键修改参数值，按"SHIFT"键时切勿将"0.0.0.0.0"视作"00000" | 00010 |
| 6 | 完成参数设置：按"SET"键完成参数设置，显示器显示复位代码"RST"（在设定其他参数时，参数设定值正确时显示储存代码"SAVED"），数秒后自动恢复到参数模式 | 00000 |

> ☑ 试一试：在完成项目任务后，在 SON 端和 COM- 端接通时，进行参数复位操作，观察并在表 7-15 中记录改变上述参数后对系统运行效果的影响。

2）监视模式。参数设置完成后，按"MODE"键将显示屏显示切换为"00000"，进入监视模式，在正常工作时监视模式主要用以检测伺服驱动器内置编码器检测到的脉冲量。

3）报警模式。常见报警及解决方法见表 7-4，根据报警显示查找报警原因，将异常情况解决后伺服驱动器即不显示报警信息。

表 7-4 常见报警及解决方法

| 编号 | 报警显示 | 异常原因 | 解决方法 |
|---|---|---|---|
| 1 | AL-009 | 位置控制误差过大 | 断电重启伺服驱动器 |
| 2 | AL-011 | 编码器异常 | 检查伺服电动机与伺服驱动器间编码器线的连接 |
| 3 | AL-013 | 紧急停止 | 恢复 EMGS 与公共端 COM- 间的连接线 |
| 4 | AL-014 | 反向极限异常 | 检查 CWL 与公共端 COM- 是否接通 |
| 5 | AL-015 | 正向极限异常 | 检查 CCWL 与公共端 COM- 是否接通 |
| 6 | AL-031 | 电动机 U、V、W、GND 接线错误 | 检查伺服电动机与伺服驱动器间动力线的连接 |

> ☑ 试一试：在完成项目任务后，分别断开伺服驱动器上的 EMGS、CWL、CCWL、COM- 端，观察并在表 7-15 中记录改变上述参数后对系统运行效果的影响。

（7）ASDA-B2 伺服驱动器寸动（JOG）模式的参数设置及操作流程

为检查伺服控制系统能否正常运行，在完成伺服驱动器的电源线、动力线、编码器线连接后，需完成 CN1 端子的部分接线，再在寸动模式下测试伺服驱动器和伺服电动机能否正常使用，具体流程见表 7-5。

项目七 台达伺服驱动器连接、参数复位及寸动模式调试

表 7-5 寸动模式的参数设置及操作流程

| 编号 | 操作流程 | 显示屏显示 |
|---|---|---|
|  | 注意事项如下：<br>1. 为确保调试安全，在调试前需先将伺服电动机所接的负载移除（包括伺服电动机轴心上的联轴器及相关的配件），此目的主要是避免伺服电动机在运行过程中电动机轴心未拆解的配件飞脱，间接造成人员伤害或设备损坏<br>2. 调试速度不可过快，建议设在 60～240r/min 之间<br>3. 后续操作流程需按表 7-3 完成参数复位后操作 | |
| 1 | 完成 CN1 接口的 EMGS、COM-、SON、CWL、CCWL 端子短接，在完成 COM+ 与 VDD 端子短接后送电 | 0.0000 |
| 2 | 按"MODE"键切换到参数模式 | P0-00 |
| 3 | 按"SHIFT"键 4 次选取群组码 | P4-00 |
| 4 | 按"UP"键选取参数 P4-05 | P4-05 |

项目七 伺服电动机控制系统设计——抓棉臂电动机控制系统安装与调试

(续)

| 编号 | 操作流程 | 显示屏显示 |
|---|---|---|
| 5 | 按"SET"键显示当前参数值为20r/min,按"SHIFT"键2次再按"UP"键1次选取群组码,将参数值设为120 | 00120 |
| 6 | 按"SET"键完成参数设置,显示器显示储存代码"SAVED",闪烁数秒后自动进入到寸动模式 | -JOG- |
| 7 | 按"UP"键或"DOWN"键使伺服电动机朝正方向旋转或逆方向旋转,松开按键伺服电动机立即停止 | |
| 8 | 伺服电动机能正常运行后,再将伺服电动机安装在丝杠或其他负载上,选择相应工作模式进行工作。如果电动机无法正常工作,需根据驱动器的报警编号排除故障后重新调试 | |

☑ **试一试**:在完成项目任务后,在 SON 端和 COM- 端接通时,进行参数复位操作,观察并在表 7-15 中记录改变上述参数后对系统运行效果的影响。

(8)位置控制模式的主要参数

伺服驱动控制系统工作于位置控制模式,需完成部分参数的设置,主要参数编号及功能见表 7-6。对于控制要求较为简单的系统,伺服驱动器可采用自动增益调整模式,参数 P0-02、P1-00、P1-01、P2-00 和 P2-02 的设定值一般可采用初始值,电子齿轮比的分子和分母需根据项目实际情况进行设置。

表 7-6 位置控制模式的主要参数设置

| 序号 | 参数编号 | 参数名称 | 初始值 | 功能和含义 |
|---|---|---|---|---|
| 1 | P0-02 | LED 初始状态 | 00 | 显示电动机反馈脉冲数 |
| 2 | P1-00 | 外部脉冲列指令输入形式 | 2 | 2:脉冲列"+"符号 |
| 3 | P1-01 | 控制模式及控制命令输入源 | 00 | 位置控制模式(相关代码 Pt) |
| 4 | P1-44 | 电子齿轮比分子($N$) | 16 | 指令脉冲输入比值设定如下:<br>指令脉冲输入 $f_1$ → [N/M] → 位置指令 $f_2 = f_1 \times \dfrac{N}{M}$ |
| 5 | P1-45 | 电子齿轮比分母($M$) | 10 | 指令脉冲输入比值范围为 $1/50<N/M<200$<br>初始值 P1-44 设置为"16",当 P1-45 设置为"10"时,脉冲数为 100000 旋转一周(伺服驱动器分辨率为 160000p/r) |
| 6 | P2-00 | 位置控制比例增益 | 35 | 当位置控制比例增益值增大时,可提升位置应答性及缩小位置控制误差量。但若设定太大则易产生振动及噪声 |
| 7 | P2-02 | 位置控制前馈增益 | 5000 | 当位置控制命令平滑变动时,该增益值增大可改善位置跟随误差量;当位置控制命令不平滑变动时,降低该增益值可改善机构的运转振动现象 |

☑ **试一试**:在完成项目任务后,将 P1-00 设为 1,观察并在表 7-15 中记录改变上述参数后对系统运行效果的影响。

## 四、S7-1200 PLC 的部分脉冲控制指令

### 1. "MC_MoveAbsolute" 指令

使用 "MC_MoveAbsolute" 指令可以启动轴运行到绝对位置，运用该指令时需先确定一个参考点，Position 的位置距离就是参考点到目标点的距离。

❖ **注意**：当需要使用绝对定位的方式使轴移动到指定位置时，必须先执行 "MC_Home" 指令，确定参考点的位置，才可以通过上升沿激活 "MC_MoveAbsolute" 指令的 Execute 引脚开始进行绝对定位。若 "MC_MoveAbsolute" 指令执行前未回原点，则一旦执行该指令 PLC 就报错，轴拒绝动作，同时生成 8204 错误码，表示轴没有归位。

"MC_MoveAbsolute" 指令如图 7-18 所示，其引脚参数见表 7-7。

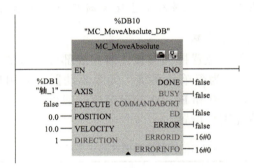

图 7-18 "MC_MoveAbsolute" 指令

> ☑ **试一试**：在完成项目任务后，不执行 "MC_Home" 指令，其他程序保持不变，观察并在表 7-15 中记录改变上述程序后对系统运行效果的影响。

表 7-7 "MC_MoveAbsolute" 指令的引脚参数

| 引脚参数 | 数据类型 | 说明 |
| --- | --- | --- |
| EXECUTE | Bool | 出现上升沿开始执行绝对定位指令 |
| POSITION | Real | 绝对目标位置 |
| VELOCITY | Real | 绝对运动的速度 |
| DIRECTION | Int | 旋转方向<br>0：速度符号定义运动控制方向<br>1：正向速度运动控制<br>2：方向速度运动控制<br>3：距离目标最短的运动控制 |
| DONE | Bool | 为 1 表示任务完成 |
| COMMANDABORTED | Bool | 为 1 表示任务在执行期间被另一个任务中止 |

注：该指令的 EN、ENO、AXIS、BUSY、ERROR、ERRORID 及 ERRORINFO 七个引脚参数的功能与 "MC_Power" 指令一致，此处不再介绍。

## 2. "MC_MoveRelative" 指令

使用 "MC_MoveRelative" 指令可以启动相对于起始位置的定位运动，在使用该指令时无需先执行回原点指令。

❖ **注意**：该指令是在轴原有的位置上，运行 Position 的位置距离。当需要使用相对定位的方式使轴移动到指定位置时，可通过上升沿激活 "MC_MoveRelative" 指令的 EXECUTE 引脚进行相对定位。

"MC_MoveRelative" 指令如图 7-19 所示，其引脚参数见表 7-8。

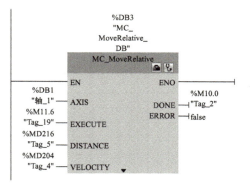

图 7-19 "MC_MoveRelative" 指令

表 7-8 "MC_MoveRelative" 指令的引脚参数

| 引脚参数 | 数据类型 | 说明 |
| --- | --- | --- |
| EXECUTE | Bool | 出现上升沿开始执行相对定位指令 |
| DISTANCE | Real | 相对轴当前位置移动的距离，该值通过正/负数来表示距离和位置 |
| VELOCITY | Real | 相对运动的速度 |
| DONE | Bool | 为 1 表示任务完成 |

注：该指令的 EN、ENO、AXIS、ERROR 引脚参数的功能与 "MC_Power" 指令一致，此处不再介绍。

> ☑ **想一想**：在完成项目任务后，请根据所学知识自主查阅手册，分析总结两个指令的特点和区别，观察并在表 7-15 中做好记录。

#  项目实施

## 一、抓棉臂电动机控制系统的硬件设计

### 1. PLC 的 I/O 地址分配

详细分析项目的控制要求，根据"满足功能、留有裕量"的原则，完成 PLC 的选型，并对 PLC 的 I/O 地址功能进行分配，具体见表 7-9。

表 7-9 PLC 的 I/O 地址分配

| 输入信号 | | 输出信号 | |
| --- | --- | --- | --- |
| 起动按钮 SB1 | I0.0 | 伺服脉冲输出 | Q0.0 |
| | | 伺服方向输出 | Q0.1 |
| | | 指示灯 HL1 | Q0.2 |
| | | 指示灯 HL2 | Q0.3 |

### 2. 电路图设计

完成 PLC 的 I/O 地址分配后，结合项目要求，完成系统电路图设计，如图 7-20 所示。

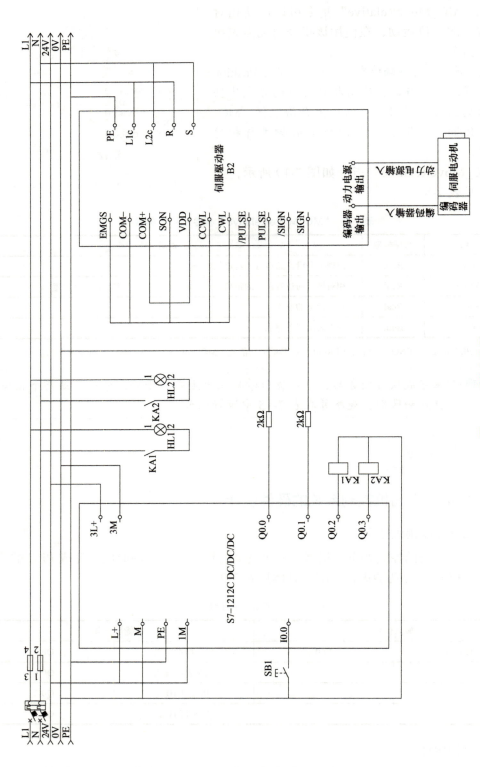

图 7-20 系统电路图

## 项目七 伺服电动机控制系统设计——抓棉臂电动机控制系统安装与调试

### 3. 伺服驱动器的参数设置

根据系统电路图在实训设备上完成接线，用万用表检查接线准确无误后，结合项目要求，完成伺服驱动器的参数设置，具体见表 7-10。

表 7-10 伺服驱动器参数设置表

| 序号 | 参数 | | 设置数值 | 初始值 |
|---|---|---|---|---|
| | 参数编号 | 参数名称 | | |
| 1 | P2-08 | 特殊参数输入<br>注意：当 P2-08 参数设置为"10"时为参数复位功能，需将使能端（SON）断开后进行参数写入 | 10 | 0 |
| 2 | P1-44 | 电子齿轮比的分子（$N_1$） | 1600 | 16 |
| 3 | P1-45 | 电子齿轮比的分母（$M$） | 10 | 10 |
| 4 | 为检验外部线路接线是否准确，需按表 7-5 步骤进行点动调试<br>注意：参数设置完成后，将使能端（SON）重新接好并将伺服驱动器断电重启 | | | |

## 二、抓棉臂电动机控制系统的软件设计

### 1. 抓棉臂电动机控制系统的组态设计

根据项目要求，参考图 7-1 完成抓棉臂电动机控制系统调试界面的设计，并根据项目要求完成 PLC 与 MCGS 间的关联地址分配和设置，具体见表 7-11。

表 7-11 PLC 与 MCGS 间的关联地址分配和设置

| 输入信号 | | | 输出信号 | | |
|---|---|---|---|---|---|
| 功能 | MCGS | PLC | 功能 | MCGS | PLC |
| 设定电动机运行速度 | MD200 | MD200 | 电动机正向运行指示灯 | M101 | M100.1 |
| | | | 电动机反转运行指示灯 | M102 | M100.2 |
| | | | 电动机距离显示 | MD212 | MD212 |
| | | | 电动机速度显示 | MD208 | MD208 |

### 2. 抓棉臂电动机控制系统的工艺流程图绘制

详细分析项目的控制要求，完成工艺流程图的绘制，如图 7-21 所示。

### 3. 抓棉臂电动机控制系统的程序设计

程序段 1：启用轴，用"MC_MoveRelative"指令实现抓棉臂电动机的控制功能，并将抓棉臂电动机的运行速度和运行位置实时传送给触摸屏，如图 7-22 所示。

程序段 2～程序段 10：实现"以设定速度 $v$ 正向运行 9mm—停 2s—正向运行 12mm—停 2s—以设定速度 $v$ 的 50% 反向运行 21mm—停 3s—以设定速度 $v$ 正向运行 15mm—停 3s—反向运行 12mm—停止"的工作流程，如图 7-23～图 7-31 所示。

# 智能控制系统安装与调试

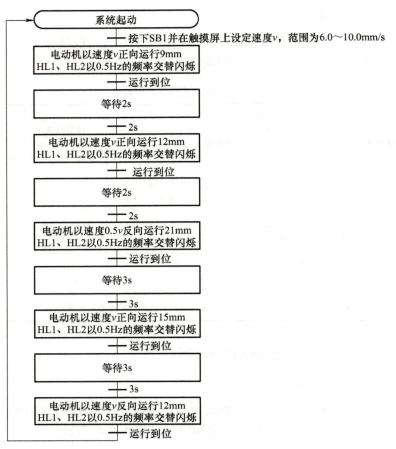

图 7-21　抓棉臂电动机控制系统的工艺流程图

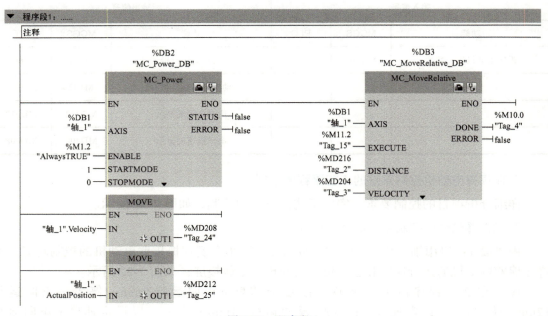

图 7-22　程序段 1

项目七 伺服电动机控制系统设计——抓棉臂电动机控制系统安装与调试

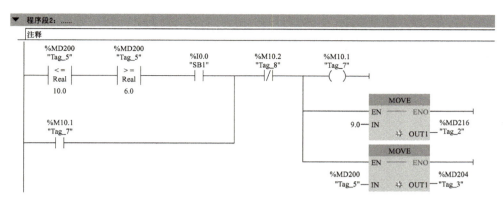

图 7-23　程序段 2

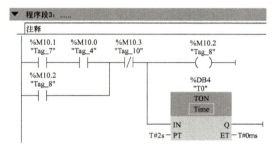

图 7-24　程序段 3

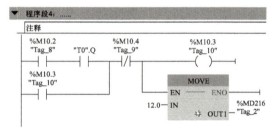

图 7-25　程序段 4

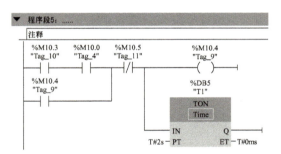

图 7-26　程序段 5

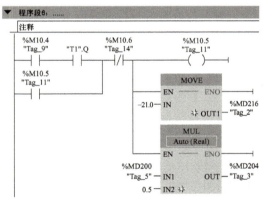

图 7-27　程序段 6

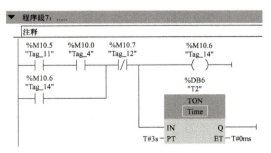

图 7-28　程序段 7

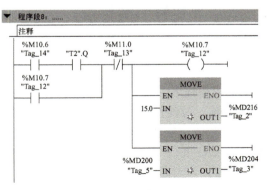

图 7-29　程序段 8

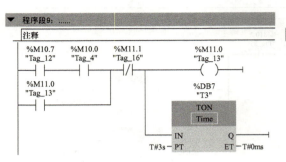

图 7-30　程序段 9

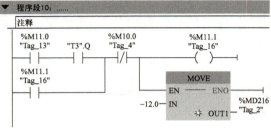

图 7-31　程序段 10

程序段 11：M11.2 控制抓棉臂电动机运行，如图 7-32 所示。

程序段 12：抓棉臂电动机在运行时 HL1、HL2 以亮 1s 灭 1s 的周期交替闪烁，如图 7-33 所示。

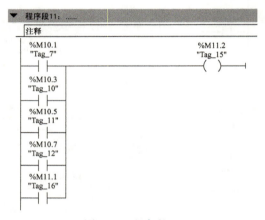

图 7-32　程序段 11

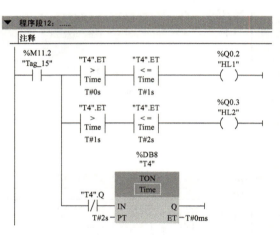

图 7-33　程序段 12

程序段 13：M100.1、M100.2 用于在触摸屏上显示电动机正反转的运行状态，如图 7-34 所示。

## 三、抓棉臂电动机控制系统的运行调试

### 1. 系统单项功能调试

完成系统程序设计后，将程序下载到 PLC 和触摸屏。为确保运行安全，以及提高整体运行功能效率，在进行整体运行前，先对系统的各组成设备进行单项功能调试，确保所有设备运行正常。具体调试内容见表 7-12。

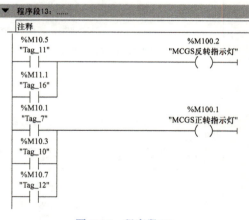

图 7-34　程序段 13

项目七　伺服电动机控制系统设计——抓棉臂电动机控制系统安装与调试

表 7-12　系统单项功能调试表

| 序号 | 调试内容 | 结果 |
| --- | --- | --- |
| 1 | 按钮、开关连接调试 | |
| 2 | 灯连接调试 | |
| 3 | 触摸屏通信调试 | |
| 4 | 伺服电动机点动调试功能测试 | |

### 2. 系统整体运行功能调试

完成系统单项功能调试后，按表 7-13 中的顺序对系统进行整体调试。

❖ **注意**：设备运行过程是连续的，如果在某一阶段无法按系统要求进行运行，需停止调试，待问题解决后再继续调试。

表 7-13　系统运行调试记录表

| | 调试步骤及现象 | 结果 |
| --- | --- | --- |
| 调试指令 | 1. 在触摸屏中设定抓棉臂速度为 8.0mm/s<br>2. 按下 SB1 | |
| 运行现象 | 1. 伺服电动机以 8.0mm/s 的速度正转运行 9mm，停 2s（触摸屏上的"抓棉臂位置"显示"9.0"mm）<br>2. 停 2s 后，再以 8.0mm/s 的速度正转运行 12mm，停止 2s<br>3. 停 2s 后，以 4.0mm/s 的速度反转运行 21mm，停 3s<br>4. 停 3s 后，以 8.0mm/s 的速度正转运行 15mm，停 3s<br>5. 停 3s 后，以 8.0mm/s 的速度反转运行 12mm 停止，调试结束（触摸屏上的"抓棉臂位置"显示"3.0"mm） | |
| 触摸屏及指示灯显示 | 1. 抓棉臂电动机运行过程中，HL1、HL2 以亮 1s 灭 1s 的周期交替闪烁<br>2. 调试过程中，触摸屏中抓棉臂电动机 M2 正、反转运行指示灯与电动机运行状态一致<br>3. 调试过程中，触摸屏上能实时显示抓棉臂速度（保留一位小数）<br>4. 调试过程中，触摸屏上能实时显示抓棉臂位置（保留一位小数） | |
| 记录调试过程中存在的问题和解决方案 | | |

## 项目验收

为检验学习成效，要求在限定时间内实施项目，按表 7-14 对项目的安装、接线、编程及安全文明生产情况进行整体评分。

表 7-14　项目验收评分表

| 序号 | 内容 | 评分标准 | 配分 | 得分 |
| --- | --- | --- | --- | --- |
| 1 | I/O 分配 | 输入/输出地址遗漏或错误扣 1 分/处 | 10 | |
| 2 | 绘制外部接线图 | 1. 未使用工具画图，扣 0.5 分<br>2. 电路图元件符号不规范，不符合要求扣 0.5 分/处 | 10 | |
| 3 | 安装与接线 | 参考项目二 | 20 | |
| 4 | 编程及调试 | 本部分内容由考核教师依据课程资源内的考核要求或自行制订考核标准 | 50 | |

(续)

| 序号 | 内容 | 评分标准 | 配分 | 得分 |
|---|---|---|---|---|
| 5 | 安全文明生产 | 参考项目二 | 10 | |
| | | 合计总分 | 100 | |
| | 考核教师 | | 考核时间 | 年　月　日 |

## 🔗 系统故障

在工业现场，伺服电动机经常会出现表 7-15 所示故障，请根据所学知识，在已调试成功的系统中模拟下述故障，从而探究分析故障原因，并提出排除方法。记录在实施过程中出现的系统故障，并在表 7-15 中记录故障原因及排除方法。

表 7-15　系统故障调试记录表

| 序号 | 设备故障 | 故障原因及排除方法 |
|---|---|---|
| 1 | 上电后伺服电动机没有抱死 | |
| 2 | 伺服电动机运行速度偏慢 | |
| 3 | 伺服电动机运行速度偏快 | |
| 4 | 伺服电动机能抱死，但只有一个方向 | |
| 5 | 没有任何信号，但伺服电动机会自动不匀速运行 | |
| 6 | 伺服电动机上电正常，但脉冲信号发出后电动机未运行 | |
| 7 | 伺服驱动器显示 AL-011 报警信息 | |
| 8 | 伺服驱动器显示 AL-013 报警信息 | |
| 9 | 伺服驱动器显示 AL-014 报警信息 | |
| 10 | 伺服驱动器显示 AL-015 报警信息 | |
| 11 | 伺服驱动器显示 AL-009 报警信息 | |
| 12 | 伺服驱动器显示 AL-022 报警信息 | |

## 想一想

本项目采用"MC_MoveRelative"指令完成任务，本项目及前期项目的知识准备中也学习了"MC_MoveAbsolute"指令和"MC_Movejog"指令，请根据控制要求，运用前期所学知识，用多种方法完成上述任务。

## 项目拓展

伺服电动机控制系统
**参考程序**

# 项目八

# 变频器通信控制系统设计
## ——禽舍环境智能控制系统安装与调试

 **项目目标**

➤【知识目标】

1. 了解各种西门子变频器常用的通信控制方式。
2. 熟悉西门子变频器的 PN 通信原理。
3. 掌握西门子变频器的 PN 通信设置方法。

➤【能力目标】

1. 能完成 PLC、触摸屏及变频器之间的组网。
2. 能用 PLC 通过网络控制和监控变频器。
3. 能根据用户需求完成控制系统设计。
4. 能根据用户需求完成系统调试及优化。

➤【素质目标】

培养学生不断探索和求索的科学精神。

**项目引入**

禽舍的环境对禽类的健康成长有着重要影响,为改善禽舍环境,提高生产性能,在日常工作中工人需根据室内环境对禽舍进行通风换气,从而保持禽舍内空气清新,确保将温度、湿度等控制在利于禽类的健康成长环境范围内。常规密闭禽舍的通风方式采用人工根据监测的环境进行手动控制,存在无法根据室内环境实时控制的问题。为解决上述问题,现用户提出设计一款能根据禽舍环境进行实时控制的智能控制系统,控制系统的强力通风电动机由 M1 控制,日常通风电动机 M2 由变频器控制。具体要求如下:

按下"起动按钮"SB1,电动机 M2 以 10Hz 的频率运行 10s,待禽类适应风机噪声后系统切换至相应工作模式,当 10℃ < 环境温度≤20℃时,电动机 M2 以 20Hz 的频率运行;当 20℃ < 环境温度≤30℃时,电动机 M2 以 30Hz 的频率运行;当 30℃ < 环境温

度≤40℃时，电动机 M2 以 40Hz 的频率运行；当环境温度 >40℃时，电动机 M2 以 50Hz 的频率运行，同时电动机 M1 起动运行，系统进入报警模式，报警解除后系统自动恢复到相应正常工作模式。系统运行过程中按下"停止按钮"SB2，系统停止运行，再次按下"起动按钮"SB1 系统重新起动。系统运行时，HL1 和触摸屏上的"系统运行指示灯"（绿色）常亮；系统报警时，HL2 和触摸屏上的"系统报警指示灯"（红色）都以 1Hz 的频率闪烁。变频器的实时输出频率应在触摸屏中显示（精度保留一位小数，单位为 Hz），如图 8-1 所示。

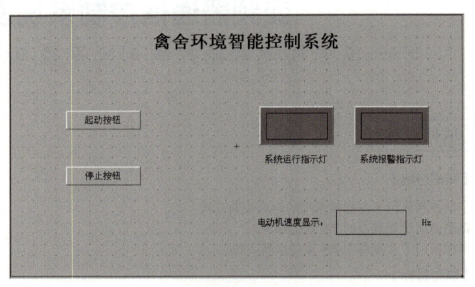

图 8-1 禽舍环境智能控制系统界面

 知识准备

### 一、认识 PROFINET 以太网

PROFINET 以太网是一种作用于自动化的开放式工业以太网标准，它由 PROFIBUS 国际（PI）组织推出，已被纳入 IEC61158 和 IEC61784 标准。PROFINET 以太网集成了 TCP/IP（传输控制协议/互联网协议）和 IT（信息技术）标准，具有高实时性、高安全性和易于集成扩展等优点，多种通信通道能够满足自动化技术的所有需求。

#### 1. PROFINET 以太网的通信方式及应用

根据不同的时间响应，PROFINET 以太网支持 TCP/IP 标准通信、实时（RT）通信及同步实时（IRT）通信，PROFINET 三种通信方式的应用比较如图 8-2 所示。

1）TCP/IP 标准通信使用的是 TCP/IP 和 IT 标准，其响应时间大概是 100ms 量级，主要应用于工厂级分布式自动化中创建模块化系统的 PROFINET-CBA（基于组件的自动化）方案。

2）实时（RT）通信采用基于以太网第二层（Layer2）的实时通信通道，通过该实时通道，极大地减少了数据在通信线中的处理时间，其响应时间在 10ms 以下，主要应用于工业现场变频器、调节阀及变送器等分布式 I/O（输入/输出）设备通信。

3）同步实时（IRT）通信主要应用于运动控制系统高速通信，可确保在 100 个节点以下时，系统响应时间和抖动误差分别在 1ms 以下，从而确保运动控制系统及时、准确、高效地响应。

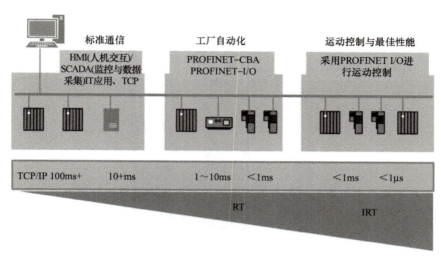

图 8-2　PROFINET 三种通信方式的应用比较

### 2. 常用 PROFINET 系统设备

PROFINET 系统的搭建离不开系统中的设备，带有 PROFINET 功能的设备可分为 I/O 控制器、I/O 设备、I/O 监视器。

（1）I/O 控制器

I/O 控制器相当于计算机的 CPU（中央处理器），是工业控制的大脑，主要负责处理现场设备的数据，对收集的数据进行处理后再进行输出，其常见的模型主要由三个部分组成：PLC 程序、汇总数据输入、汇总数据输出。其运行特点是：间隔性地运行自身的程序（与备份设备配合，当程序错误时由备份设备接替），按一定时间周期询问、获取数据，接着遵循前期设定的更新时间间隔，循环发送数据，更新时间的设定很大程度上决定了系统对外界的响应时间。

（2）I/O 设备

I/O 设备是分布在 I/O 控制器周围的设备，用于接收、转发和回复 I/O 控制器所发来的消息，类似于计算机的外设（鼠标、键盘一类），相对于 I/O 设备而言，I/O 控制器是主站。

（3）I/O 监视器

I/O 监视器属于工业类使用器件，主要用于监测工业现场数据的变化，进行相关的编程调试和设备诊断，使设备满足工业现场需求，通常用来进行故障排除，一般不能长时间使用。

## 二、G120C 变频器的通信模式

G120C 变频器的结构如图 8-3 所示，一台 G120C 变频器上设有两个 PROFINET 通信的硬件接口，两个接口互相连通，位于图 8-3 中①位置面板下方。

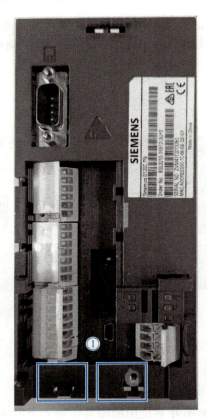

图 8-3 G120C 变频器的结构

### 1. PROFINET 通信报文

报文是变频器与外部设备进行通信的桥梁，S7-1200 PLC 通过周期性通信 PZD（过程数据）通道控制和检测变频器状态。G120C 变频器的主要报文类型见表 8-1，使用者可以根据实际需要选择对应的报文类型。

表 8-1 G120C 变频器的主要报文类型

| 报文类型 P922 | 过程数据 | | | | | | | |
|---|---|---|---|---|---|---|---|---|
| | PZD1 | PZD2 | PZD3 | PZD4 | PZD5 | PZD6 | PZD7 | PZD8 |
| 报文 1 PZD2/2 | STW1 | NSOLL_A | — | — | — | — | — | — |
| | ZSW1 | NIST_A_GLATT | — | — | — | — | — | — |
| 报文 20 PZD2/6 | STW1 | NSOLL_A | — | — | — | — | — | — |
| | ZSW1 | NIST_A_GLATT | IAIST_GLATT | MIST_GLATT | PIST_GLATT | MELD_NAMUR | — | — |
| 报文 350 PZD4/4 | STW1 | NSOLL_A | M_LIM | STW3 | — | — | — | — |
| | ZSW1 | NIST_A_GLATT | IAIST_GLATT | ZSW3 | — | — | — | — |
| 报文 352 PZD6/6 | STW1 | NSOLL_A | 预留过程数据 | | | | — | — |
| | ZSW1 | NIST_A_GLATT | IAIST_GLATT | MIST_GLATT | WARN_CODE | FAULT_CODE | — | — |

(续)

| 报文类型 P922 | 过程数据 | | | | | | | |
|---|---|---|---|---|---|---|---|---|
| | PZD1 | PZD2 | PZD3 | PZD4 | PZD5 | PZD6 | PZD7 | PZD8 |
| 报文 353 PZD6/6 | STW1 | NSOLL_A | — | — | — | — | — | — |
| | ZSW1 | NIST_A_GLATT | — | — | — | — | — | — |
| 报文 254 PZD6/6 | STW1 | NSOLL_A | 预留过程数据 | | | | | |
| | ZSW1 | NIST_A_GLATT | IAIST_GLATT | MIST_GLATT | — | — | — | — |
| 报文 999 PZDn/m | STW1 | 接收数据报文长度可定义（$n$=1，2，…，8） | | | | | | |
| | ZSW1 | 发送数据报文长度可定义（$n$=1，2，…，8） | | | | | | |

G120C 变频器通信报文的 PZD 是过程数据，过程数据包括控制字/状态字和设定值/实际值，STW1 控制字各位的具体说明见表 8-2，ZSW1 状态字各位的具体说明见表 8-3。NSOLL_A 控制字为速度设定值，NIST_A_GLATT 状态字为速度实际值。

❖ **注意**：对于速度设定值和速度实际值，变频器接收有符号十进制整数 16384 对应 100% 的速度，接收的最大速度为 32767（200%），参数 P2000 中设置 100% 对应的参考转速。

**表 8-2 STW1 控制字各位的具体说明**

| 控制字位 | 数值 | 含义 | | 参数设置 |
|---|---|---|---|---|
| 0 | 0 | OFF1 停车（P1121 斜坡） | | P840=r2090.0 |
| | 1 | 起动 | | |
| 1 | 0 | OFF2 停车（自由停车） | | P844=r2090.1 |
| 2 | 0 | OFF3 停车（P1135 斜坡） | | P848=r2090.2 |
| 3 | 0 | 脉冲禁止 | | P852=r2090.3 |
| | 1 | 脉冲使能 | | |
| 4 | 0 | 斜坡函数发生器禁止 | | P1140=r2090.4 |
| | 1 | 斜坡函数发生器使能 | | |
| 5 | 0 | 斜坡函数发生器冻结 | | P1141=r2090.5 |
| | 1 | 斜坡函数发生器开始 | | |
| 6 | 0 | 设定值禁止 | | P1142=r2090.6 |
| | 1 | 设定值使能 | | |
| 7 | 1 | 上升沿故障复位 | | P2103=r2090.7 |
| 8 | | 未用 | | |
| 9 | | 未用 | | |
| 10 | 0 | 不由 PLC 控制（过程值被冻结） | | P854=r2090.10 |
| | 1 | 由 PLC 控制（过程值有效） | | |
| 11 | 1 | | 设定值反向 | P1113=r2090.11 |
| 12 | | 未用 | | |
| 13 | 1 | | MOP 升速 | P1035=r2090.13 |

(续)

| 控制字位 | 数值 | 含义 | | 参数设置 |
|---|---|---|---|---|
| 14 | 1 | | MOP 降速 | P1036=r2090.14 |
| 15 | 1 | CDS 位 0 | 未使用 | P810=r2090.15 |

表 8-3 ZSW1 状态字各位的具体说明

| 状态字位 | 数值 | 含义 | | 参数设置 |
|---|---|---|---|---|
| 0 | 1 | 接通就绪 | | P2080[0]=r899.0 |
| 1 | 1 | 运行就绪 | | P2080[1]=r899.1 |
| 2 | 1 | 运行使能 | | P2080[2]=r899.2 |
| 3 | 1 | 变频器故障 | | P2080[3]=r2139.3 |
| 4 | 0 | OFF2 激活 | | P2080[4]=r899.4 |
| 5 | 0 | OFF3 激活 | | P2080[5]=r899.5 |
| 6 | 1 | 禁止合闸 | | P2080[6]=r899.6 |
| 7 | 1 | 变频器报警 | | P2080[7]=r2139.7 |
| 8 | 0 | 设定值/实际值偏差过大 | | P2080[8]=r2197.7 |
| 9 | 1 | PZD（过程数据）控制 | | P2080[9]=r899.9 |
| 10 | 1 | 达到比较转速 | | （P2141）P2080[10]=r2199.1 |
| 11 | 0 | 达到转矩极限 | | P2080[11]=r1407.7 |
| 12 | 1 | 抱闸打开 | | P2080[12]=r899.12 |
| 13 | 0 | 电动机过载 | | P2080[13]=r2135.14 |
| 14 | 1 | 电动机正转 | | P2080[14]=r2197.3 |
| 15 | 0 | 显示 CDS 位 0 状态 | 变频器过载 | P2080[15]=r836.0/<br>P2080[15]=r2135.15 |

　　以在本设备组态中选择"标准报文 1，PZD2/2"为例进行说明，该例表示 G120C 变频器接收外部设备给它的输入 2 个字，它输出给外部设备 2 个字。即 PLC 通过给 QW64 传值来控制变频器的运行状态（STW1）、给 QW66 传值来设定变频器的运行频率 （NSOLL_A）；PLC 通过读取 IW68 通道数值来监控变频器的运行状态（ZSW1）、读取 IW70 通道数值来监控变频器的实际运行转速（NIST_AGLATT）。G120C 变频器报文 1 的功能说明见表 8-4。

表 8-4 G120C 变频器报文 1 的功能说明

| 数据方向 | PLC I/O | 变频器的过程数据 | 数据类型 |
|---|---|---|---|
| PLC→变频器 | QW64 | PZD1（控制字 1） | 16 进制（16bit） |
| | QW66 | PZD2（主设定值） | 有符号整数（16bit） |
| 变频器→PLC | IW68 | PZD1（状态字 1） | 16 进制（16bit） |
| | IW70 | PZD2（实际转速） | 有符号整数（16bit） |

☑ 试一试：在完成项目任务后，观察 PLC 上显示的报文地址和表 8-4 是否一致，如果一致，试试上述地址能否进行更改；如果不一致，根据所学知识和自主查阅手册分析解决，并在表 8-11 中做好记录。

## 2. G120C 变频器 PN 通信组态流程

1）设置变频器参数。G120C 变频器在 PN 通信控制模式下，在完成变频器快速参数设置后还需设置 P15 参数以选择宏文件、设置 P922 参数以选择变频器 PZD 报文。

项目八　变频器 PN 通信组态及应用

❖ 注意：复位后在初始状态下的 G120C 变频器的参数 P15=7、P922=1，即初始状态下 G120C 变频器为现场总线控制模式，选择的报文为"标准报文 1，PZD2/2"，无须切换至"EXPERT FILTER"模式再进行设置，变频器的参数设置见表 8-5。

表 8-5　变频器的参数设置

| 序号 | 参数号 | 初始值 | 设定值 | 功能 |
| --- | --- | --- | --- | --- |
| 1 | 在"SETUP"菜单中按下"确认"键，进入"RESET"参数设置，使用"向上"键切换"NO"→"YES"，按下"确认"键，完成参数复位<br>注意：在启动快速调试前建议恢复所有参数的出厂设置 | | | 参数复位 |
| 2 | P210 | 400 | 380 | 输入电压 |
| 3 | P304 | 400 | 380 | 额定电压 |
| 4 | P305 | 1.7 | 0.66 | 额定电流 |
| 5 | P307 | 0.55 | 0.06 | 电动机功率 |
| 6 | P311 | 1395 | 1500 | 额定转速 |
| 7 | P15 | 7 | 7 | 宏程序 7 |
| 8 | P1080 | 0 | 0 | 最小转速 |
| 9 | P1082 | 1500 | 1500 | 最大转速 |
| 10 | P1120 | 10 | 1 | 设置加速时间 |
| 11 | P1121 | 10 | 1 | 设置减速时间 |
| 12 | P1900 | 2 | 0 | 无电动机检测 |
| 13 | FINISH | NO | YES | 完成参数设置 |

2）组态 PROFINET 网络。在"项目树"窗格中，双击"设备和网络"选项，依次单击"硬件目录"中的"其他现场设备"→"PROFINETIO"→"Drives"→"SIEMENSA G"→"SINAMICS"→"SINAMICS G120C PN V4.7"（注意：此版本必须与 G120C 变频器的硬件一致，否则将无法通信），双击或拖拽该模块到"网络视图"中以完成添加，如图 8-4 所示。

> ☑ 试一试：在完成项目任务后，试试能否用读取硬件的办法完成组态，并在表 8-11 中做好记录。

在"网络视图"的工作区中，选择 G120C 变频器的"未分配"选项，然后选择 I/O 控制器为"PLC_1.PROFINET 接口 _1"，完成 G120C 变频器与 PLC 间 PROFINET 网络的连接组态，如图 8-5 所示。

❖ 注意：在对 PLC 与 G120C 变频器进行连接组态前需先完成 PLC 的组态。

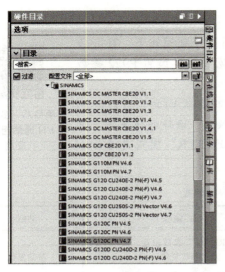

图 8-4　G120C 变频器组态

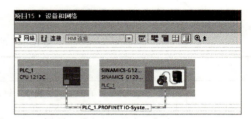

图 8-5　G120C 变频器与 PLC 间
PROFINET 网络连接完成图

> ☑ **试一试**：在完成项目任务后，根据所学知识和自主查阅手册运用其他方法进行网络连接，并在表 8-11 中做好记录。

3) 组态 G120C 变频器。步骤如下：

① 设定变频器的 IP 地址。双击"网络视图"工作区中的"G120C 变频器"，进入该变频器的"设备视图"。依次单击"属性"→"常规"→"PROFINET 接口 [X150]"→"以太网地址"，在右边的"IP 协议"选项组中勾选"在项目中设置 IP 地址"单选按钮，设置该变频器的"IP 地址"为"192.168.0.5"，设置"子网掩码"为"255.255.255.0"，如图 8-6 所示。

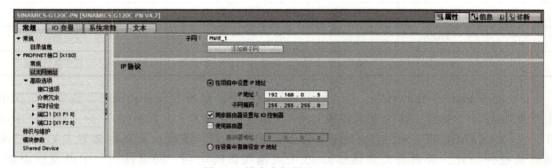

图 8-6　设定变频器的 IP 地址

② 设定变频器的名称。重新定义网络中变频器的名称，在命名前先去除默认勾选的"自动生成 PROFINET 设备名称"，在"PROFINET 设备名称"中输入"YWG120C"，完成变频器的命名，如图 8-7 所示。

③ 设定 G120C 变频器的报文。在变频器的"设备视图"选项卡中，依次单击"目录"中的"子模块"→"标准报文 1，PZD-2/2"（用户也可根据自己需要选择相应报文），再双击或拖拽该报文模块至"设备概览"下的 13 插槽，完成该报文的添加，如图 8-8 所示。

项目八　变频器通信控制系统设计——禽舍环境智能控制系统安装与调试

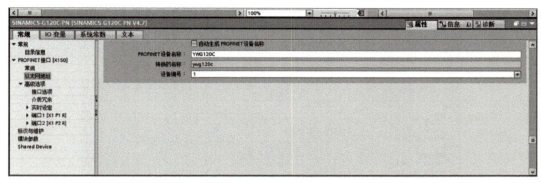

图 8-7　设定变频器的名称

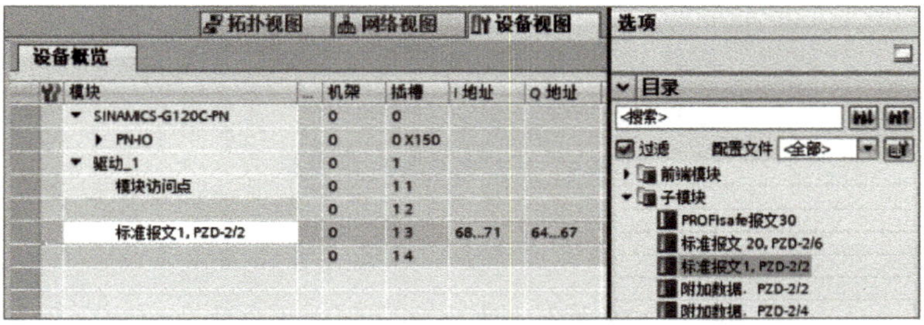

图 8-8　添加报文

报文配置并编译完成后，需将 PLC 和变频器的硬件组态下载到 PLC 和变频器中，然后再设置变频器的后续参数。

❖ **注意**：本示例中，系统自动分配的输入地址为 IW68、IW70，输出地址为 QW64、QW66。在不同设备中，系统所分配的报文 I/O 地址有所不同，在具体的使用中以系统所分配的报文 I/O 地址为准。

4）分配设备的 IP 地址和名称。依次单击"项目树"→"在线访问"→"RealtekPC-leGbEFamilyController"→"更新可访问的设备"→"可访问的设备[××-××-××-××-××-××]"（[××-××-××-××-××-××]为变频器的 MAC 地址，该地址在出厂时由厂家为设备分配，唯一并且不可修改）→"在线和诊断"，在打开的界面中依次单击"功能"→"分配 IP 地址"，在"IP 地址"文本框中输入"192.168.0.5"，在"子网掩码"文本框中输入"255.255.255.0"。单击"分配 IP 地址"完成设置，如图 8-9 所示。

❖ **注意**：变频器为非出厂设置状态，更新可访问的设备时，以"设备名称[IP 地址]"的格式显示。如果使用前变频器名称已设为 YW，IP 地址已设为 192.168.2.3，则更新可访问的设备时，显示为"YW[192.168.2.3]"。

再单击"分配 PROFINET 设备名称"，在"PROFINET 设备名称"文本框中输入"ywg120c"，将变频器名称设置为"ywg120c"，再单击"分配名称"完成设置，如图 8-10 所示。单击"更新可访问的设备"，变频器显示为"ywg120c[192.168.0.5]"，如图 8-11 所示。

❖ **注意**：本步骤所设置的 IP 地址和名称必须与第 2）步所组态的 IP 地址和名称一致，否则 G120C 变频器与 PLC 将无法实现通信。设置完成后需断电重启，确保设置成功。

> ☑ 试一试：在完成项目任务后，更改本步骤所设置的 IP 地址和名称，并在表 8-11 中记录改变上述参数后对系统运行效果的影响。

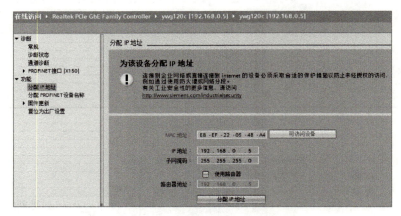

图 8-9　分配变频器的 IP 地址

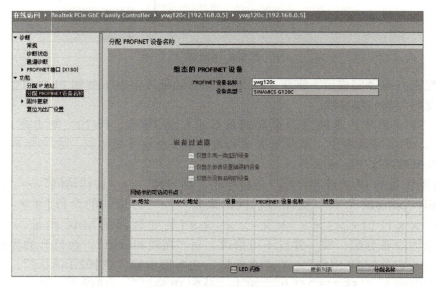

图 8-10　分配变频器名称

图 8-11　在线可访问设备

**3. PN 通信控制简单案例**

程序段 1：系统上电初始化及停止功能，如图 8-12 所示。

程序段 2：起动和控制变频器以 25Hz 的频率运行，如图 8-13 所示。

☑ 试一试：在完成项目任务后，删除程序段 1 中的上电初始化功能，并在表 8-11 中记录改变上述程序后对系统运行效果的影响。

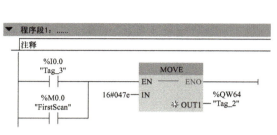

图 8-12　程序段 1

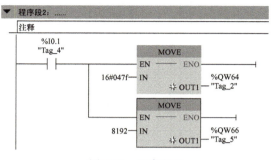

图 8-13　程序段 2

程序段 3：读取变频器的实时速度，如图 8-14 所示。

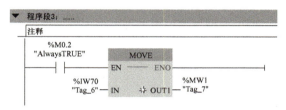

图 8-14　程序段 3

❖ 注意：速度设定值需要经过标准化处理，变频器接收十进制有符号整数 16384（4000H 十六进制）对应于 P2000 所设定的速度。

## 项目实施

### 一、禽舍环境智能控制系统的硬件设计

#### 1. PLC 的 I/O 地址分配

详细分析项目的控制要求，根据"满足功能、留有裕量"的原则，完成 PLC 的选型，并对 PLC 的 I/O 地址功能进行分配，具体见表 8-6。

表 8-6　PLC 的 I/O 地址分配

| 输入信号 | | 输出信号 | |
| --- | --- | --- | --- |
| 起动按钮 SB1 | I0.0 | 运行指示灯 HL1 | Q0.0 |
| 停止按钮 SB2 | I0.1 | 报警指示灯 HL2 | Q0.1 |
| 0～10V 电压输入 | AI0 | 强力通风电动机 M1 | Q0.2 |

#### 2. 电路图设计

完成 PLC 的 I/O 地址分配后，结合项目要求，完成系统电路图设计，如图 8-15 所示。

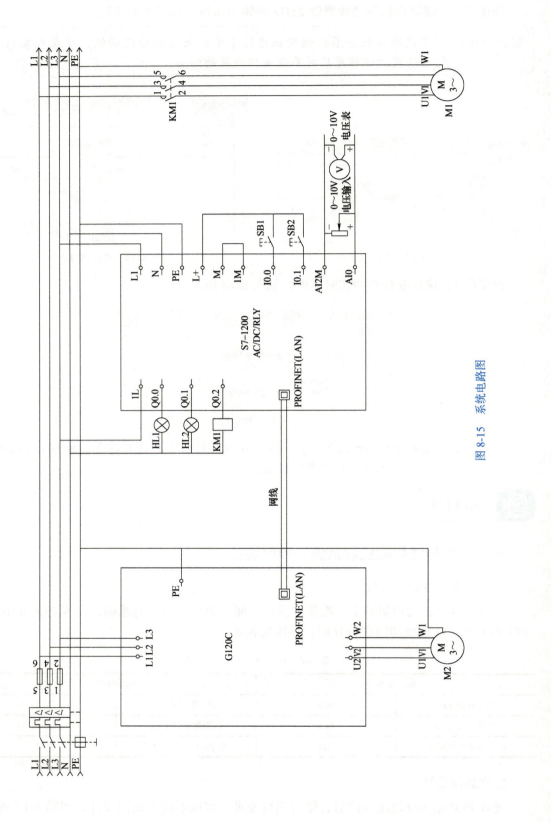

图 8-15 系统电路图

## 二、禽舍环境智能控制系统的软件设计

### 1. 禽舍环境智能控制系统的组态设计

根据项目要求，参考图 8-1 完成禽舍环境智能控制系统界面设计，并根据项目要求完成 PLC 与 MCGS 间的关联地址分配和设置，如表 8-7 所示。

表 8-7　PLC 与 MCGS 间的关联地址分配和设置

| 输入信号 | | | 输出信号 | | |
| --- | --- | --- | --- | --- | --- |
| 功能 | MCGS | PLC | 功能 | MCGS | PLC |
| 起动按钮 | M100 | M100.0 | 系统运行指示灯 | M102 | M100.2 |
| 停止按钮 | M101 | M100.1 | 系统报警指示灯 | M103 | M100.3 |
| | | | 电动机速度显示 | MD200 | MD200 |

### 2. 禽舍环境智能控制系统的工艺流程图绘制

详细分析项目的控制要求，完成工艺流程图的绘制，如图 8-16 所示。

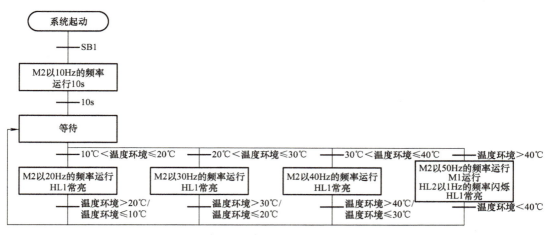

图 8-16　禽舍环境智能控制系统的工艺流程图

### 3. 禽舍环境智能控制系统的程序设计

程序段 1：初始化及停止功能，如图 8-17 所示。

❖ **注意**：变频器起动运行前须处于就绪状态，否则变频器无法起动。

程序段 2：起动变频器，如图 8-18 所示。

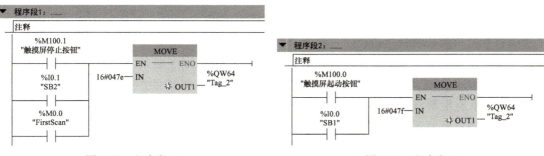

图 8-17　程序段 1　　　　　　　　　图 8-18　程序段 2

程序段 3：读取变频器当前运行频率，经标准化处理后在触摸屏上显示。
程序段 4：将所采集的温度标准化处理为 0～50℃（系统用 0～10V 模拟 0～50℃）。
程序段 3 和程序段 4 如图 8-19 所示。

❖ **注意**：IW100 为模拟量的输入通道地址，该地址可在 PLC 属性"模拟量输入"中的"I/O 地址"自行设置。

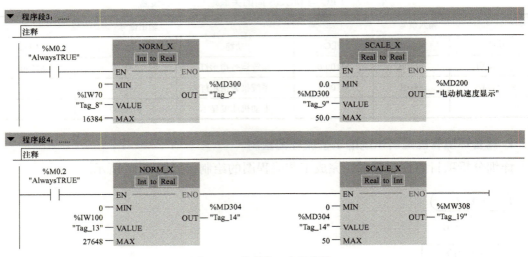

图 8-19 程序段 3 和程序段 4

程序段 5：系统起动后 10s 内，电动机 M2 以 10Hz 的频率运行，如图 8-20 所示。

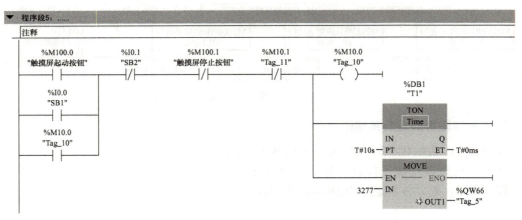

图 8-20 程序段 5

程序段 6、程序段 7：10s 后，系统进入运行模式，在室内环境温度低于 40℃时，电动机 M2 根据室内温度运行相对应频率，如图 8-21 和图 8-22 所示。

程序段 8：在室内环境温度高于 40℃时，电动机 M2 以 50Hz 的频率运行，电动机 M1 运行，系统报警指示灯以 1Hz 的频率闪烁，如图 8-23 所示。

程序段 9：正常工作模式下，系统运行指示灯常亮，如图 8-24 所示。

### 项目八 变频器通信控制系统设计——禽舍环境智能控制系统安装与调试

图 8-21 程序段 6

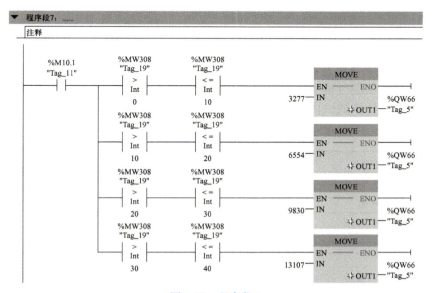

图 8-22 程序段 7

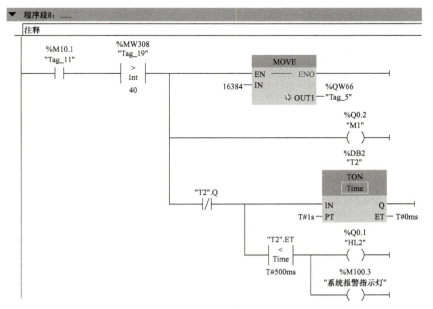

图 8-23 程序段 8

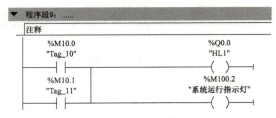

图 8-24　程序段 9

### 三、禽舍环境智能控制系统的运行调试

#### 1. 系统单项功能调试

完成系统程序设计后，将程序下载到 PLC 和触摸屏。为确保运行安全，以及提高整体运行功能效率，在进行整体运行前，先对系统的各组成设备进行单项功能调试，确保所有设备运行正常。具体调试内容见表 8-8。

表 8-8　系统单项功能调试表

| 序号 | 调试内容 | 结果 |
|---|---|---|
| 1 | 按钮、开关连接调试 | |
| 2 | 灯连接调试 | |
| 3 | 触摸屏通信调试 | |
| 4 | 变频器电源连接测试 | |

#### 2. 系统整体运行功能调试

完成系统单项功能调试后，按表 8-9 中的顺序对系统进行整体调试。

❖ **注意**：设备运行过程是连续的，如果在某一阶段无法按系统要求运行，需停止调试，待问题解决后再继续调试。

表 8-9　系统整体运行功能调试表

| 调试步骤及现象 | | 结果 |
|---|---|---|
| 调试指令 | 按下起动按钮 SB1 | |
| 运行现象 | 1. 变频器电动机 M2 以 10Hz 的频率运行<br>2. 指示灯 HL1 常亮<br>3. 触摸屏中"系统运行指示灯"常亮（绿色）<br>4. 触摸屏中"电动机速度显示"为"10.0" Hz | |
| 调试指令 | 运行 10s 后调节电压至 2～4V 之间，模拟 10℃＜环境温度≤20℃ | |
| 运行现象 | 1. 变频器电动机 M2 以 20Hz 的频率运行<br>2. 指示灯 HL1 常亮<br>3. 触摸屏中"系统运行指示灯"常亮（绿色）<br>4. 触摸屏中"电动机速度显示"为"20.0" Hz | |
| 调试指令 | 调节电压至 4～6V 之间，模拟 20℃＜环境温度≤30℃ | |
| 运行现象 | 1. 变频器电动机 M2 以 30Hz 的频率运行<br>2. 指示灯 HL1 常亮<br>3. 触摸屏中"系统运行指示灯"常亮（绿色）<br>4. 触摸屏中"电动机速度显示"为"30.0" Hz | |

（续）

| 调试步骤及现象 | | 结果 |
|---|---|---|
| 调试指令 | 调节电压至 6～8V 之间，模拟 30℃＜环境温度≤40℃ | |
| 运行现象 | 1. 变频器电动机 M2 以 40Hz 的频率运行<br>2. 指示灯 HL1 常亮<br>3. 触摸屏中"系统运行指示灯"常亮（绿色）<br>4. 触摸屏中"电动机速度显示"为"40.0"Hz | |
| 调试指令 | 调节电压至 8～10V 之间，模拟 40℃＞环境温度 | |
| 运行现象 | 1. 变频器电动机 M2 以 50Hz 的频率运行<br>2. 强力通风电动机 M1 运行<br>3. 指示灯 HL2 以 1Hz 的频率闪烁<br>4. 触摸屏中"系统报警指示灯"以 1Hz 的频率闪烁（红色）<br>5. 指示灯 HL1 常亮<br>6. 触摸屏中"系统运行指示灯"常亮<br>7. 触摸屏中"电动机速度显示"为"50.0"Hz | |
| 调试指令 | 调节电压至 4～6V 之间 | |
| 运行现象 | 1. 变频器电动机 M2 以 30Hz 的频率运行<br>2. 指示灯 HL1 常亮<br>3. 触摸屏中"系统运行指示灯"常亮（绿色）<br>4. 强力通风电动机 M1 停止运行<br>5. 指示灯 HL2 停止闪烁<br>6. 触摸屏中"系统报警指示灯"停止闪烁<br>7. 触摸屏中"电动机速度显示"为"30.0"Hz | |
| 调试指令 | 按下停止按钮 SB2 | |
| 运行现象 | 1. 变频器电动机 M2 停止运行<br>2. 强力通风电动机 M1 停止运行<br>3. 指示灯 HL1 熄灭<br>4. 触摸屏中"系统运行指示灯"熄灭<br>5. 触摸屏中"电动机速度显示"为"0.0"Hz | |
| 调试指令 | 按下触摸屏起动按钮 | |
| 运行现象 | 1. 变频器电动机 M2 以 10Hz 的频率运行<br>2. 指示灯 HL1 常亮<br>3. 触摸屏中"系统运行指示灯"常亮（绿色）<br>4. 触摸屏中"电动机速度显示"为"10.0"Hz | |
| 调试指令 | 运行 10s 后调节电压至 4～6V 之间，模拟 20℃＜环境温度≤30℃ | |
| 运行现象 | 1. 变频器电动机 M2 以 30Hz 的频率运行<br>2. 指示灯 HL1 常亮<br>3. 触摸屏中"系统运行指示灯"常亮（绿色）<br>4. 触摸屏中"电动机速度显示"为"30.0"Hz | |
| 记录调试过程中存在的问题和解决方案 | | |

## 项目验收

为检验学习成效，要求在限定时间内实施项目，按表 8-10 对项目的安装、接线、编程及安全文明生产情况进行整体评分。

表 8-10　项目验收评分表

| 序号 | 内容 | 评分标准 | 配分 | 得分 |
|---|---|---|---|---|
| 1 | I/O 分配 | 输入/输出地址遗漏或错误扣 1 分/处 | 10 | |
| 2 | 绘制外部接线图 | 1. 未使用工具画图，扣 0.5 分<br>2. 电路图元件符号不规范，不符合要求扣 0.5 分/处 | 10 | |
| 3 | 安装与接线 | 参考项目二 | 20 | |
| 4 | 编程及调试 | 本部分内容由考核教师依据课程资源内的考核要求或自行制订考核标准 | 50 | |
| 5 | 安全文明生产 | 参考项目二 | 10 | |
| | | 合计总分 | 100 | |
| 考核教师 | | | 考核时间 | 年　月　日 |

## 系统故障

在工业现场，变频器电动机通信控制系统经常会出现表 8-11 所示故障，请根据所学知识，在已调试成功的系统中模拟下述故障，从而探究分析故障原因，并提出排除方法。记录在实施过程中出现的系统故障，并在表 8-11 中记录故障原因及排除方法。

表 8-11　系统故障调试记录表

| 序号 | 设备故障 | 故障原因及排除方法 |
|---|---|---|
| 1 | 计算机与变频器无法通信 | |
| 2 | PLC 与变频器无法通信 | |
| 3 | PLC 给变频器传值的 QW 与表 8-4 不一致 | |
| 4 | 变频器给 PLC 传值的 IW 与表 8-4 不一致 | |
| | | |
| | | |

## 想一想

　　PN 通信既可写入参数也可读取参数，上述项目中通过 PN 通信实现对电动机的起停控制，现要求通过 PN 通信方式读取变频器的运行电流、运行电压、运行状态等数据，并显示在触摸屏上，请根据上述所学内容，查看相关手册，探索完成并实现上述要求。

## 项目拓展

变频器 PN 通信控制
系统参考程序

# 项目九

# 伺服电动机通信控制系统设计
## ——自动攻牙设备控制系统安装与调试

 **项目目标**

➤【知识目标】

1. 熟悉 Modbus 通信方式的工作原理。
2. 掌握 ASDA-B2 伺服驱动器的通信及速度控制模式参数设置方法。
3. 掌握 S7-1200 系列 Modbus 相关的通信指令编程方法。

➤【能力目标】

1. 能根据工艺要求设计攻牙装置控制系统的硬件电路。
2. 能根据工艺要求连接攻牙装置控制系统的硬件电路。
3. 能根据工艺要求绘制攻牙装置控制系统的工艺流程图。
4. 能根据工艺要求编写攻牙装置控制系统的 PLC 和触摸屏程序。
5. 能根据工艺要求完成攻牙装置控制系统的调试和优化。

➤【素质目标】

让学生通过实践感受追求卓越的工匠精神。

项目九 自动攻牙机工作视频

 **项目引入**

手动攻牙机具有价格实惠、攻牙灵活、便于携带等优点，但也存在攻牙效率低、使用寿命短、产品次品率高等缺点，因而不适用于企业大批量生产。为提高生产效率，企业一般选用冲压攻牙全自动化的加工生产设备。该设备不仅具有节省人工、易于操作、耐用性强等优点，同时自动化攻牙采用无屑挤压丝锥攻牙方式，生产出来的成品具有螺纹精度高、强度好、丝锥较之普通攻牙生产寿命长的优点，广泛应用在钢、铝、铜等金属材料以及非金属材料的攻牙。

现某公司计划生产一台自动攻牙设备，该设备主要由机械部分、电气部分、气动部分和控制系统组成。机械部分主要由底座、工作台、传动装置和夹具等组成；电气部分则包括主电动机、控制器、传感器等;气动部分则负责设备的动力输出和传递;控制系统则是设备的大脑,它负责设备的自动控制和操作。

在自动攻牙控制系统中,攻牙装置由伺服电动机控制,为减少控制系统调试量,确保在自动攻牙控制系统中攻牙装置能完成所需各项功能,设置本项目完成攻牙装置在自动攻牙控制系统所需的各类控制功能。具体要求如下:按下触摸屏上的"复位按钮"后,攻牙装置以 8.0mm/s 的速度回原点 SQ1 处,夹紧气缸缩回原位 SQ2 处,完成系统复位。系统复位完成后,按下触摸屏上的"起动按钮",转盘气缸推出(用 HL1 得电模拟),驱动转盘旋转将转盘上的物料送达 SQ4 处后,夹紧气缸伸出(用 HL2 得电模拟)碰到 SQ3 后夹紧物料;物料夹紧后攻牙装置以 4.0mm/s 的速度正转运行 44mm 后攻牙完成;攻牙完成后攻牙装置先以 4.0mm/s 的速度反转运行 20mm 退出物料,再以 8.0mm/s 的速度反转运行 24mm 后攻牙装置停止运行、夹紧气缸缩回到原位 SQ2 处,整个自动攻牙流程结束,等待转盘气缸推出驱动转盘上的物料再次送达 SQ4 处后,开始下一个物料的攻牙工作流程。

攻牙装置运行过程中遇到机械卡死等机械故障(用触摸屏上的"故障模拟开关"闭合模拟)时,故障报警灯 HL3 以 1Hz 的频率闪烁,故障排除(用触摸屏上的"故障模拟开关"断开模拟)后,按下触摸屏上的"复位按钮",HL3 熄灭,攻牙装置以 8.0mm/s 的速度回到原点 SQ1 处,夹紧气缸缩回到原位 SQ2 处。

触摸屏上可显示攻牙装置正、反向运行状态、各类气缸运行状态、故障报警以及攻牙装置的运行速度,如图 9-1 所示。

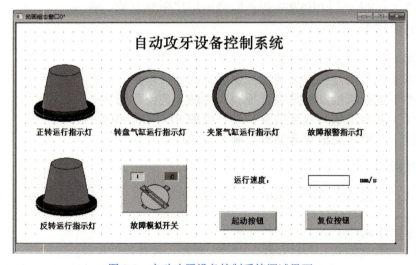

图 9-1 自动攻牙设备控制系统调试界面

## 知识准备

Modbus 是施耐德电气于 1979 年为使用 PLC 通信而发表的一种串行通信协议。Modbus 协议是一个工业领域常见的通信协议,因其公开发表且无版权要求、易于部署和维护及修改简单的优势,广泛应用在 PLC、传感器、HMI 及各类仪表上,用于各种数据采集和过程监控,Modbus 通信协议的典型应用如图 9-2 所示。

项目九　伺服电动机通信控制系统设计——自动攻牙设备控制系统安装与调试

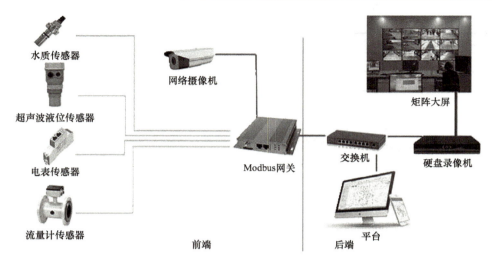

图 9-2　Modbus 通信协议的典型应用

Modbus 通信协议作用在 OSI（开放系统互连）模型的物理层（1 层）、数据链路层（2 层）及应用层（7 层）。OSI 模型定义了网络互连的 7 层框架，每层框架都有其各自的通信协议。

Modbus 协议有三类，分别是 Modbus-RTU、Modbus-ASCII、Modbus-TCP。一般来说，一个设备只有其中的一种协议，Modbus 规定 Modbus-RTU 是设备必须支持的协议，也是默认选项，所以大多数设备都采用了 Modbus-RTU 协议通信。

Modbus-RTU 通信协议在数据通信上采用主从应答的方式进行，只能由主机（PC/HMI 等）通过唯一的从机地址发起请求，从机（终端设备）根据主机请求进行响应，即半双工通信。该协议只允许主机发起请求，从机进行被动响应，因此从机不会主动占用通信线路以免造成数据冲突。

## 一、Modbus-RTU 协议的格式

Modbus-RTU 协议的信息传输为异步方式，使用十六进制进行通信，其信息帧格式见表 9-1。

表 9-1　Modbus-RTU 协议的信息帧格式

| 地址码 | 功能码 | 数据区 | CRC（循环冗余校验）码 |
| --- | --- | --- | --- |
| 1 字节 | 1 字节 | $N$ 字节 | 2 字节 |

### 1. 地址码

Modbus-RTU 消息帧的地址码包含一个字节。一般支持 1 ~ 255，地址 0 一般用作广播地址，以使所有的从机都能认识。地址码用于接收主机的广播数据，每个从机在总线上的地址必须唯一，主机通过将要联络的从机的地址放入消息中的地址域来选通从机，与主机发送的地址码相符的从机才能响应返回数据。

### 2. 功能码

功能码是每个通信信息帧的第二个字节，主机通过发送功能码告知从机应当执行何种操作。常见的八种功能码见表 9-2。

表 9-2　功能码

| 功能码 | 定义 | 操作 |
|---|---|---|
| 01H | 读取线圈 | 读取一个或多个连续线圈状态 |
| 05H | 写单个线圈 | 操作指定位置的线圈状态 |
| 0FH | 写多个线圈 | 操作多个连续线圈状态 |
| 02H | 读取离散量输入 | 读取一个或多个连续离散量的输入状态 |
| 04H | 读取输入寄存器 | 读取一个或多个连续输入寄存器数据 |
| 03H | 读保持寄存器 | 读取一个或多个保持寄存器数据 |
| 06H | 写单个保持寄存器 | 把两个十六进制数据写入对应位置 |
| 10H | 写多个保持寄存器 | 把 $4 \times N$ 个十六进制数据写入 $N$ 个连续保持寄存器 |

如果主机需要从机读取一组保持寄存器，则需将功能码设为 03H。如果主机写一组从机的寄存器，则需将功能码设为 10H（功能代码 10 十六进制）。

3. 数据区

数据区随功能码以及数据方向的不同而不同，这些数据可以是寄存器首地址 + 读取寄存器数量、寄存器地址 + 操作数据、寄存器首地址 + 操作寄存数量 + 数据长度 + 数据等不同的组合。

如果主机需要从机读取一组保持寄存器（03H），则数据域指定了起始寄存器以及要读的寄存器数量。如果主机写一组从机的寄存器（10H），数据域则指明了要写的起始寄存器以及要写的寄存器数量、数据域的数据字节数、要写入寄存器的数据。

4. 循环冗余校验（Cyclic Redundancy Check，CRC）码

信息在传递过程中，可能因为各种原因使传输或接收的数据发生错误。为了能在接收端判断数据的正确性，使用校验码是一种常用的方法。CRC 码是数据通信领域中最常用的一种差错校验码，其特征是信息字段和校验字段的长度可以任意选定，通过数学运算来建立数据位和校验位的约定关系，是一种常用的，具有检错、纠错能力的校验码，在通信领域广泛地应用于实现差错控制。

CRC 算法是一种常用的数据校验方法，它通过对数据进行处理生成校验码，从而实现对数据的完整性和准确性验证。如在一组数据中，信息字段代码为 1011001，校验字段代码为 1010；则发送方发出的传输字段为 10110011010；对于接收方，则需使用相同的计算方法计算出信息字段的校验码，对比接收到的实际校验码，如果相等则信息正确，不相等则信息错误；或者将接收到的所有信息除多项式，如果能够除尽，则信息正确。错误数据帧见表 9-3。常见错误码见表 9-4。

表 9-3　错误数据帧

| 地址码 | 功能码 | 错误码 | CRC 校验码 |
|---|---|---|---|
| 1 字节 | 1 字节 | 1 字节 | 2 字节 |

表 9-4　常见错误码

| 值 | 名称 | 说明 |
|---|---|---|
| 01H | 非法的功能码 | 不支持该功能码操作寄存器 |
| 02H | 非法的寄存器地址 | 访问设备禁止访问的寄存器 |

项目九 伺服电动机通信控制系统设计——自动攻牙设备控制系统安装与调试

(续)

| 值 | 名称 | 说明 |
|---|---|---|
| 03H | 非法的数据值 | 写入不支持的参数值 |
| 04H | 从机故障 | 设备工作异常 |

CRC 码有 CRC-12 码、CRC-16 码、CRC-CCITT 码、CRC-32 码等多种类型,广泛应用于计算机网络和数据通信领域。对于 Modbus 协议一般选择 CRC-16 码,即 16 位 CRC 码,其组成及计算过程如下:

1)预置 1 个 16 位的寄存器为十六进制 FFFF(即全为 1),称此寄存器为 CRC 寄存器。

2)把第一个 8 位二进制数据(即通信信息帧的第一个字节)与 16 位的 CRC 寄存器的低 8 位相异或,把结果放于 CRC 寄存器,高 8 位数据不变。

3)把 CRC 寄存器的内容右移一位(向低位移动)用 0 填补最高位,并检查右移后的移出位。

4)如果移出位为 0,重复步骤 3)(即再次右移一位);如果移出位为 1,CRC 寄存器与多项式 A001(1010 0000 0000 0001)进行异或。

5)重复步骤 3)和 4),直到右移 8 次,这样整个 8 位数据全部进行了处理。

6)重复步骤 2)~ 5),进行通信信息帧下一个字节的处理。

7)将该通信信息帧所有字节按上述步骤计算完成后,得到的 16 位 CRC 寄存器的高、低字节进行交换。

8)最后得到的 CRC 寄存器内容即为 CRC 码。

以上计算步骤中的多项式 A001 是 8005 按位颠倒后的结果。

## 二、西门子 Modbus-RTU 协议的常用指令

### 1. "MB_COMM_LOAD" 指令

"MB_COMM_LOAD" 指令用于组态端口使用 Modbus-RTU 协议进行通信,用户程序必须先执行 "MB_COMM_LOAD" 指令组态端口,完成组态后 "MB_SLAVE" 或 "MB_MASTER" 指令才可使用该端口进行通信,"MB_COMM_LOAD" 指令如图 9-3 所示,各引脚参数见表 9-5。

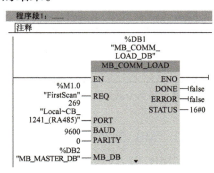

图 9-3 "MB_COMM_LOAD" 指令

表 9-5 "MB_COMM_LOAD" 指令的引脚参数

| 引脚参数 | 说明 |
|---|---|
| REQ | 上升沿执行指令 |
| PORT | 通信端口的 ID:在设备组态中插入通信模块后,端口 ID 就会显示在 PORT 连接的下拉列表中。也可在变量表的 "Constants(常数)" 选项卡中引用该常数 |
| BAUD | 选择数据传输速率,可供选择的传输速率有:300、600、1200、2400、4800、9600、19200、38400、57600、76800、115200bit/s |
| PARITY | 选择奇偶校验:0 为无校验,1 为奇校验,2 为偶校验 |
| MB_DB | 对 "MB_MASTER" 或 "MB_SLAVE" 指令的背景数据块的引用 |

注:该指令的 EN、ENO、DONE、ERROR、STATUS 引脚参数功能与前期所学基本指令一致,此处不再介绍。

## 2. "MB_MASTER" 指令

"MB_MASTER" 指令允许用户程序作为 Modbus 主站进行通信，可访问一个或多个 Modbus 从站设备中的数据，"MB_MASTER" 指令如图 9-4 所示，各引脚参数见表 9-6。

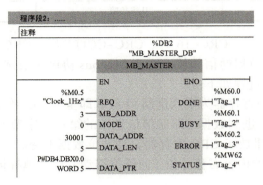

图 9-4 "MB_MASTER" 指令

插入 "MB_MASTER" 指令时须分配唯一的背景数据块，"MB_COMM_LOAD" 指令中的 MB_DB 参数使用该背景数据块。

表 9-6 "MB_MASTER" 指令的引脚参数

| 引脚参数 | 数据类型 | 说明 |
|---|---|---|
| REQ | BOOL | 请求输入：0 为无请求，1 为请求将数据发送到 Modbus 从站 |
| MB_ADDR | UINT | Modbus-RTU 站地址：默认地址范围为 0～247，拓展地址范围为 0～65535 |
| MODE | USINT | 模式选择：指定读取、写入或诊断 |
| DATA_ADDR | UDINT | 从站中的起始地址 |
| DATA_LEN | UINT | 数据长度：指定要在该请求中访问的位数或字数。可在 Modbus 功能表中找到有效长度 |
| DATA_PTR | VARIANT | 指向 CPU 的数据块或位存储器地址，从该位置读取数据或向其写入数据 |

注：该指令的 EN、ENO、DONE、BUSY、ERROR、STATUS 引脚参数功能与前期所学基本指令一致，此处不再介绍。

## 3. "MB_SLAVE" 指令

"MB_SLAVE" 指令允许用户程序作为 Modbus 从站进行通信，Modbus-RTU 主站可以发出请求，然后程序通过执行 "MB_SLAVE" 指令来响应，"MB_SLAVE" 指令如图 9-5 所示，各引脚参数见表 9-7。插入 "MB_SLAVE" 指令时须分配唯一的背景数据块，"MB_COMM_LOAD" 指令中的 MB_DB 参数使用该背景数据块。

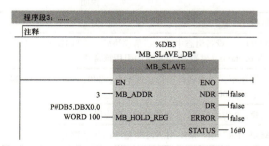

图 9-5 "MB_SLAVE" 指令

项目九　伺服电动机通信控制系统设计——自动攻牙设备控制系统安装与调试

表 9-7　"MB_SLAVE"指令的引脚参数

| 引脚参数 | 数据类型 | 说明 |
| --- | --- | --- |
| MB_ADDR | UINT | Modbus-RTU 站地址：默认地址范围为 0～255，拓展地址范围为 0～65535 |
| MB_HOLD_REG | VARIANT | 数据指针，指向 Modbus 保持寄存器地址，Modbus 保持寄存器可以为 M 存储区或 DB 数据区<br>如果 Modbus 保持寄存器为 DB 数据区，则 DB 数据区支持优化访问的数据块或非优化访问的数据块，建议采用非优化访问的数据块 |
| DR | BOOL | 是否已经读取数据。0 为未读取数据，1 为已将 Modbus 主站接收到的数据存储在目标区域 |

注：该指令的 EN、ENO、ERROR、STATUS 引脚参数功能与前期所学基本指令一致，此处不再介绍。

❖ **注意**：如果某端口用于从站响应 Modbus 主站，则"MB_MASTER"指令无法使用该端口；如果某端口用于 Modbus 主站的请求，则"MB_SLAVE"指令也无法使用该端口。

Modbus 指令不使用通信中断事件来控制通信过程，用户程序必须通过轮询"MB_MASTER"或"MB_SLAVE"指令以了解传送和接收的完成情况。

### 三、伺服电动机通信控制应用案例

速度（S 或 Sz）控制模式被应用于精密控速的场合，例如 CNC 加工机。该模式有两种指令输入模式：模拟指令输入及指令寄存器输入。模拟指令输入通过外界来的电压来操纵电动机的转速。指令寄存器输入有两种应用方式：第一种为使用者在操作前，先将不同速度指令值设于三个指令寄存器，再通过切换 CN1 中 DI 的 SPD0 和 SPD1 来选择不同速度；第二种为利用通信方式来改变指令寄存器的内容值，本案例拟采用通信方式实现。

项目九　伺服电动机通信控制应用案例

**1. 基于通信方式控制的台达 ASDA-B2 伺服驱动器的外围接线**

图 9-6 所示为伺服驱动器外围装置的接线，下面对各部分外围接线以及参数设置进行详细介绍。

（1）连接伺服驱动器电源线

伺服驱动器电源接线法分为单相与三相两种，实训设备上的伺服驱动器为单相供电方式，具体连接方式如下：

1）控制回路电源输入端：L 线和 N 线经过保护开关后分别接到 L1c 和 L2c 端子。

2）主回路电源输入端：L 线和 N 线经过保护开关后分别接到 R 和 S 端子。

3）PE 线接到接地端子。

按上述方法完成伺服驱动器电源线连接后，伺服驱动器即可正常得电。

（2）连接动力线

伺服驱动器动力输出端子与伺服电动机自带电源线间的对应接线如图 9-7 所示，按该图可完成伺服驱动器与伺服电动机间动力线的连接。

❖ **注意**：伺服电动机自带电源线与常规三相电电源线颜色不相同，在连接时要特别注意伺服驱动器动力输出端与伺服电动机自带电源线应相互对应连接，即伺服电动机红线与伺服驱动器的 U 端连接，以此类推完成动力线的连接。

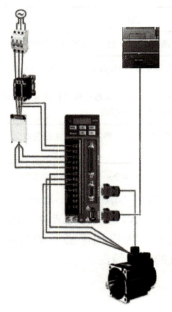

图 9-6 伺服驱动器外围装置的接线

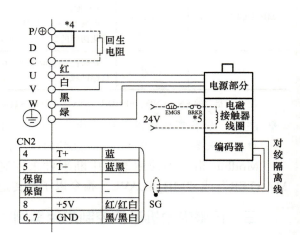

图 9-7 伺服驱动器与伺服电动机的连接

EMGS—紧急停止信号　BRKR—电磁制动控制接点

（3）连接 RS485 通信线

伺服驱动器与 PLC 通信模组的对应接线如图 9-6 所示，通信线一端通过插接方式与伺服驱动器的 CN3 端子相连，通信线的另一端与 PLC 上的通信模组相连。如本案例的通信模组为 CB1241，将通信线的 RS485- 端与 CB1241 通信模块的 T/RA 端相连、通信线的 RS485+ 端与 CB1241 通信模块的 T/RB 端相连。

2. 伺服驱动器的参数设置

完成伺服驱动器的电源线、动力线、编码器线及 RS485 通信线连接并检查无误后送电，寸动（JOG）模式的参数设置及操作流程见表 9-8。

表 9-8 寸动（JOG）模式的参数设置及操作流程

| 编号 | 操作流程 | 显示屏显示 |
|---|---|---|
| | 第一步：恢复出厂设置 | |
| 1 | 完成伺服驱动器的电源线、动力线、编码器线及 RS485 通信线连接后送电<br>注意：该报错由 CN1 端子未连接引起，不影响参数复位，可忽略 | AL013 |
| | 第二步：关闭报警信息 | |
| 2 | P2-17：0000（取消紧急停止）<br>P2-15：0000（取消反向禁止运行极限）<br>P2-16：0000（取消正向禁止运行极限）<br>说明：通信模式通过 CN3 通信接口控制伺服驱动器，无须接 CN1 端子，因此将伺服驱动器的反向运行禁止极限（DI6）与正向运行禁止极限（DI7）及紧急停止（DI8）的功能取消，否则伺服驱动器无法正常工作<br>注意：设定完成后，若驱动器仍有报警，须将 DI5 导通，清除异常状态。P2-16 设定完成后显示屏显示的不一定为"00001"，"AL015"消失即认为 P2-17、P2-15、P2-16 参数设定成功 | AL014<br>AL015<br>00001 |

（续）

| 编号 | 操作流程 | 显示屏显示 |
|---|---|---|
| | 第三步：设置伺服驱动器控制模式为速度控制模式 | |
| 3 | P2-10：101（定义 DI1 为 SON 信号）<br>P2-12：114（定义 DI3 为 SPD0 信号）<br>P2-13：115（定义 DI4 为 SPD1 信号）<br>说明：完成端子功能定义后，可利用端子 DI1 起停伺服电动机，利用端子 DI3 和端子 DI4 组合选择速度指令编号，端子 DI3、DI4 的信号与速度指令编号的对应关系如下，速度指令编号 S2 对应的速度为参数 P1-09 的设定值、速度指令编号 S3 对应的速度为参数 P1-10 的设定值、速度指令编号 S4 对应的速度为参数 P1-11 的设定值<br><br>\| 速度指令编号 \| SPD1（DI4） \| SPD0（DI3） \| 指令来源 \| 设定参数 \| 设定值 \|<br>\|---\|---\|---\|---\|---\|---\|<br>\| S1 \| 0 \| 0 \| 外部模拟指令 \| V-REF 与 GND 之间的电压差 \| \|<br>\| S2 \| 0 \| 1 \| 内部寄存器参数 \| P1-09 \| 02000 \|<br>\| S3 \| 1 \| 0 \| \| P1-10 \| 0.2.000 \|<br>\| S4 \| 1 \| 1 \| \| P1-11 \| 0.4.000 \|<br><br>DI1 接通、DI3 接通、DI4 断开：以速度指令编号 S2 所对应参数 P1-09 内的设定值 200r/min 正转<br>DI1 接通、DI3 断开、DI4 接通：以速度指令编号 S3 所对应参数 P1-10 内的设定值 200r/min 反转<br>DI1 接通、DI3 接通、DI4 接通：以速度指令编号 S4 所对应参数 P1-11 内的设定值 400r/min 反转<br>DI1 断开：电动机停止运行<br>注意：内部寄存器参数设定范围为 -50000 ～ 50000，设定值 = 设定范围 × 单位（0.1r/min）。<br>例如：P1-09=+02000，设定值 =+2000×0.1r/min=+200r/min | 0101<br>0114<br>0115<br>02000<br>02000<br>04000 |
| | 第四步：设置伺服驱动器的通信参数 | |
| 4 | P3-0：0001（Modbus 通信协议的站号设置为 1）<br>说明：此站号代表本驱动器在通信网络上的绝对地址，同时适用于 RS232/485 | 0001 |
| | P3-1：0010（RS485 的通信波特率为 9600Baud） | 0010 |
| | P3-2：0060（数据格式为 8、N、2） | 0060 |
| | P3-05：0000（采用 RS232 标准的 Modbus 通信） | 0000 |
| | 第五步：采用通信功能控制伺服驱动器按速度模式运行 | |
| 5 | P3-06：000d<br>说明：P3-06 为输入接点（DI）来源控制开关，此参数每 1 位决定 1 个 DI 的信号输入来源，参数的 0 ～ 8 位与 DI1 ～ DI9 信号逐位对应，相应位为 0 则该输入接点状态由外部硬件端子控制，相应位为 1 则该输入接点状态由系统参数 P4-07 控制。P3-06 设为 000d（二进制 1101），即 DI4、DI3、DI1 端子的输入接点状态由系统参数 P4-07 控制，DI2 端子的输入接点状态由外部控制<br>注意：P3-06 中的数值是不能保存的，每次上电后，必须重新设置 | 000d |

### 3. 通信模组硬件组态及参数设置

（1）完成 RS485 硬件的添加

完成 S7-1200 系列 PLC 的硬件添加后，如图 9-8 所示，再逐步单击"硬件目

181

录"→"目录"→"通信板"→"点到点"→"CB 1241（RS485）"，将"CB 1241（RS485）"下的"6ES7 241-1CH30-1XB0"拖到 PLC 的蓝色空白框中，完成在 S7-1200 系列 PLC 上 RS485 通信模组的添加，如图 9-9 所示。

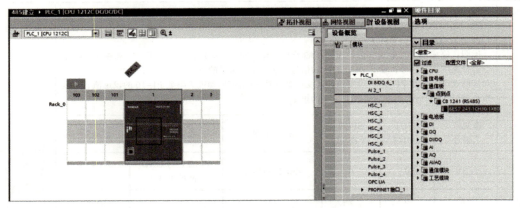

图 9-8　添加 RS485 硬件的步骤

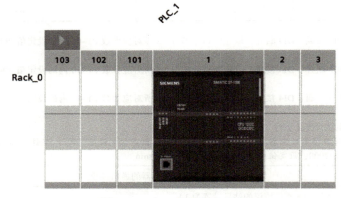

图 9-9　RS485 硬件添加完成

> ☑ 试一试：在完成项目任务后，试试能否在读取硬件时完成 RS485 模块的添加，并在表 9-16 中做好记录。

（2）完成"MB_COMM_LOAD"指令的添加及参数设置

打开程序块，逐步单击图 9-10 所示的"指令"→"通信"→"通信处理器"→"MODBUS"，将"MODBUS"下的第一个指令"MB_COMM_LOAD"拖到程序段 1 中，完成"MB_COMM_LOAD"指令的添加。

❖ 注意：TIA Portal V17 软件中提供了"MODBUS（RTU）V4.4"和"MODBUS V2.2"两个版本的 Modbus-RTU 指令；其中"MODBUS V2.2"为较早版本，仅可应用于 CB1241 通信板和 CB1241 通信模块进行 Modbus-RTU 通信；"MODBUS（RTU）V4.4"为较新版本，可支持 CB1241 通信板和 CB1241 通信模块，还可支持 PN、PTP 通信模块进行 Modbus-RTU 通信。"MODBUS（RTU）V4.4"版本的 Modbus-RTU 指令对 PLC 和通信模块的硬件版本都有更高要求，考虑到设备的兼容性，本案例使用"MODBUS V2.2"版本的指令集进行 Modbus-RTU 通信。

项目九 伺服电动机通信控制系统设计——自动攻牙设备控制系统安装与调试

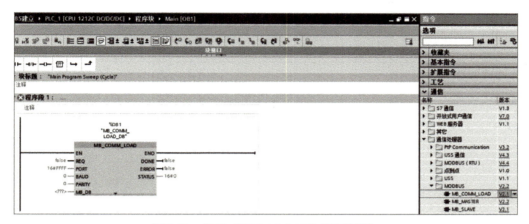

图 9-10 "MB_COMM_LOAD"指令的添加

> ☑ 试一试：在完成项目任务后，根据所学知识和自主查阅手册，运用"MODBUS
> （RTU）V4.4"版本的 Modbus-RTU 指令完成本案例，并在表 9-16 中做
> 好记录。

将"MB_COMM_LOAD"指令的 REQ 端设为 M1.0 以实现系统起动，即执行该指令功能，单击该指令的 PORT 端子，选中 图标旁的"Local～CB_1241_（RS485）"，完成该指令与硬件 RS485 通信模组的关联，如图 9-11 所示。

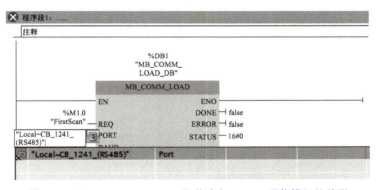

图 9-11 "MB_COMM_LOAD"指令与 RS485 通信模组的关联

将 BAUD 设为 9600，即将波特率设为 9600；将 PARITY 设为 0，即将校验方式设为无校验；完成上述参数设置后结果如图 9-12 所示。

❖ 注意：本参数设置应与前期伺服驱动器设置的通信参数相一致，否则将无法完成通信，如伺服驱动器中设置的波特率为 19200，则 BAUD 端参数也需要设为 19200。

> ☑ 试一试：在完成项目任务后，将 BAUD 设为 9600、将 PARITY 设为 1，观察并在
> 表 9-16 中记录改变上述参数后对系统运行效果的影响。

（3）完成"MB_MASTER"指令调用及参数设置

逐步单击图 9-10 中的"指令"→"通信"→"通信处理器"→"MODBUS"，将"MODBUS"下的第二个指令"MB_MASTER"拖到程序段 2 中，并将该指令的背景数据块设为"DB2"，即可完成"MB_MASTER"指令的调用。

183

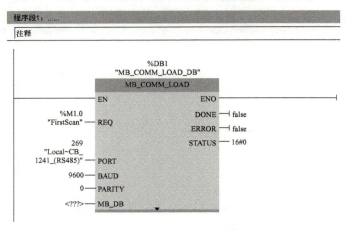

图 9-12 "MB_COMM_LOAD" 指令的参数设置

将 MB_ADDR 设为 1，即将访问的 MODBUS 从站地址设为 1；将 MODE 设为 1，即将数据写入伺服驱动器；将 DATA_ADDR 设为 41039，即需要写入的伺服驱动器的从站地址为 41039；将 DATA_LEN 设为 1，即写入的数据长度为 1 个单位；将 DATA_PTR 设为 MW200，即将 MW200 内的数据通过通信传送给伺服驱动器。完成上述参数设定后，即可实现将 MW200 的数据通过通信传送到伺服驱动器地址为 41039 的参数，完成所有参数设置后的结果如图 9-13 所示。

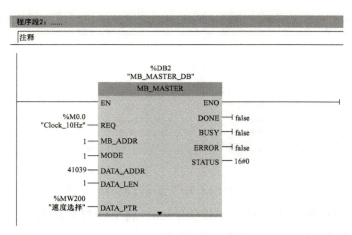

图 9-13 "MB_MASTER" 指令参数设置完成

❖ **注意**：在 "MB_MASTER" 指令中，将 REQ 设为 M0.0 时钟指令是为了以 10Hz 的频率发送数据给 MODBUS 从站。

"MB_MASTER" 指令调用完成后，将 "MB_COMM_LOAD" 指令的 MB_DB 端子设为 "DB2"，即完成 "MB_COMM_LOAD" 指令对 "MB_MASTER" 指令背景数据库的引用，完成后的效果如图 9-14 所示。

**4. 案例程序编写及调试**

程序段 1：完成 "MB_COMM_LOAD" 指令的调用及参数设置，该指令各端子参数的设定如图 9-15 所示。

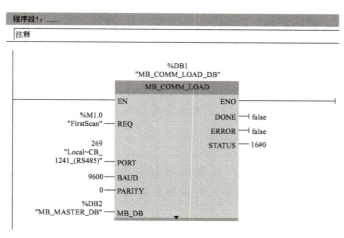

图 9-14 "MB_COMM_LOAD"指令参数设置完成

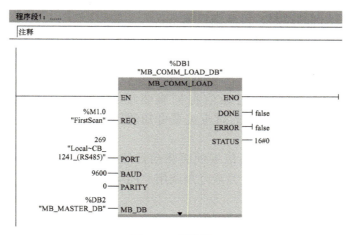

图 9-15 程序段 1

程序段 2：完成"MB_MASTER"指令的调用及参数设置，该指令各端子参数的设定如图 9-16 所示。

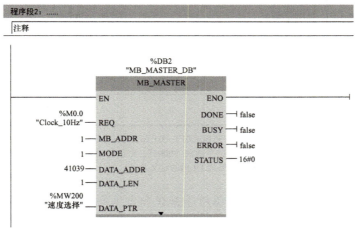

图 9-16 程序段 2

> **说明：** 40001 寄存器是 Modbus 协议中的第一个数据寄存器，对应于设备中的第一个模拟量输入寄存器，它包含一个 16 位无符号整数，可以读取和写入，该值可以表示一个物理量的测量值，如温度、压力、流量等。台达 ASDA-B2 伺服驱动器的 P4-07 通信地址为 040EH，转化成十进制即为 1038，加上起始地址 40001 等于 41039，即通过通信读写 41039 地址参数完成对 P4-07 参数内参数值的读写。

> **试一试：** 在完成项目任务后，根据所学知识和自主查阅手册，试试能否用 1 个 "MB_MASTER" 指令完成多个数据写入，并在表 9-16 中做好记录。

程序段 3：完成台达 ASDA-B2 伺服驱动器 S2、S3、S4 三个速度指令编号的数据写入控制程序，如图 9-17 所示。

案例程序编写结束并完成软硬件下载后，可通过对 M2.0 和 M2.1 的强制控制，实现通过网络对伺服电动机的控制，控制结果如下：

M2.0 为 1 及 M2.1 为 0：通过通信将伺服驱动器的 P4-07 参数设为 5，根据端子 DI3、DI4 的信号和速度指令编号的对应关系可知调用 "P1-09" 参数所设速度，即以 S2 的速度 200r/min 正转。

M2.0 为 0 及 M2.1 为 1：通过通信将伺服驱动器的 P4-07 参数设为 9，根据端子 DI3、DI4 的信号和速度指令编号的对应关系可知调用 "P1-10" 参数所设速度，即以 S3 的速度 200r/min 反转。

M2.0 和 M2.1 都为 1：通过通信将伺服驱动器的 P4-07 参数设为 D，根据端子 DI3、DI4 的信号和速度指令编号的对应关系可知调用 "P1-11" 参数所设速度，即以 S4 的速度 400r/min 反转。

M2.0 和 M2.1 都为 0：伺服电动机停止运行。

案例程序的不同搭配所对应的 P4-07 状态见表 9-9。

表 9-9 使用 Modbus 通信调试时不同搭配所对应的 P4-07 状态

| 不同搭配所对应的 P4-07 状态 | 显示屏显示 |
| --- | --- |
| P4-07 内的值为 0005（DI1、DI3 接通），以速度指令编号 S2 对应的速度 200r/min 正转 | 0005 |
| P4-07 内的值为 0009（DI1、DI4 接通），以速度指令编号 S3 对应的速度 200r/min 反转 | 0009 |
| P4-07 内的值为 000D（DI1、DI3、DI4 接通），以速度指令编号 S4 对应的速度 400r/min 反转 | 000d |
| P4-07 内的值为 0000，伺服电动机停止运行 | 0000 |

注：将 0005 通过通信写入系统参数 P4-07，即激活端子 DI1 和 DI3，显示屏显示 "0005"；若此时 DI2 接点也由外部硬件端子控制接通，则显示屏显示 "0007" 而非 "0005"。台达伺服驱动器的数字输入可由使用者自由规划，使用者规划数字输入（DI）时，需参考手册的 DI 码的定义。

> **试一试：** 在完成项目任务后，根据所学知识和自主查阅手册，完成 41040 地址的数据读取，并在表 9-15 中做好记录。

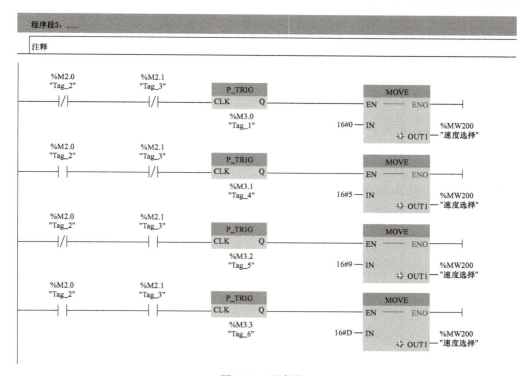

图 9-17　程序段 3

## 一、自动攻牙设备控制系统的硬件设计

### 1. PLC 的 I/O 地址分配

详细分析项目的控制要求，根据"满足功能、留有裕量"的原则，完成 PLC 的选型，并对 PLC 的 I/O 地址功能进行分配，具体见表 9-10。

表 9-10　PLC 的 I/O 地址分配

| 输入信号 | | 输出信号 | |
|---|---|---|---|
| SQ1（用 SA1 模拟） | I0.0 | 转盘气缸电磁阀（HL1） | Q0.0 |
| SQ2（用 SA2 模拟） | I0.1 | 夹紧气缸电磁阀（HL2） | Q0.1 |
| SQ3（用 SA3 模拟） | I0.2 | 故障报警灯（HL3） | Q0.2 |
| SQ4（用 SA4 模拟） | I0.3 | | |

### 2. 电路图设计

完成 PLC 的 I/O 地址分配后，结合项目要求，完成系统电路图设计，如图 9-18 所示。

❖ **注意**：CB1241 与 CN3 间通信必须采用通信线，并将通信线的 RS485+、RS485– 和 GND 端与 CB1241 通信板的相应端子进行连接。

# 智能控制系统安装与调试

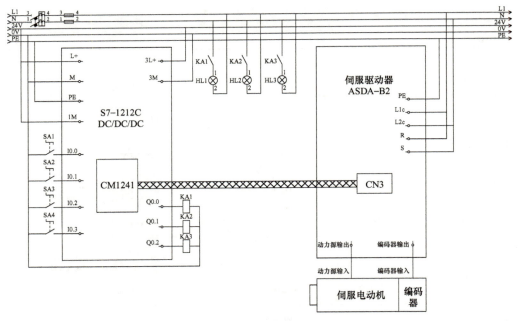

图 9-18　系统电路图

### 3. 伺服驱动器的参数设置

根据系统电路图在实训设备上完成接线,用万用表检查接线准确无误后,结合项目要求,完成伺服驱动器的参数设置,具体见表 9-11。

表 9-11　伺服驱动器的参数设置

| 序号 | 参数 | | 初始值 | 设定值 |
| --- | --- | --- | --- | --- |
| | 参数编号 | 参数名称 | | |
| 1 | P2-08 | 参数复位 | 0 | 10 |
| 2 | P2-17 | 取消紧急停止 | 21 | 0 |
| 3 | P2-15 | 取消反向禁止运行限制 | 22 | 0 |
| 4 | P2-16 | 取消正向禁止运行限制 | 23 | 0 |
| 5 | P1-01 | 将驱动器的控制模式设定为速度模式 | 0 | 2 |
| 6 | P2-10 | 定义 DI1 为 SON 信号 | 101 | 101 |
| 7 | P2-12 | 定义 DI3 为 SOD0 信号 | 116 | 114 |
| 8 | P2-13 | 定义 DI4 为 SOD1 信号 | 117 | 115 |
| 9 | P1-09 | 将内部速度指令 1 设为 60r/min 正转 | 1000 | 600 |
| 10 | P1-10 | 将内部速度指令 2 设为 60r/min 反转 | 2000 | 0.0.600 |
| 11 | P1-11 | 将内部速度指令 3 设为 120r/min 反转 | 3000 | 0.1.200 |
| 12 | P3-00 | 将当前伺服驱动器站号设定为 1 号站 | 007F | 0001 |
| 13 | P3-01 | 将通信传输速率设为 9600Baud | 0033 | 0010 |
| 14 | P3-02 | 将通信协议的数据格式设为 8、N、2 | 0066 | 0060 |
| 15 | P3-05 | 将通信功能设为标准的 Modbus 通信 | 0001 | 0000 |
| 16 | P3-06 | 将输入接点的端子 DI1、DI3、DI4 设为由 P4-07 参数控制 | 0000 | 000d |

## 二、自动攻牙设备控制系统的软件设计

### 1. 自动攻牙设备控制系统的组态设计

根据项目要求，参考图 9-1 完成自动攻牙设备控制系统调试界面设计，并根据项目要求完成 PLC 与 MCGS 间的关联地址分配和设置，具体见表 9-12。

表 9-12　PLC 与 MCGS 间的关联地址分配和设置

| 输入信号 | | | 输出信号 | | |
| --- | --- | --- | --- | --- | --- |
| 功能 | MCGS | PLC | 功能 | MCGS | PLC |
| 起动按钮 | M101 | M100.1 | 正转运行指示灯 | M104 | M100.4 |
| 复位按钮 | M102 | M100.2 | 反转运行指示灯 | M105 | M100.5 |
| 故障模拟开关 | M103 | M100.3 | 故障报警指示灯 | M106 | M100.6 |
|  |  |  | 攻牙装置运行速度显示 | MD204 | MD204 |
|  |  |  | 转盘气缸运行指示灯 | Q0.0 | Q0.0 |
|  |  |  | 夹紧气缸运行指示灯 | Q0.1 | Q0.1 |

### 2. 自动攻牙设备控制系统的工艺流程图绘制

详细分析项目的控制要求，完成工艺流程图的绘制，如图 9-19 所示。

### 3. 自动攻牙设备控制系统的程序设计

程序段 1：启用 Modbus 的组态端口和通信指令实现，使用 Modbus 通信方式实现对攻牙装置的控制，如图 9-20 所示。

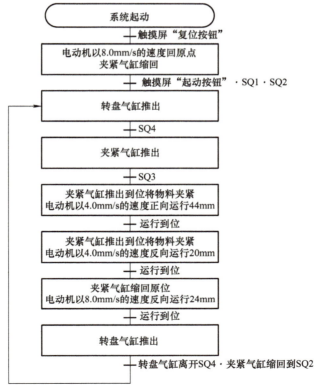

图 9-19　自动攻牙设备控制系统的工艺流程图

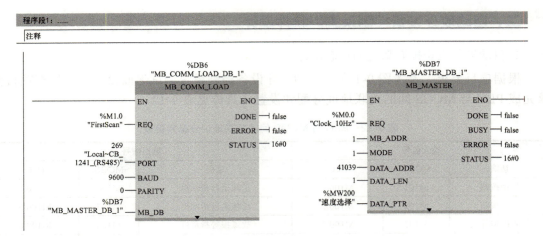

图 9-20　程序段 1

程序段 2：按下触摸屏上的"复位按钮"，攻牙装置以 8.0mm/s 的速度回原点，同时夹紧气缸缩回，如图 9-21 所示。

程序段 3：攻牙装置回到原点 SQ1 后停止运行，如图 9-22 所示。

程序段 4：攻牙装置回到原点 SQ1、夹紧气缸缩回到原位 SQ2 后，按下触摸屏上的"起动按钮"，转盘气缸推出（用 HL1 得电模拟）驱动转盘开始旋转，如图 9-23 所示。

程序段 5：转盘旋转将物料送达 SQ4 后转盘气缸缩回，夹紧气缸伸出（用 HL2 得电模拟）夹紧物料，如图 9-24 所示。

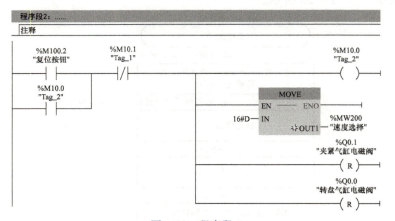

图 9-21　程序段 2

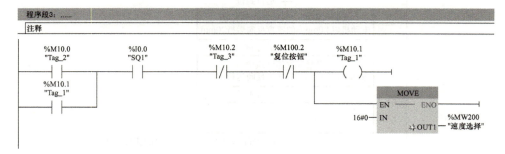

图 9-22　程序段 3

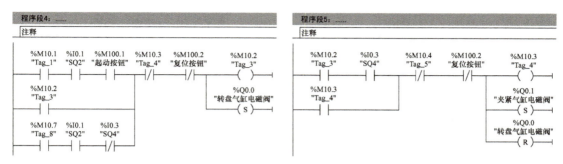

图 9-23　程序段 4　　　　　　　　　　　图 9-24　程序段 5

程序段 6～程序段 8：夹紧气缸夹紧到位并在攻牙装置离开物料前一直处于夹紧状态，攻牙装置实现"正向以 4.0mm/s 的速度运行 44mm 进行攻牙，攻牙完成后以 4.0mm/s 的速度反向运行 20mm 退出物料，再以 8.0mm/s 的速度反向运行 24mm 后停止"的工作流程；程序段 8 实现攻牙装置以 4.0mm/s 的速度反转运行 20mm 离开物料表面后，夹紧气缸缩回，如图 9-25～图 9-27 所示。

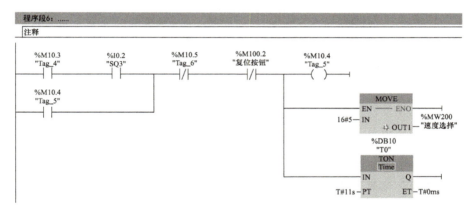

图 9-25　程序段 6

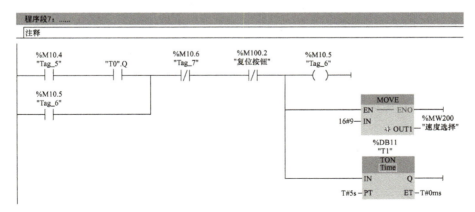

图 9-26　程序段 7

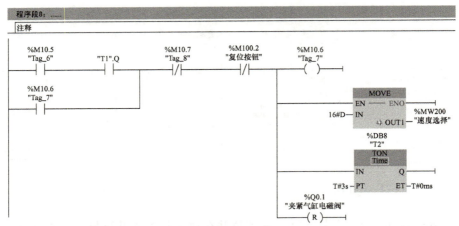

图 9-27　程序段 8

程序段 9：攻牙装置退回到位后停止运行，转盘气缸重新起动推动转盘旋转，如图 9-28 所示。

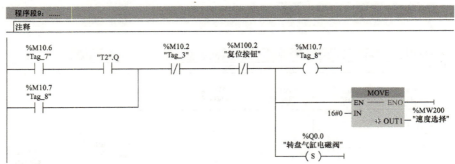

图 9-28　程序段 9

程序段 10：当运行过程中遇到故障（用 M100.3 闭合模拟）时，触摸屏上的攻牙装置"故障报警指示灯"常亮，故障报警灯 HL3 以 1Hz 的频率闪烁，如图 9-29 所示。

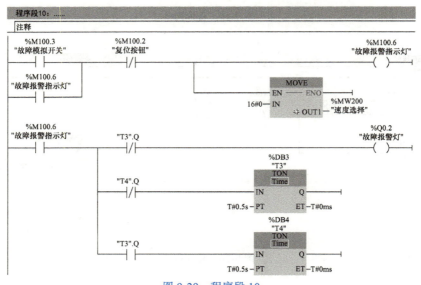

图 9-29　程序段 10

程序段 11：MD204 用于在触摸屏上显示攻牙装置的实时运行速度，如图 9-30 所示。
程序段 12：M100.4、M100.5 用于在触摸屏上显示攻牙装置的正反转运行状态，如图 9-31 所示。

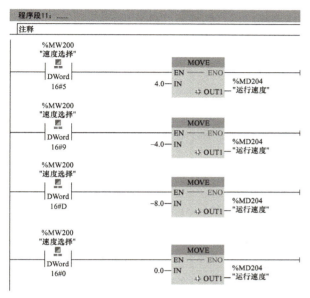

图 9-30　程序段 11

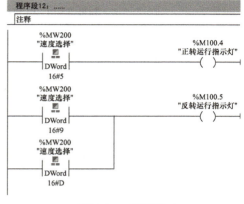

图 9-31　程序段 12

### 三、自动攻牙设备控制系统的运行调试

#### 1. 系统单项功能调试

完成系统程序设计后，将程序下载到 PLC 和触摸屏。为确保运行安全，以及提高整体运行功能效率，在进行整体运行前，先对系统的各组成设备进行单项功能调试，确保所有设备运行正常。具体调试内容见表 9-13。

表 9-13　系统单项功能调试表

| 序号 | 调试内容 | 结果 |
| --- | --- | --- |
| 1 | 按钮、开关连接调试 | |
| 2 | 灯连接调试 | |
| 3 | 触摸屏通信调试 | |
| 4 | 伺服电动机速度控制方式功能测试 | |

#### 2. 系统整体运行功能调试

完成系统单项功能调试后，按表 9-14 中的顺序对系统进行整体调试。

❖ 注意：设备运行过程是连续的，如果在某一阶段无法按系统要求进行运行，则停止调试，待问题解决后再继续调试。

表 9-14　系统运行调试记录表

| | 调试步骤及现象 | 结果 |
|---|---|---|
| 调试指令 | 按下触摸屏上的"复位按钮" | |
| 运行现象 | 1. 攻牙装置开始以 8.0mm/s 的速度反转回到原点 SQ1 后停止运行；反转运行时触摸屏上的"反转运行指示灯"亮，"运行速度"为"-8.0"mm/s<br>2. 同时夹紧气缸缩回到原位 SQ2 处 | |
| 调试指令 | 按下触摸屏上的"起动按钮" | |
| 运行现象 | 1. 转盘气缸推出（用 HL1 得电模拟），将转盘上的物料送达 SQ4 处后停下；送达 SQ4 处前触摸屏上的"转盘气缸运行指示灯"亮<br>2. 物料碰到 SQ4 后，夹紧气缸伸出（用 HL2 得电模拟），碰到 SQ3 后夹紧物料；触摸屏上的"夹紧气缸运行指示灯"亮<br>3. 夹紧气缸夹紧物料（用 HL2 得电模拟），攻牙装置以 4.0mm/s 的速度正转运行 44mm 进行攻丝；触摸屏上的"夹紧气缸运行指示灯、正转运行指示灯"亮，"运行速度"为"4.0"mm/s<br>4. 夹紧气缸夹紧物料（用 HL2 得电模拟），攻牙装置以 4.0mm/s 的速度反转运行 20mm 退出物料；触摸屏上的"夹紧气缸运行指示灯、反转运行指示灯"亮，"运行速度"为"-4.0"mm/s<br>5. 夹紧气缸缩回，攻牙装置以 8.0mm/s 的速度反转运行 24mm；触摸屏上的"反转运行指示灯"亮，"运行速度"为"-8.0"mm/s<br>6. 转盘气缸推出（用 HL1 得电模拟），驱动转盘旋转将转盘上的物料送往 SQ4 处，同时夹紧气缸缩回到原位 SQ2 处；触摸屏上的"转盘气缸运行指示灯"亮<br>7. 转盘上的物料再次送达 SQ4 处后，夹紧气缸伸出（用 HL2 得电模拟），碰到 SQ3 后夹紧物料；触摸屏上的"夹紧气缸运行指示灯"亮<br>8. 攻牙装置先以 4.0mm/s 的速度正转运行；触摸屏上的"夹紧气缸运行指示灯、正转运行指示灯"亮，"运行速度"为"4.0"mm/s | |
| 调试指令 | 攻牙装置运行到位前，闭合触摸屏上的"故障模拟开关"（模拟攻牙装置运行过程中遇到机械卡死等机械故障） | |
| 运行现象 | 故障报警灯 HL3 以 1Hz 的频率闪烁；触摸屏上的"故障报警指示灯"亮，"运行速度"为"0.0"mm/s | |
| 调试指令 | 断开触摸屏上的"故障模拟开关"（模拟故障已排除），按下触摸屏上的"复位按钮" | |
| 运行现象 | 故障报警灯 HL3 灭，触摸屏上的"故障报警指示灯"灭，攻牙装置以 8.0mm/s 的速度反转回到原点 SQ1 处，夹紧气缸缩回到原位 SQ2 处；反转运行时触摸屏上的"反转运行指示灯"亮、"运行速度"为"-8.0"mm/s，回到 SQ1 处后"反转运行指示灯"灭、"运行速度"为"0.0"mm/s | |
| 记录调试过程中存在的问题和解决方案 | | |

# 项目验收

为检验学习成效，可要求在限定时间内实施项目，再按表 9-15 对项目的安装、接线、编程及安全文明生产情况进行整体评分。

表 9-15　项目验收评分表

| 序号 | 内容 | 评分标准 | 配分 | 得分 |
|---|---|---|---|---|
| 1 | I/O 分配 | 输入/输出地址遗漏或错误扣 1 分/处 | 10 | |
| 2 | 绘制外部接线图 | 1. 未使用工具画图，扣 0.5 分<br>2. 电路图元件符号不规范，不符合要求扣 0.5 分/处 | 10 | |
| 3 | 安装与接线 | 参考项目二 | 20 | |
| 4 | 编程及调试 | 本部分内容由考核教师依据课程资源内的考核要求或自行制订考核标准 | 50 | |
| 5 | 安全文明生产 | 参考项目二 | 10 | |
| | | 合计总分 | 100 | |
| 考核教师 | | | 考核时间 | 年　月　日 |

## 系统故障

在工业现场，伺服电动机通信控制系统经常会出现表 9-16 所示故障，请根据所学知识，在已调试成功的系统中模拟下述故障，从而探究分析故障原因，并提出排除方法。记录在实施过程中出现的系统故障，并在表 9-16 中记录故障原因及排除方法。

表 9-16　系统故障调试记录表

| 序号 | 设备故障 | 故障原因及排除方法 |
|---|---|---|
| 1 | PLC 与伺服驱动器无法通信 | |
| 2 | 伺服驱动器无显示 | |
| 3 | 伺服驱动器显示 AL-09 报警信息 | |
| 4 | 伺服驱动器显示 AL-014 报警信息 | |
| 5 | 伺服驱动器显示 AL-015 报警信息 | |

## 想一想

Modbus 通信既可写入参数也可读取参数，上述项目中通过 Modbus 通信对 41039 地址内的值进行写入从而实现对 P4-07 参数的写入控制，现要求通过 Modbus 通信方式读取伺服驱动器的控制模式、通信传输速率、通信协议的数据格式，并显示在触摸屏上，请根据上述所学内容，查看相关手册，探索完成并实现上述要求。

## 项目拓展

**伺服电机 485 通信控制系统参考程序**

# 项目十

# S7 网络控制系统设计
## ——智能抓棉分拣机控制系统通信测试模块安装与调试

### 项目目标

➤【知识目标】

1. 了解各种工业现场常用通信方式。
2. 掌握西门子 PLC 的 S7 通信方式组态联网方法。
3. 掌握 MCGS 界面设计以及各类脚本编程方法。

➤【能力目标】

1. 能根据工艺要求设计智能抓棉分拣机控制系统通信测试模式模块的硬件电路。
2. 能根据工艺要求连接智能抓棉分拣机控制系统通信测试模式模块的硬件电路。
3. 能根据工艺要求绘制智能抓棉分拣机控制系统通信测试模式模块的工艺流程图。
4. 能根据工艺要求编写智能抓棉分拣机控制系统通信测试模式模块的 PLC 和触摸屏程序。
5. 能根据工艺要求完成智能抓棉分拣机控制系统的通信测试模式模块的调试和优化。

➤【素质目标】

培养学生不断探究和求索的科学精神。

### 项目引入

触摸屏进入通信测试界面后，HL1 以闪烁 3 次停 3s 的周期运行（闪烁频率为 2Hz）。此模式下可检测触摸屏与三台 PLC 之间及三台 PLC 之间的通

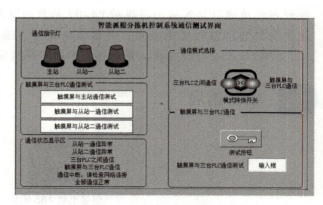

图 10-1 通信测试界面设计

信情况，如图10-1所示。

当三台PLC上电后处于运行状态且系统网络连接正常时，触摸屏中对应的通信指示灯以1Hz的频率闪烁，若从站一或从站二PLC网络断开，则对应通信指示灯熄灭，"通信状态显示区"显示"从站一通信异常"或"从站二通信异常"（显示文字以1Hz的频率闪烁）。若触摸屏连接主站PLC网络断开，则主站、从站一和从站二对应的三个通信指示灯全部熄灭，"通信状态显示区"显示"通信中断，请检查网络连接"（显示文字以1Hz的频率闪烁）。

此外，每一台PLC需自由分配一个输出点，作为通信测试灯。分两种情况进行测试，由触摸屏中的"模式转换开关"来切换，当开关拨至左端时表示三台PLC之间的通信测试模式，当开关拨至右端时表示触摸屏与三台PLC之间的通信测试模式。在触摸屏中的"通信状态显示区"显示"三台PLC之间通信"或"触摸屏与三台PLC通信"字样，要求与实际操作相符。

### 1. 三台PLC之间的通信测试

按下按钮SB1，从站一PLC输出点的通信测试灯以2Hz的频率闪烁，闪烁3s后变为常亮；再按下SB1，从站一PLC输出点的通信测试灯由常亮变为以1Hz的频率闪烁，从站二PLC输出点的通信测试灯以1Hz的频率闪烁，从站一和从站二闪烁3s后变为常亮；再按下SB1，从站一、从站二PLC输出点的通信测试灯均熄灭，第一种通信测试完成。当触摸屏中的模式选择开关不在左端位置时，此模式操作无效，若需重新测试该模式，可将模式转换开关拨至右端再拨至左端后重新开始测试。

### 2. 触摸屏与三台PLC之间的通信测试

将触摸屏中的模式选择开关拨至右端位置时（"触摸屏与主站通信测试""触摸屏与从站一通信测试"和"触摸屏与从站二通信测试"的初始化文本框为白色），进行触摸屏与三台PLC之间的通信测试，测试过程如下：

1）触摸屏与主站PLC通信测试：在"触摸屏与三台PLC通信测试"输入框中输入"AA"，按下触摸屏中的"测试按钮"，主站PLC通信测试灯常亮，触摸屏上的"触摸屏与主站通信测试"的文本框背景色变为绿、红两色以1Hz的频率交替闪烁；再次按下触摸屏中的"测试按钮"，主站PLC通信测试灯熄灭，触摸屏上的"触摸屏与主站通信测试"的文本框背景色恢复为白色。

2）触摸屏与从站一PLC通信测试：在"触摸屏与三台PLC通信测试"输入框中输入"BB"，按下触摸屏中的"测试按钮"，从站一PLC通信测试灯常亮，触摸屏上的"触摸屏与从站一通信测试"的文本框背景色变为绿、红两色以1Hz的频率交替闪烁；再次按下触摸屏中的"测试按钮"，从站一PLC通信测试灯熄灭，触摸屏上的"触摸屏与从站一通信测试"的文本框背景色恢复为白色。

3）触摸屏与从站二PLC通信测试：在"触摸屏与三台PLC通信测试"输入框中输入"CC"，按下触摸屏中的"测试按钮"，从站二PLC通信测试灯常亮，触摸屏上的"触摸屏与从站二通信测试"的文本框背景色变为绿、红两色以1Hz的频率交替闪烁；再次按下触摸屏中的"测试按钮"，从站二PLC通信测试灯熄灭，触摸屏上的"触摸屏与从站二通信测试"的文本框背景色恢复为白色。当触摸屏中的"模式转换开关"不在右端位置，此模式操作无效，若需重新测试该模式，可将模式转换开关拨至左端再拨至右端后重新开始测试。两种模式测试完成后，触摸屏显示"全部通信正常"，完成通信测试，模式指示灯HL1常亮。

知识准备

## 一、认识西门子工业以太网

工业以太网通常是指应用于工业控制领域的以太网技术，在技术上与普通以太网技术相兼容，但对具体产品和应用都有不同要求。由于产品要在工业现场使用，因此对产品的材料、强度、适用性、可互操作性、可靠性、抗干扰性等有较高要求；而且工业以太网是面向工业生产控制的，对数据的实时性、确定性、可靠性等有极高的要求。

S7-1500 PLC 的各系列 CPU 具有集成的以太网接口（最多有三个，X1、X2、X3），SIMATIC S7-1500 PLC 以太网接口支持的通信服务有实时通信和非实时通信，不同接口支持的通信服务见表 10-1。

表 10-1 SIMATIC S7-1500 PLC 系统以太网接口支持的通信服务

| 接口类型 | 实时通信 | | 非实时通信 | | |
| --- | --- | --- | --- | --- | --- |
| | PROFINETIO 控制器 | I-Device | OUC 通信 | S7 通信 | Web 服务器 |
| CPU 集成的接口 X1* | √ | √ | √ | √ | √ |
| CPU 集成的接口 X2* | × | × | √ | √ | √ |
| CPU 集成的接口 X3* | √ | √ | √ | √ | √ |
| CM1542-1 | √ | × | √ | √ | √ |
| CP1543-1 | × | × | √ | √ | √ |

SIMATIC S7-1500 PLC 之间的非实时通信有两种：开放式用户通信（Open User Communication，OUC）服务和 S7 通信服务，实时通信只有 PROFINET I/O。SIMATIC S7-1500 PLC 系列以太网支持 OUC 连接的类型见表 10-2。

表 10-2 SIMATIC S7-1500 PLC 系列以太网支持 OUC 连接的类型

| 接口类型 | 连接类型 | | | |
| --- | --- | --- | --- | --- |
| | ISO | ISO-on-TCP | TCP/IP | UDP |
| CPU 集成的接口 X1* | × | √ | √ | √ |
| CPU 集成的接口 X2* | × | √ | √ | √ |
| CPU 集成的接口 X3* | × | √ | √ | √ |
| CM1542-1 | × | √ | √ | √ |
| CP1543-1 | √ | √ | √ | √ |

OUC（与 SIMATIC S7-300/400 的 S5 兼容通信相同）服务适用 SIMATIC S7-1500/300/400 PLC 之间的通信、S7 PLC 与 S5 PLC 间的通信，以及 PLC 与 PC 或与第三方设备之间的通信。OUC 有如下连接类型：

（1）ISO

该连接支持第四层（ISO 传输）开放的数据通信，主要用于 SIMATIC S7-1500/300/400 PLC 与 SIMATIC S5 PLC 的工业以太网通信。S7 PLC 间的通信也可以使用 ISO（国际标准化组织）通信方式。ISO 通信使用 MAC（介质访问控制）地址，不支持网络路由。一些新的通信处理器不再支持该通信服务，SIMATIC S7-1500 PLC 系统中只有 CP1543-1 支持 ISO 通信方式。ISO 通信基于面向消息的数据传输，发送的长度可以是动态的，但是接收区必须大于发送区。

（2）ISO-on-TCP

ISO 不支持以太网路由，因而西门子在应用时需应用 RFC1006 协议将 ISO 映射到 TCP 上，实现网络路由。西门子 PLC 间的通信建议使用 ISO-on-TCP 通信方式。

（3）TCP/IP

该连接支持 TCP/IP 开放的数据通信，主要应用于连接 SIMATIC S7 PLC、PC 以及非西门子设备。PC 可以通过 VB、VC SOCKET 控件直接读写 PLC 数据。TCP/IP 采用面向数据流的数据传送，发送的长度最好是固定的。如果长度发生变化，在接收区需要判断数据流的开始和结束位置，比较烦琐，并且需要考虑到发送和接收的时序问题。所以，在西门子 PLC 间进行通信时，不建议采用 TCP/IP 通信方式。

（4）UDP

该连接属于第四层协议，支持简单数据传输，数据无须确认，与 TCP/IP 通信相比，UDP（用户数据报协议）没有连接。

## 二、S7 通信

S7 通信特别适用于 SIMATIC S7-1500/1200/300/400 PLC 与触摸屏、计算机和编程器之间的通信，也适合 SIMATIC S7-1500/1200/300/400 PLC 之间的通信。早先 S7 通信主要是 SIMATIC S7-400 PLC 间的通信，由于通信连接资源的限制，推荐使用 S5 兼容通信，也就是现在的 OUC。随着通信资源的大幅增加和 PN 接口的支持，S7 通信在 SIMATIC S7-1500/1200/300/400 PLC 之间的应用越来越广泛。SIMATIC S7-1500 PLC 所有以太网接口都支持 S7 通信。S7 通信使用 ISO/OSI 网络模型的第七层通信协议，可以直接在用户程序中发送和接收状态信息。

SIMATIC S7-1500 PLC 的 S7 通信有三组通信函数，分别是 PUT/GET、USEND/URCV 和 BSEND/BRCV，具体说明如下：

1）PUT/GET：用于单方编程的通信方式，一台 PLC 作为服务器，另一台 PLC 作为客户端，仅需在客户端单边组态连接和编程，客户端可对服务器进行读写操作，而服务器只需准备好通信的数据就行。

2）USEND/URCV：用于双方编程的通信方式，通信方式为异步方式，一方发送数据，另一方接收数据。

3）BSEND/BRCV：用于双方编程的通信方式，一方发送数据，另一方接收数据。通信方式为同步方式，发送方将数据发送到通信方的接收缓存区，通信方调用接收函数，并将数据复制至已经组态的接收区内才认为发送成功。相当于发送邮件，接收方必须读了该邮件才作为发送成功的条件。使用 BSEND/BRCV 可以进行大数据量通信，最大可以达到 64KB。

通信函数组 PUT/GET 和 USEND/URCV 带有 4 对数据接收区 RD_1～4 和发送区 SD-1～4，用于发送和接收使用不同的地址区。其中通信函数组 PUT/GET 还带有参数 ADDR_1～4，用于指向通信方的地址区，这些通信区按序号一一对应并且长度必须匹配。通信函数组 BSEND/BRCV 只有 1 对数据接收区 RD_1 和发送区 SD_1。通信量的大小与所使用的通信函数和 CPU 的类型有关，具体数据见表 10-3。

表 10-3　S7 通信函数与通信的数据量

| 本方 CPU | 对方 CPU | 通信函数 | 参数 SD_iRD_iADDR_i（1≥i≥4）字节 | | | |
|---|---|---|---|---|---|---|
| | | | 1 | 2 | 3 | 4 |
| STMATIC S7–1500 | STMATIC S7–1200 | PUT | 212 | 196 | 180 | 164 |
| | | GET | 222 | 218 | 214 | 210 |
| | STMATIC S7–1500 | PUT | 932 | 916 | 900 | 884 |
| | | GET | 942 | 938 | 934 | 930 |
| | | USEND/URCV | 932 | 928 | 924 | 920 |
| | | BSEND/BRCV | 65534（标准 DB） | | | |
| | | | 65535（优化 DB） | | | |

### 1. "PUT" 指令

"PUT" 指令可将数据写入远程伙伴 CPU，将本地 CPU 的 SD_n 指针区域的数据写入远程伙伴 CPU 的 ADDR_n 指针区域，图 10-2 所示程序可将本地 CPU 从 M500.0 开始的 100 个 Byte 地址的数据读出，写入远程伙伴 CPU 从 M500.0 开始的 100 个 Byte 地址，指令参数见表 10-4。远程伙伴 CPU 可以处于 RUN 模式或 STOP 模式，且不论远程伙伴 CPU 处于何种模式，S7 通信都可以正常运行。

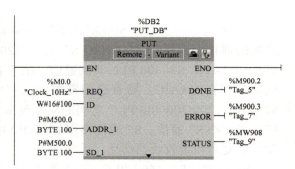

图 10-2　"PUT" 指令

表 10-4　"PUT" 指令的参数说明

| 引脚参数 | 数据类型 | 说明 |
|---|---|---|
| REQ | Bool | 在上升沿时执行该指令 |
| ID | Word | 用于指定与远程伙伴 CPU 连接的寻址参数 |
| DONE | Bool | 完成位，如果上一个请求无错完成，那么 DONE 位将变为 TRUE 并保持一个周期 |
| ERROR | Bool | 如果上一个请求有错完成，那么 ERROR 位将变为 TRUE 并保持一个周期 |
| STATUS | Word | 错误代码 |
| ADDR_1 | REMOTE | 指向远程伙伴 CPU 中用于写入数据区域的指针<br>指针 REMOTE 访问某个数据块时，必须始终指定该数据块<br>示例：PADB10.DBX5.0 字节 10 |
| ADDR_2 | REMOTE | |
| ADDR_3 | REMOTE | |
| ADDR_4 | REMOTE | |

## 项目十 S7网络控制系统设计——智能抓棉分拣机控制系统通信测试模块安装与调试

（续）

| 引脚参数 | 数据类型 | 说明 |
| --- | --- | --- |
| SD_1 | VARIANT | |
| SD_2 | VARIANT | 指向本地 CPU 中包含要发送数据区域的指针 |
| SD_3 | VARIANT | |
| SD_4 | VARIANT | |

### 2. "GET" 指令

"GET" 指令可从远程伙伴 CPU 读取数据，将远程伙伴 CPU 的 ADDR_n 指针区域的数据读出并储存至本地 CPU 的 RD_n 指针区域，图 10-3 所示程序可将远程伙伴 CPU 从 M600.0 开始的 100 个 Byte 地址的数据读出，储存至本地 CPU 从 M600.0 开始的 100 个 Byte 地址，指令参数见表 10-5。远程伙伴 CPU 可以处于 RUN 模式或 STOP 模式，且不论远程伙伴 CPU 处于何种模式，S7 通信都可以正常运行。

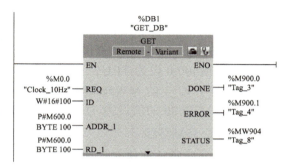

图 10-3 "GET" 指令

表 10-5 "GET" 指令的参数说明

| 引脚参数 | 数据类型 | 说明 |
| --- | --- | --- |
| REQ | Bool | 在上升沿时执行该指令 |
| ID | Word | 用于指定与远程伙伴 CPU 连接的寻址参数 |
| NOR | Bool | 0：作业尚未开始或仍在运行；1：作业已成功完成 |
| ERROR | Bool | 如果上一个请求有错完成，那么 ERROR 位将变为 TRUE 并保持一个周期 |
| STATUS | Word | 错误代码 |
| ADDR_1 | REMOTE | |
| ADDR_2 | REMOTE | 指向远程伙伴 CPU 中用于写入数据区域的指针；指针 REMOTE 访问某个数据块时，必须始终指定该数据块 |
| ADDR_3 | REMOTE | |
| ADDR_4 | REMOTE | |
| RD_1 | VARIANT | |
| RD_2 | VARIANT | 指向本地 CPU 中用于输入已读数据区域的指针 |
| RD_3 | VARIANT | |
| RD_4 | VARIANT | |

❖ 注意：

1）指令上使用的数据读写区域需要使用指针的方式进行给定，对应使用的数据块需要使用非优化访问的块。

2）使用时需要确保参数 ADDR 与 SD/RD 定义的数据区域在数量、长度和数据类型方面都匹配。

3）PUT/GET 指令的最大可传送数据长度为 212/222 字节，通信数据区域数量的增加并不能增加通信数据长度，反之增大通信的数据区域量，通信最大的数据长度会减少。

### 三、S7 通信组态设置及应用

系统设有三台 PLC，其中一台为 S7-1500，另外两台为 S7-1200，现要求三台 PLC 进行通信，其中 S7-1500 为 PLC_1，两台 S7-1200 系列 PLC 分别为 PLC_2 和 PLC_3，具体控制要求如下：

项目十 三台 PLC 的 S7 通信组态及通信测试

1）将 PLC_1 的 M300.0 设为 TRUE，传送至 PLC_2 的 M300.0；将 PLC_3 的 M400.0 设为 TRUE，传送至 PLC_1 的 M400.0。

2）将 PLC_1 的 MW500 设为 512，传送至 PLC_3 的 MW500；将 PLC_3 的 MW600 的值设为 513，传送至 PLC_1 的 MW600。

#### 1. PLC 外部接线

三台 PLC 的外部接线如图 10-4 所示，按该图完成 PLC 的外部电源接线及网线连接，检查无误后上电。

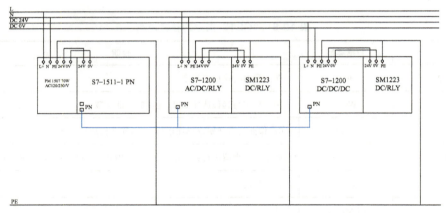

图 10-4 三台 PLC 的外部接线

#### 2. S7 通信组态设置

1）创建一个新的博途程序，单击项目视图中的"添加新设备"，在弹出的对话框中通过直接选择订货号或"非特定的 CPU"的方法，完成所有 PLC 的组态，如图 10-5 所示。

2）为防止 IP 地址冲突，各 PLC 以及编程计算机的 IP 地址应在同一网段且不同，如图 10-6～图 10-8 所示。

3）启用 PLC_1 的时钟存储器字节。需要注意的是，系统默认的时钟存储器字节的地址为 MB0，若 MB0 在启用前已被程序占用，将导致地址冲突，需修改时钟存储器字节的地址并重新编译程序，如图 10-9 所示。

## 项目十　S7网络控制系统设计——智能抓棉分拣机控制系统通信测试模块安装与调试

图 10-5　添加新设备

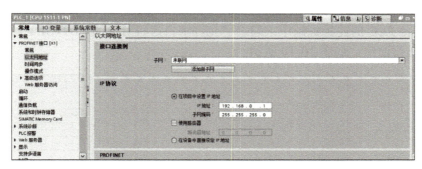

图 10-6　设置 PLC_1 的 IP 地址

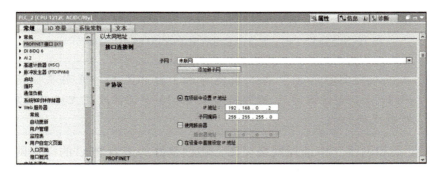

图 10-7　设置 PLC_2 的 IP 地址

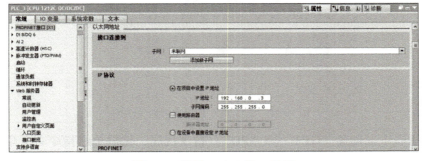

图 10-8　设置 PLC_3 的 IP 地址

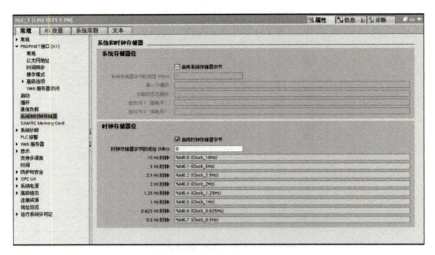

图 10-9　启用 PLC_1 的时钟存储器字节

4）在三台 PLC 的连接机制中，勾选"允许来自远程对象的 PUT/GET 通信访问"，允许主从站间进行通信，如图 10-10 所示。

图 10-10　PLC_1 的"允许来自远程对象的 PUT/GET 通信访问"

> ☑ 试一试：在完成项目任务后，每次取消勾选 1 台 PLC 的"允许来自远程对象的 PUT/GET 通信访问"，观察并在表 10-13 中记录改变上述参数后对系统运行效果的影响。

5）在"设备和网络"中选择网络视图，将创建好的三台 PLC 的以太网通信连接起来，完成通信组态，如图 10-11 所示。

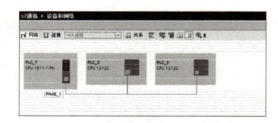

图 10-11　三台 PLC 的以太网通信连接

6）在 PLC_1 上创建"GET"和"PUT"指令程序，然后单击指令右上角图标开始组态，如图 10-12 所示。

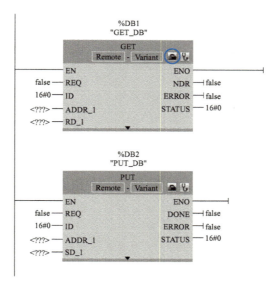

图 10-12 创建"PUT/GET"指令

7)在"组态"选项卡下"连接参数"选项组中的"伙伴"下拉列表框中选择相应的 PLC 为远程伙伴 CPU,系统将自动完成连接;此"PUT"指令实现与"PLC_2"的通信连接,因此选择的"伙伴"CPU 为 PLC_2,如图 10-13 所示。再用同样的方法完成"GET"指令的"连接参数"设置。

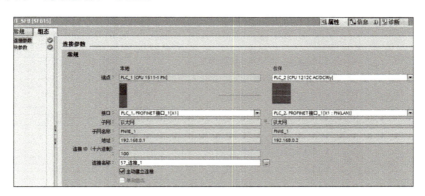

图 10-13 设置"连接参数"

8)将"块参数"选项组中的"启动请求"参数设为 10Hz,即以 10Hz 的频率与远程伙伴 CPU 进行数据交换;将写入区域和发送区域都设为 M300.0 开始的 100 个字节;将 ERROR 参数设为 M2.0,如主站与从站 1 通信错误,则 M2.0 将置位,如图 10-14 所示;再用同样的方法完成"GET"指令的"块参数"设置,读取区域和存储区域都设为 M400.0 开始的 100 个字节("PUT"指令已关联 ERROR 参数,"GET"指令可不再关联);组态完成结果如图 10-15 所示。

> ☑ 试一试:在完成后续案例调试后,将写入区域或发送区域设为 M400.0 开始的 100 个字节,其他所有参数不变,观察并在表 10-13 中记录改变上述参数后对系统运行效果的影响。

# 智能控制系统安装与调试

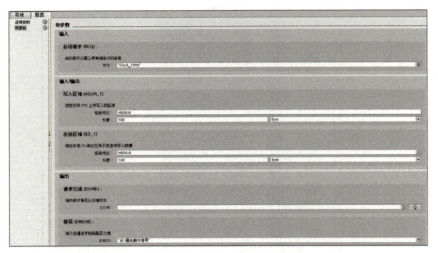

图 10-14　设置"块参数"

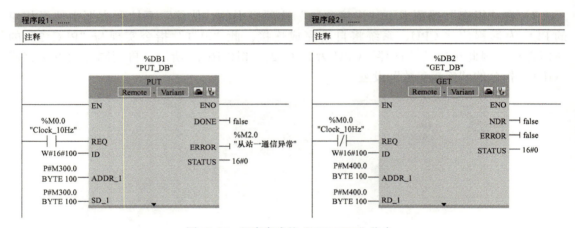

图 10-15　组态完成的"PUT/GET"指令

### 3. 程序编写

程序段 1：PLC_1 将从 M300.0 开始的 100 个字节写入 PLC_2 从 M300.0 开始的 100 个字节中，并且通过 ERROR 端的输出检测 PLC_1 与 PLC_2 站间通信是否正常，如图 10-16 所示。

程序段 2：PLC_1 读取 PLC_2 从 M400.0 开始的 100 个字节，储存到 PLC_1 从 M400.0 开始的 100 个字节，如图 10-17 所示。

程序段 3：PLC_1 将从 M500.0 开始的 100 个字节写入 PLC_2 从 M500.0 开始的 100 个字节中，并且通过 ERROR 端的输出检测 PLC_1 与 PLC_3 站间通信是否正常，如图 10-18 所示。

程序段 4：PLC_1 读取 PLC_3 从 600.0 开始的 100 个字节，储存到 PLC_1 从 M600.0 开始的 100 个字节，如图 10-19 所示。

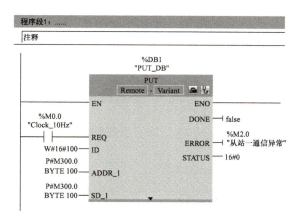

图 10-16　程序段 1

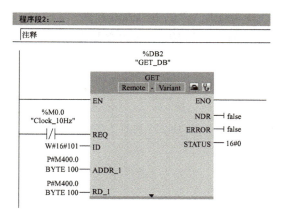

图 10-17　程序段 2

### 4. 系统调试

1）测试 PLC_1 控制从站功能。将 PLC_1 的 M300.0 设为"TRUE"，MW500 的值改为"512"，如图 10-20 所示；监视 PLC_2 变量，M300.0 的状态变为"TRUE"，如图 10-21 所示；监视 PLC_3 变量，MW500 的值变为"512"，如图 10-22 所示。再将 PLC_1 的 M300.0 设为"FALSE"，MW500 的值改为"0"，监视 PLC_2 变量，M300.0 的状态变为"FALSE"；监视 PLC_3 变量，MW500 的值变为"0"。

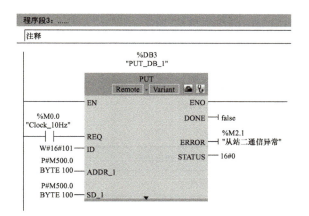

图 10-18　程序段 3

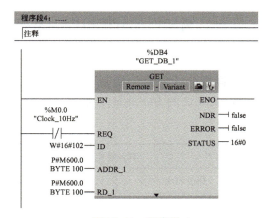

图 10-19　程序段 4

图 10-20　PLC_1 监视效果

图 10-21　PLC_2 监视效果

图 10-22　PLC_3 监视效果

2）测试从站控制 PLC_1 功能。将 PLC_2 的 M400.0 设为"TRUE",如图 10-23 所示;将 PLC_3 的 MW600 改为"513",如图 10-24 所示;监视主站变量,MW600 的值变为"513",M400.0 的状态变为"TRUE",如图 10-25 所示。

图 10-23　PLC_2 监视效果　　　　　　　　图 10-24　PLC_3 监视效果

图 10-25　主站监视效果

> ☑ 试一试:在完成案例调试后,将两组"PUT"指令设为共用同一组 DB,观察并在表 10-13 中记录改变上述参数后对系统运行效果的影响。

##  项目实施

### 一、智能抓棉分拣机控制系统通信测试模块的硬件设计

#### 1. 各 PLC 的 I/O 地址分配

详细分析项目的控制要求,根据"满足功能、留有裕量"的原则,完成 PLC 的选型,并对各 PLC 的 I/O 地址功能进行分配,具体见表 10-6～表 10-8。

表 10-6　主站 PLC 的 I/O 地址分配

| 输入信号 | | 输出信号 | |
|---|---|---|---|
| 按钮 SB1 | I0.0 | 主站通信测试点 | Q0.7 |

表 10-7　从站一 PLC 的 I/O 地址分配

| 输入信号 | | 输出信号 | |
|---|---|---|---|
| | | 从站一通信测试点 | Q0.5 |

表 10-8　从站二 PLC 的 I/O 地址分配表

| 输入信号 | | 输出信号 | |
|---|---|---|---|
| | | 指示灯 HL1 | Q0.1 |
| | | 从站二通信测试点 | Q8.1 |

## 2. 电路图设计

根据项目要求，运用软件设计电路原理图，原理图需包含以下内容：
1）主电路原理图。
2）配电系统原理图。
3）控制电路（伺服驱动器、步进电动机、变频器）原理图。
4）PLC 控制部分电路原理图。

## 二、智能抓棉分拣机控制系统通信测试模块的软件设计

### 1. 智能抓棉分拣机控制系统通信测试模块的组态设计

根据项目要求，参考图 10-1 完成通信测试模式界面设计；参考图 10-26 在"循环脚本"中完成程序编写，主要用于触摸屏显示通信状态等信息；并根据项目要求完成 PLC 与 MCGS 间的关联地址分配和设置，具体见表 10-9。

图 10-26　MCGS 通信循环脚本程序

表 10-9　PLC 与 MCGS 间的关联地址分配和设置

| 输入信号 | | | 输出信号 | | |
|---|---|---|---|---|---|
| 功能 | MCGS | PLC | 功能 | MCGS | PLC |
| 模式选择开关 | M103 | M100.3 | 主站通信指示灯 | M100 | M100.0 |
| 测试按钮 | M104 | M100.4 | 从站一通信指示灯 | M101 | M100.1 |
| 触摸屏与三台 PLC 通信测试 | MW206 | MW206 | 从站二通信指示灯 | M102 | M100.2 |
| | | | 全部通信正常 | M105 | M100.5 |
| | | | "从站一通信异常"报警 | M106 | M100.6 |
| | | | "从站二通信异常"报警 | M107 | M100.7 |
| | | | "通信中断，请检查网络连接"报警 | M110 | M101.0 |
| | | | 通信模式界面 | M111 | M101.1 |
| | | | 触摸屏与主站通信测试 | MW200 | MW200 |
| | | | 触摸屏与从站一通信测试 | MW202 | MW202 |
| | | | 触摸屏与从站二通信测试 | MW204 | MW204 |

### 2. 智能抓棉分拣机控制系统通信测试模块的工艺流程图绘制

详细分析项目的控制要求，完成工艺流程图的绘制，如图 10-27、图 10-28 所示。

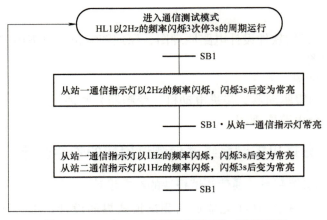

图 10-27　三台 PLC 之间通信测试的工艺流程图

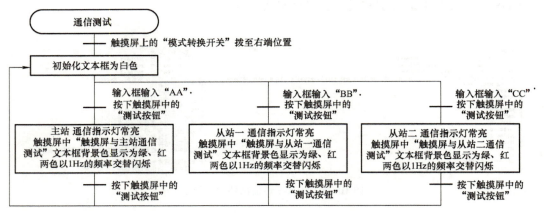

图 10-28　触摸屏与三台 PLC 通信测试的工艺流程图

**3. 智能抓棉分拣机控制系统通信测试模块的程序设计**

（1）主站程序

1）主程序（OB1）。

程序段 1～程序段 4：实现主站与从站一和从站二的通信功能，如图 10-29～图 10-32 所示。

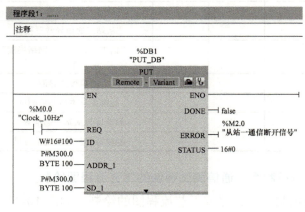

图 10-29　OB1 程序段 1

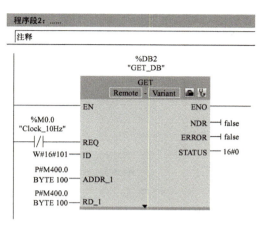

图 10-30　OB1 程序段 2

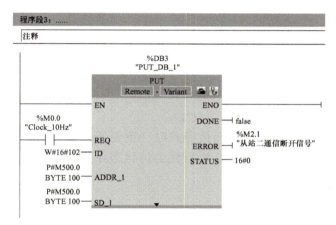

图 10-31　OB1 程序段 3

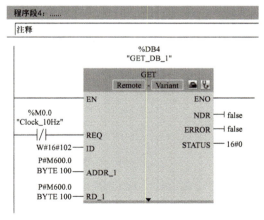

图 10-32　OB1 程序段 4

程序段5：进入不同模式时，启动相应的FC块，如图10-33所示。

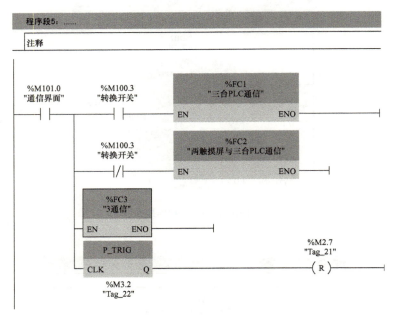

图 10-33　OB1 程序段 5

2）三台 PLC 之间通信测试程序（FC1）。

程序段 1：进入三台 PLC 之间通信模式时，重置所有运行状态标志位 M，防止 FC2 在某运行状态时切换至 FC1，因 FC2 运行标志位状态保持导致 FC1 程序混乱。清空触摸屏通信显示状态，如图 10-34 所示。

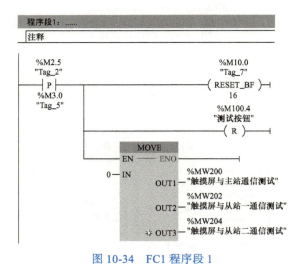

图 10-34　FC1 程序段 1

程序段 2、程序段 3：按下起动按钮 SB1，系统开始计时 3s，实现从站一通信测试点以 2Hz 的频率运行 3s 后常亮的功能，闪烁功能用比较指令实现，如图 10-35 和图 10-36 所示。

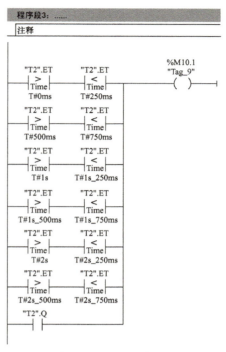

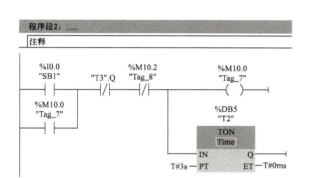

图 10-35　FC1 程序段 2

图 10-36　FC1 程序段 3

程序段 4、程序段 5：从站一通信测试点常亮后，再次按下起动按钮 SB1，系统开始计时 3s，实现从站一、从站二以 1Hz 的频率闪烁 3s 后常亮的功能，如图 10-37 和图 10-38 所示。

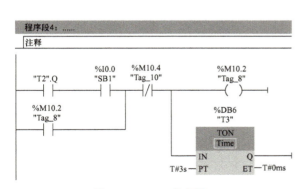

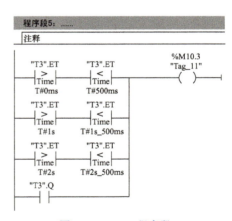

图 10-37　FC1 程序段 4

图 10-38　FC1 程序段 5

程序段 6：不同工作状态下从站通信测试点输出如图 10-39 所示。

程序段 7、程序段 8：从站一、从站二以 1Hz 的频率闪烁 3s 常亮后，按下 SB1，完成该模式调试，从站一和从站二通信测试点熄灭，将 M101.3 置位，标志着三台 PLC 之间通信调试完成，如图 10-40 所示。

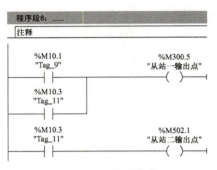

图 10-39　FC1 程序段 6

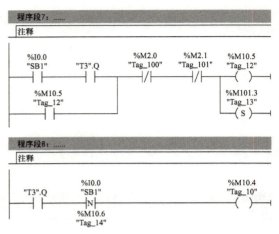

图 10-40　FC1 程序段 7 和程序段 8

3）触摸屏与三台 PLC 通信程序（FC2）。

程序段 1：进入触摸屏与三台 PLC 通信模式时，重置所有运行状态标志位 M，防止 FC1 在某运行状态时切换至 FC2，因 FC1 运行标志位状态保持导致 FC2 程序混乱，如图 10-41 所示。

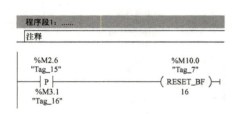

图 10-41　FC2 程序段 1

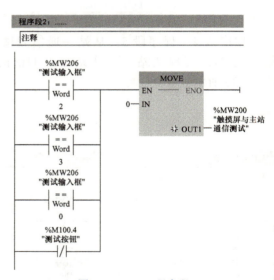

图 10-42　FC2 程序段 2

程序段 2：测试输入框输入"AA"以外的值以及按两次测试按钮，"触摸屏与主站通信测试"文本框背景色变为白色，如图 10-42 所示。

程序段 3：测试输入框输入"BB"以外的值以及按两次测试按钮，"触摸屏与从站一通信测试"文本框背景色变为白色，如图 10-43 所示。

程序段 4：测试输入框输入"CC"以外的值以及按两次测试按钮，"触摸屏与从站二通信测试"文本框背景色变为白色，如图 10-44 所示。

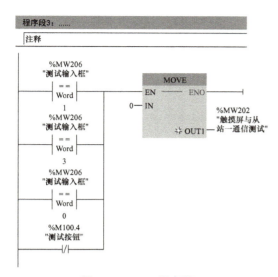

图 10-43　FC2 程序段 3

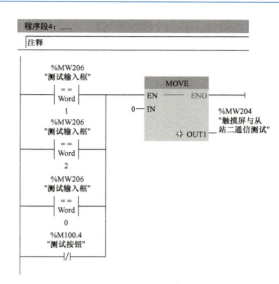

图 10-44　FC2 程序段 4

程序段 5：测试输入框输入"AA"，按下测试按钮，"触摸屏与主站通信测试"文本框背景色变为红、绿两色以 1Hz 的频率交替闪烁，主站通信测试点常亮，如图 10-45 所示。

程序段 6：测试输入框输入"BB"，按下测试按钮，"触摸屏与从站一通信测试"文本框背景色变为红、绿两色以 1Hz 的频率交替闪烁，从站一通信测试点常亮，如图 10-46 所示。

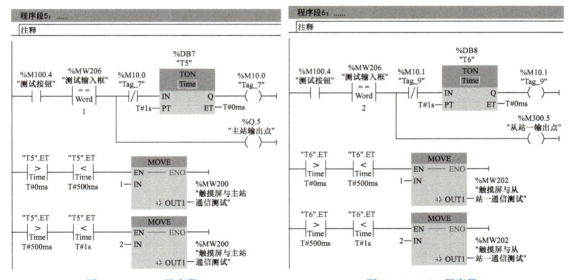

图 10-45　FC2 程序段 5　　　　　　　　图 10-46　FC2 程序段 6

程序段 7：测试输入框输入"CC"，按下测试按钮，"触摸屏与从站二通信测试"文本框背景色变为红、绿两色以 1Hz 的频率交替闪烁，从站二通信测试点常亮，如图 10-47 所示。

程序段 8：触摸屏与每一台 PLC 通信测试调试完成，分别置位 M10.3、M10.4 和 M10.5，M10.3、M10.4 和 M10.5 都置位后再将 M101.4 置位，标志着触摸屏与三台 PLC 通信，如图 10-48 所示。

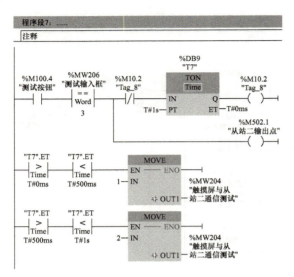

图 10-47　FC2 程序段 7

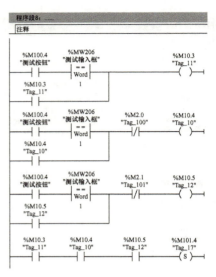

图 10-48　FC2 程序段 8

4）通信程序（FC3）。

程序段 1：进入通信测试模式界面，HL1 以 2Hz 的频率闪烁 3 次停 3s，如图 10-49 所示。

程序段 2：触摸屏主站、从站一、从站二通信指示灯以 1Hz 的频率闪烁，如果从站一通信中断，"从站一通信异常"显示文字以 1Hz 的频率闪烁，从站二通信中断同理，如图 10-50 所示。

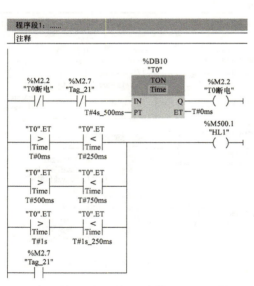

图 10-49　FC3 程序段 1

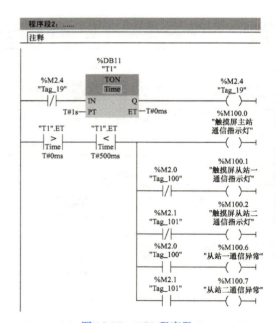

图 10-50　FC3 程序段 2

程序段 3：实现主站与触摸屏网络通信中断检测功能，如图 10-51 所示。

程序段 4：转换开关，重置各模式中的运行标志位 M（在 FC1 和 FC2 中体现），如图 10-52 所示。

程序段 5：两种模式全部调试完成后，触摸屏显示"全部通信正常"，如图 10-53 所示。

## 项目十　S7网络控制系统设计——智能抓棉分拣机控制系统通信测试模块安装与调试

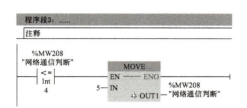

图 10-51　FC3 程序段 3

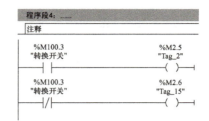

图 10-52　FC3 程序段 4

（2）从站一程序

程序段 1：将主站传送过来的 MW300 传送给 QW0，实现主站 M300.5 控制通信测试灯 Q0.5 的功能，如图 10-54 所示。

（3）从站二程序

程序段 1：将主站传送过来的 M500.1 传送给 Q0.0，实现主站 M500.1 控制 HL1 的功能。将主站传送过来的 M502.1 传送给 Q8.1，实现主站 M502.1 控制通信测试灯 Q0.0 的功能，如图 10-55 所示。

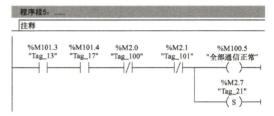

图 10-53　FC3 程序段 5

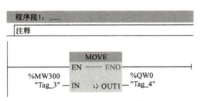

图 10-54　从站一程序段 1

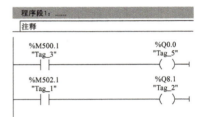

图 10-55　从站二程序段 1

### 三、智能抓棉分拣机控制系统通信测试模块的运行调试

#### 1. 系统单项功能调试

完成系统程序设计后，将程序下载到 PLC 和触摸屏。为确保运行安全，以及提高整体运行功能效率，在进行整体运行前，先对系统的各组成设备进行单项功能调试，确保所有设备运行正常。具体调试内容见表 10-10。

表 10-10　系统单项功能调试表

| 序号 | 调试内容 | 结果 |
| --- | --- | --- |
| 1 | 按钮、开关连接调试 |  |
| 2 | 灯连接调试 |  |
| 3 | 触摸屏通信调试 |  |
| 4 | 三台 PLC 间通信测试 |  |

#### 2. 系统整体运行功能调试

完成系统单项功能调试后，按表 10-11 中的顺序对系统进行整体调试。

❖ 注意：设备运行过程是连续的，如果在某一阶段无法按系统要求进行运行，需停止调试，待问题解决后再继续调试。

表 10-11　系统运行调试记录表

| 调试步骤及现象 | | 结果 |
|---|---|---|
| 调试指令 | 系统起动 | |
| 运行现象 | 1. 进入通信测试界面后，HL1 以 2Hz 的频率闪烁三次停止 3s 的周期循环运行<br>2. 界面中"主站、从站一和从站二"通信指示灯以 1Hz 的频率闪烁 | |
| 调试指令 | 将从站一 PLC（柜子正面）通信线拔掉 | |
| 运行现象 | 1. 触摸屏通信指示灯"从站一"熄灭<br>2. 触摸屏以 1Hz 的频率闪烁显示文本"从站一通信异常" | |
| 调试指令 | 将触摸屏与主站 PLC 连接的通信线拔掉 | |
| 运行现象 | 1. 触摸屏三个通信指示灯（主站、从站一和从站二）熄灭<br>2. 触摸屏以 1Hz 的频率闪烁显示文本"通信中断，请检查网络连接" | |
| 调试指令 | 1. 将所有的通信网线连接好<br>2. 将触摸屏中"模式转换开关"拨至左端<br>3. 按下 SB1 | |
| 运行现象 | 1. 触摸屏"通信状态显示区"应显示"三台 PLC 之间通信"<br>2. 从站一 PLC（柜子正面）输出点通信测试灯以 2Hz 的频率闪烁，闪烁 3s 后变为常亮 | |
| 调试指令 | 将触摸屏中"模式转换开关"拨至右端 | |
| 运行现象 | 1. 从站一 PLC（柜子正面）输出点通信测试灯熄灭<br>2. 触摸屏状态显示区应显示"触摸屏与三台 PLC 通信" | |
| 调试指令 | 1. 将触摸屏中"模式转换开关"拨至左端<br>2. 按下 SB1 | |
| 运行现象 | 从站一 PLC（柜子正面）输出点通信测试灯以 2Hz 的频率闪烁，闪烁 3s 后变为常亮 | |
| 调试指令 | 再次按下 SB1 | |
| 运行现象 | 从站一（柜子正面）、从站二（柜子背面）PLC 输出点的通信测试灯以 1Hz 的频率闪烁，闪烁 3s 后变为常亮 | |
| 调试指令 | 再次按下 SB1 | |
| 运行现象 | 从站一、从站二 PLC 输出点的通信测试灯熄灭 | |
| 调试指令 | 1. 将触摸屏中"模式转换开关"拨至右端<br>2. 在"触摸屏与三台 PLC 通信测试"输入框中输入"AA"<br>3. 按下触摸屏中的"测试按钮" | |
| 运行现象 | 1. 主站 PLC（柜子背面）通信测试灯常亮<br>2. 触摸屏上"触摸屏与主站通信测试"文本框背景色以绿色 0.5s、红色 0.5s 的周期循环显示 | |
| 调试指令 | 再次按下触摸屏中的"测试按钮" | |
| 运行现象 | 1. 主站 PLC（柜子背面）通信测试灯熄灭<br>2. 触摸屏上"触摸屏与主站通信测试"文本框背景色恢复为白色 | |
| 调试指令 | 1. 在"触摸屏与三台 PLC 通信测试"输入框中输入"CC"<br>2. 按下触摸屏中的"测试按钮" | |
| 运行现象 | 1. 从站二 PLC（柜子背面）通信测试灯常亮<br>2. 触摸屏上"触摸屏与从站二通信测试"文本框背景色以绿色 0.5s、红色 0.5s 的周期循环显示 | |
| 调试指令 | 再次按下触摸屏中的"测试按钮" | |
| 运行现象 | 1. 从站二 PLC（柜子背面）通信测试灯熄灭<br>2. 触摸屏上"触摸屏与从站二通信测试"文本框背景色恢复为白色 | |
| 结束 | 1. 两种通信模式调试完成后，触摸屏上显示"全部通信正常"<br>2. HL1 常亮 | |
| 记录调试过程中存在的问题和解决方案 | | |

项目十　S7网络控制系统设计——智能抓棉分拣机控制系统通信测试模块安装与调试

## 项目验收

为检验学习成效，要求在限定时间内实施项目，按表 10-12 对项目的安装、接线、编程及安全文明生产情况进行整体评分。

表 10-12　项目验收评分表

| 序号 | 内容 | 评分标准 | 配分 | 得分 |
| --- | --- | --- | --- | --- |
| 1 | I/O 分配 | 输入/输出地址遗漏或错误扣 1 分/处 | 10 | |
| 2 | 绘制外部接线图 | 1. 未使用工具画图，扣 0.5 分<br>2. 电路图元件符号不规范，不符合要求扣 0.5 分/处 | 10 | |
| 3 | 安装与接线 | 参考项目二 | 20 | |
| 4 | 编程及调试 | 本部分内容由考核教师依据课程资源内的考核要求或自行制订考核标准 | 50 | |
| 5 | 安全文明生产 | 参考项目二 | 10 | |
| | | 合计总分 | 100 | |
| 考核教师 | | | 考核时间 | 年　月　日 |

## 系统故障

在工业现场，通信控制系统经常会出现表 10-13 所示故障，请根据所学知识，在已调试成功的系统中模拟下述故障，从而探究分析故障原因，并提出排除方法。记录在实施过程中出现的系统故障，在表 10-13 中记录故障原因及排除方法。

表 10-13　系统故障调试记录表

| 序号 | 设备故障 | 故障原因及排除方法 |
| --- | --- | --- |
| 1 | 主站无法与触摸屏通信 | |
| 2 | 主站无法与从站一通信 | |
| 3 | 主站无法与从站二通信 | |
| 4 | 触摸屏与主站断开后，触摸屏保留主站发送的值 | |
| 5 | 主站与从站一断开后，从站一保留主站发送的值 | |
| 6 | 主站与从站二断开后，主站保留从站二发送的值 | |

## 想一想

如果实训室中没有 S7-1500 系列 PLC，只有三台 S7-1200 系列 PLC，那么是否可以实现上述通信测试功能，如果可以，请查阅相关手册，探索完成并实现上述要求。

将 S7-1200 的 DC/DC/DC 站设为主站，S7-1200 的 AC/DC/RLY 站和 S7-1500 站设为从站，实现本项目的通信测试功能。

# 项目十一

# 智能抓棉分拣机单机联网控制系统安装与调试

## 项目目标

> 【知识目标】

1. 熟悉根据工艺要求绘制工艺流程图的方法。
2. 掌握 PLC 的各类编程方法。
3. 掌握 MCGS 界面设计以及各类脚本编程方法。

> 【能力目标】

1. 能根据工艺要求设计智能抓棉分拣机控制系统的硬件电路。
2. 能根据工艺要求连接智能抓棉分拣机控制系统的硬件电路。
3. 能根据工艺要求绘制智能抓棉分拣机控制系统的工艺流程图。
4. 能根据工艺要求编写智能抓棉分拣机控制系统的 PLC 和触摸屏程序。
5. 能根据工艺要求完成智能抓棉分拣机控制系统的调试和优化。

> 【素质目标】

知道匠心筑梦的精神内涵,并能将其融入生产实践中,争当匠心筑梦的新时代工匠。

## 项目引入

### 一、系统组成

#### 1. 智能抓棉分拣机控制系统的组成

该系统由转塔、抓棉小车、输棉管道、转运带和货仓等部分组成,如图 11-1 所示。

#### 2. 智能抓棉分拣机控制系统的硬件组成

1)转塔的移动由电动机 M1 驱动,通过丝杠带动滑块来模拟转塔的左右移动(M1 为步进电动机,使用旋转编码器对转塔位置进行实时监测,丝杠的螺距为 4mm,步进电动机旋转一周需要 2000 个脉冲)。

项目十一 智能抓棉分拣机单机联网控制系统安装与调试

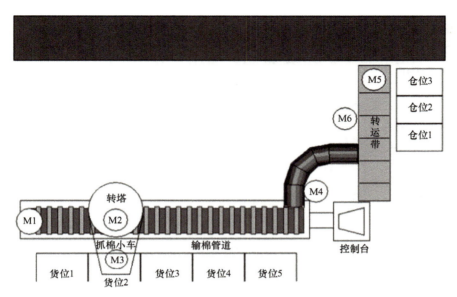

图 11-1 系统组成

2）抓棉臂的上下运行由电动机 M2 驱动（M2 为伺服电动机，螺距为 3mm）。

3）抓棉小车由电动机 M3 驱动（M3 为三相异步电动机，由变频器进行无级调速控制，加速时间为 0.5s，减速时间为 0.5s）。

4）抽棉风机由电动机 M4 驱动（M4 为双速电动机，需要考虑过载、联锁保护，低速时热继电器整定电流为 0.25A，高速时热继电器整定电流为 0.3A）。

5）转运带由电动机 M5 驱动（M5 为三相异步电动机，可实现正转运行）。

6）卸料装置由电动机 M6 驱动（M6 为三相异步电动机，可实现正转运行）。

上述 6 台电动机分配至不同 PLC，PLC、HMI 及 I/O 元件分配见表 11-1，电动机旋转以"顺时针旋转为正向，逆时针旋转为反向"为准。

表 11-1 PLC、HMI 及 I/O 元件分配

| 序号 | 输入信号 | 控制对象 | PLC |
| --- | --- | --- | --- |
| 1 | SB1～SB2 | HMI | CPU 1511 |
| 2 |  | M3、M4<br>M5、M6<br>HL1～HL3 | CPU 1212C<br>6ES7212-1BE40-0XB0 |
| 3 | SQ1～SQ4 | M1、M2 | CPU 1212C<br>6ES7212-1AE40-0XB0 |

## 二、智能抓棉分拣机单机联网控制系统的控制要求

系统上电，进入智能抓棉分拣机单机联网控制系统界面，用户可根据各电动机调试过程完成电动机调试，如图 11-2 所示。

## 智能控制系统安装与调试

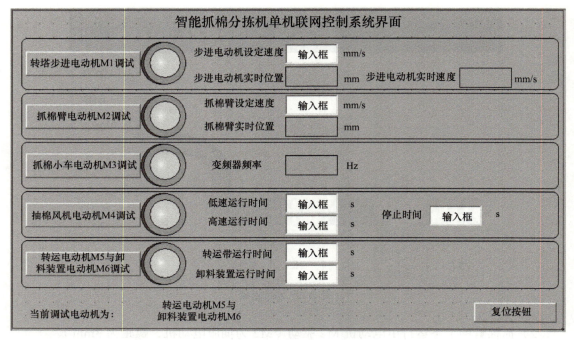

图 11-2　智能抓棉分拣机单机联网控制系统界面

### 1. 转塔步进电动机 M1 的控制要求

转塔安装在丝杠上，安装示意图如图 11-3 所示，其中 SQ3、SQ4 分别为转塔左右移动限位开关，SQ1、SQ2 分别为极限位开关。转塔开始调试前，滑块位于 SQ3 与 SQ4 之间，设置好速度（在触摸屏上的设定速度范围应在 4.0 ～ 12.0mm/s 之间，精确到小数点后一位）后，按下转塔复位按钮使转塔回到左侧原点位置 SQ3 处（此时触摸屏显示转塔位置为 0mm），按下起动按钮

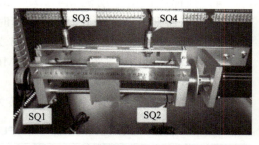

图 11-3　转塔步进电动机的安装示意图

SB1，转塔向右行驶 2cm 停止 2s，转塔继续向右运行，至 SQ4 处停止，等待 2s 后向左运行，转塔向左行驶 2cm 后停止，2s 后运行至 SQ3 处停止，整个调试过程结束。整个过程中按下停止按钮 SB2，转塔停止，再次按下 SB1，转塔从当前位置开始继续运行。转塔调试过程中，转塔移动时 HL1 以 1Hz 的频率闪烁，停止及调试结束时 HL1 熄灭。

电动机运行状态、转塔运行速度及距原点距离应在触摸屏相应位置显示（精度保留一位小数）。

### 2. 抓棉臂伺服电动机 M2 的控制要求

由触摸屏输入抓棉臂速度（速度范围应为 6.0 ～ 10.0mm/s，精确到小数点后一位，此调试过程不考虑减速比）。按下 SB1，抓棉臂正向运行 9mm，停止 2s，继续正向运行 12mm，停止 2s 后，反向运行 21mm，停止 3s 后，再正向运行 15mm，停止 3s 后，反向运行 12mm 后停止运行，抓棉臂调试结束。调试过程中，HL1 以 2Hz 的频率闪烁，调试结束后 HL1 熄灭。触摸屏上的指示灯显示电动机的运行状态，抓棉臂与原点距离应在触摸屏相应位置显示（精度保留一位小数）。

### 3. 抓棉小车电动机 M3 的控制要求

按下 SB1，抓棉小车以 15Hz 的频率运行 3s 后停止，再按下 SB1 以 30Hz 的频率运行 5s 后停止，再按下 SB1 以 45Hz 的频率运行 7s 后停止，抓棉小车运行过程中可随时按下 SB2 停止，再次按下 SB1 抓棉小车继续运行。抓棉小车调试过程中，HL2 以 1Hz 的频率闪烁，调试结束后 HL2 熄灭。触摸屏上的指示灯显示抓棉小车的运行状态和变频器的实时输出频率（精度保留一位小数，单位为 Hz）。

### 4. 抽棉风机电动机 M4 的控制要求

首先在触摸屏中分别设定抽棉风机低速、高速和停止时间后，按下 SB1，抽棉风机先低速运行，再高速运行，停止后又以低速运行起动，按此循环周期一直运行（低速、高速和停止时间分别在触摸屏中设定），直到按下 SB2 停止，抽棉风机调试结束。抽棉风机调试过程中，抽棉风机运行时 HL2 常亮，调试结束后 HL2 熄灭。触摸屏上的指示灯显示抽棉风机的运行状态。

### 5. 转运带电动机 M5 与卸料装置电动机 M6 的调试过程

在触摸屏中分别设定转运带和卸料装置运行时间后，按下起动按钮 SB1，转运带正转触摸屏对应设定时间后停止，卸料装置正转触摸屏对应设定时间后停止，停 2s 后，转运带和卸料装置同时正转运行，运行至触摸屏上设定的转运带和卸料装置的总运行时间后停止，停 2s 后转运带又开始运行，按此循环周期一直运行下去，直至按下 SB2 停止运行，调试结束。调试过程中，转运带处于运行状态时 HL3 常亮。触摸屏上的指示灯显示电动机的运行状态。

## 项目实施

### 一、智能抓棉分拣机单机联网控制系统的硬件设计

#### 1. 各 PLC 的 I/O 地址分配

详细分析项目的控制要求，根据"满足功能、留有裕量"的原则，完成 PLC 的选型，并对各 PLC 的 I/O 地址功能进行分配，具体见表 11-2～表 11-4。

表 11-2　主站 PLC 的 I/O 地址分配

| 输入信号 | | 输出信号 | |
| --- | --- | --- | --- |
| 起动按钮 SB1 | I0.0 | | |
| 停止按钮 SB2 | I0.1 | | |

表 11-3　从站一 PLC 的 I/O 地址分配

| 输入信号 | | 输出信号 | |
| --- | --- | --- | --- |
| 编码器 A 相 | I0.0 | 伺服脉冲口 | Q0.0 |
| 编码器 B 相 | I0.1 | 伺服方向口 | Q0.1 |

(续)

| 输入信号 | | 输出信号 | |
|---|---|---|---|
| 传感器 SQ3 | I0.2 | 步进脉冲口 | Q0.2 |
| 传感器 SQ4 | I0.3 | 步进方向口 | Q0.3 |
| 左限位 SQ1 | I0.4 | | |
| 右限位 SQ2 | I0.5 | | |

表 11-4　从站二 PLC 的 I/O 地址分配

| 输入信号 | | 输出信号 | |
|---|---|---|---|
| | | 指示灯 HL1 | Q0.0 |
| | | 指示灯 HL2 | Q0.1 |
| | | 指示灯 HL3 | Q0.2 |
| | | 双速电动机低速 | Q8.0 |
| | | 双速电动机高速 | Q8.1 |
| | | 转运带单正电动机 | Q8.2 |
| | | 卸料装置单正电动机 | Q8.3 |
| | | 变频器起动 | Q9.0 |
| | | 变频输出口 | AQ0 |

#### 2. 电路图设计

根据项目要求，结合前期所学项目，独立完成电路原理图的绘制。原理图需包含以下内容：

1）主电路原理图。
2）配电系统原理图。
3）控制电路（伺服驱动器、步进电动机、变频器）原理图。
4）PLC 控制部分电路原理图。

## 二、智能抓棉分拣机单机联网控制系统的软件设计

### 1. 智能抓棉分拣机单机联网控制系统的组态设计

根据项目要求，参考图 11-2 完成智能抓棉分拣机单机联网控制系统界面设计，并根据项目要求完成 PLC 与 MCGS 间的关联地址分配和设置，具体见表 11-5。

表 11-5　PLC 与 MCGS 间的关联地址分配和设置

| 输入信号 | | | 输出信号 | | |
|---|---|---|---|---|---|
| 功能 | MCGS | PLC | 功能 | MCGS | PLC |
| 复位按钮 | M120 | M102.0 | 手动界面标志 | M101 | M100.1 |
| 电动机选择 | MW110 | MW110 | 转塔步进电动机运行指示灯 | M110 | M101.0 |
| 步进电动机设定速度 | MD200 | MD200 | 抓棉臂电动机运行指示灯 | M111 | M101.1 |
| 抓棉臂设定速度 | MD208 | MD208 | 抓棉小车运行指示灯 | M112 | M101.2 |

（续）

| 输入信号 | | | 输出信号 | | |
| --- | --- | --- | --- | --- | --- |
| 功能 | MCGS | PLC | 功能 | MCGS | PLC |
| 低速运行时间 | MD220 | MD220 | 抽棉风机运行指示灯 | M113 | M101.3 |
| 高速运行时间 | MD224 | MD224 | 转运带与卸料装置运行指示灯 | M114 | M101.4 |
| 停止时间 | MD228 | MD228 | 步进电动机实时位置 | MD204 | MD204 |
| 转运带运行时间 | MD232 | MD232 | 步进电动机实时速度 | MD240 | MD240 |
| 卸料装置运行时间 | MD236 | MD236 | 抓棉臂实时速度 | MD212 | MD212 |
| | | | 变频器频率 | MD216 | MD216 |

**2. 智能抓棉分拣机单机联网控制系统的工艺流程图绘制**

详细分析项目的控制要求，完成工艺流程图的绘制，如图 11-4 所示。

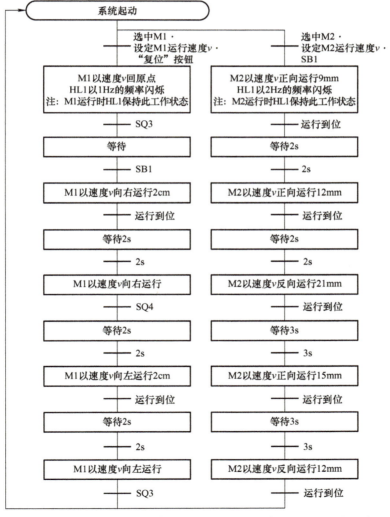

图 11-4　智能抓棉分拣机单机联网控制系统 M1 与 M2 的工艺流程图

智能控制系统安装与调试

> ☑ 试一试：图11-4所示为M1和M2的工艺流程图，请尝试完成M3、M4、M5和M6的工艺流程图。

### 3. 智能抓棉分拣机单机联网控制系统的程序设计

（1）主站（S7-1500站）程序

1）OB1程序。

程序段1：主站把从M300.0开始的100个字节存储到从站一从M300.0开始的100个字节中，从站一把从M400.0开始的100个字节存储到主站从M400.0开始的100个字节中，如图11-5所示。

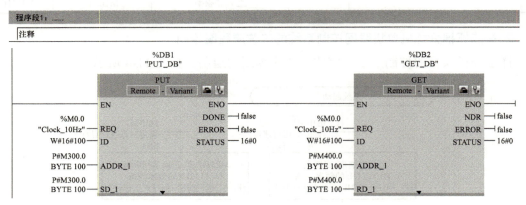

图11-5  OB1程序段1

程序段2：主站把从M500.0开始的100个字节存储到从站二从M500.0开始的100个字节中，从站二把从M600.0开始的100个字节存储到主站从M600.0开始的100个字节中，如图11-6所示。

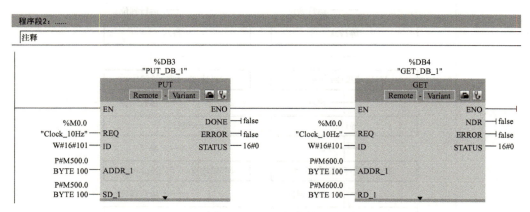

图11-6  OB1程序段2

程序段3：上电即启用FC1，该块主要处理灯等综合块程，如图11-7所示。

程序段4：进入智能抓棉分拣机单机联网控制系统界面，选择对应电动机按钮进行选择调试，如图11-8所示。

2）FC1程序。

程序段1：上电即通过通信使能从站一的伺服电动机和步进电动机，如图11-9所示。

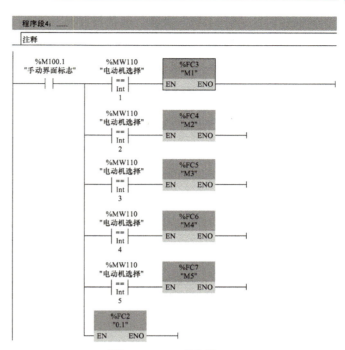

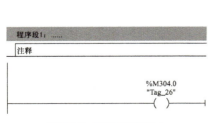

图 11-7　OB1 程序段 3　　　　　　　　图 11-8　OB1 程序段 4

程序段 2：在程序中会有多个步骤需运行伺服电动机，如果只用一个 M 位，会出现双线圈问题。本程序中用一个 MW 中的 16 个位控制伺服电动机，在第一次控制电动机运行时用 M44.0，第二次控制电动机运行时用 M44.1，第三次控制电动机运行时用 M44.2，以此类推，从而避免双线圈问题。只要有一个 M44.X 位得电，MW44 的值就必定大于 0，从而控制 M304.3 线圈得电，再通过通信控制从站一的"伺服"轴相对位移指令。后续项目都将采用 MW 方式编程，不再赘述，程序如图 11-10 所示。

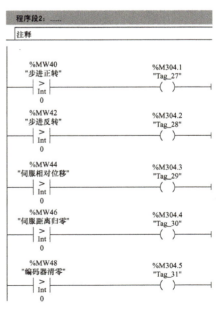

图 11-9　FC1 程序段 1　　　　　　　　图 11-10　FC1 程序段 2

程序段 3：用 MW 方式通过通信控制从站二的 Q 输出，如图 11-11 所示。

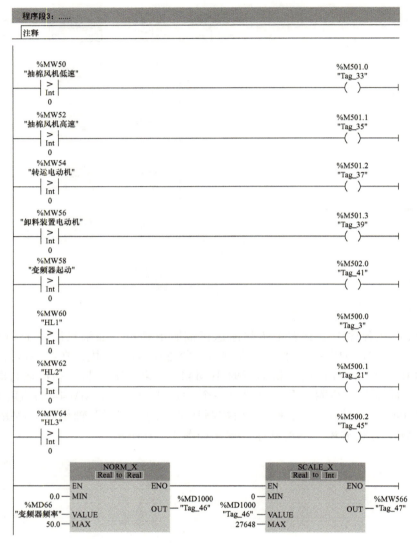

图 11-11　FC1 程序段 3

3）FC2 程序。

程序段 1、程序段 2：选择对应电动机时，复位从 M10.0 开始的 128 个状态，如图 11-12 和图 11-13 所示。

程序段 3：在选择抓棉臂时清除抓棉臂距离值，若未清除，触摸屏的显示将会累计上一次的调试结果，如图 11-14 所示。

4）FC3 程序。

程序段 1、程序段 2：转塔不在 SQ3 处时，按下触摸屏上的"复位按钮"，转塔返回原点，M42.0（MW42 的所有位）为控制 HL1 工作状态的标志位之一，如图 11-15 和图 11-16 所示。

图 11-12　FC2 程序段 1

图 11-13　FC2 程序段 2

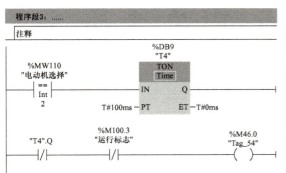

图 11-14　FC2 程序段 3

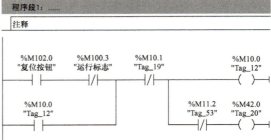

图 11-15　FC3 程序段 1

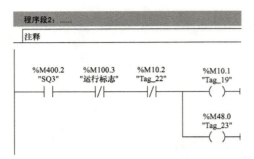

图 11-16　FC3 程序段 2

程序段 3：转塔在 SQ3 处后，按下 SB1，转塔向右运行，如图 11-17 所示。

程序段 4：转塔右移 2cm 后停止运行（运用编码器需要考虑提前量，停止时有惯性，会出现误差），如图 11-18 所示。

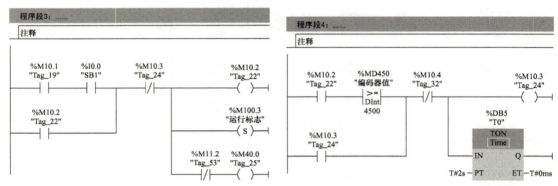

图 11-17　FC3 程序段 3　　　　　　　　图 11-18　FC3 程序段 4

程序段 5：转塔停止 2s 后继续向右运行，如图 11-19 所示。

程序段 6：转塔到达 SQ4 处时，停止运行 2s，并计算 SQ4 左侧 2cm 处的脉冲量，如图 11-20 所示。

程序段 7：停止 2s 后，转塔开始向左运行 2cm，如图 11-21 所示。

程序段 8：转塔向左移动 2cm 后，停止运行 2s，如图 11-22 所示。

程序段 9：停止运行 2s 后，转塔继续向左运行，如图 11-23 所示。

程序段 10：到达 SQ3 处时，转塔调试结束，如图 11-24 所示。

程序段 11：将触摸屏上设置的转塔速度传送给 PLC，将转塔的实时速度和实时位置传送给触摸屏，如图 11-25 所示。

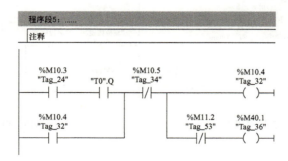

图 11-19　FC3 程序段 5

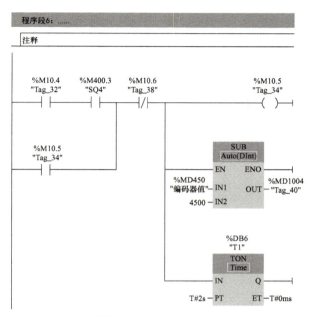

图 11-20　FC3 程序段 6

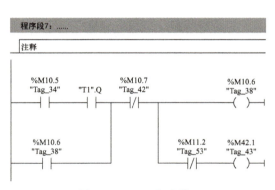

图 11-21　FC3 程序段 7

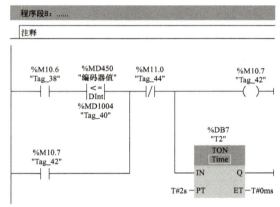

图 11-22　FC3 程序段 8

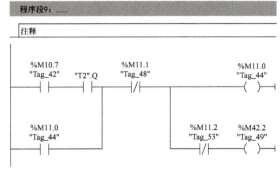

图 11-23　FC3 程序段 9

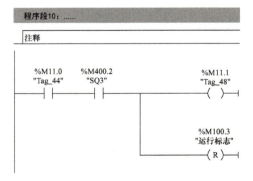

图 11-24　FC3 程序段 10

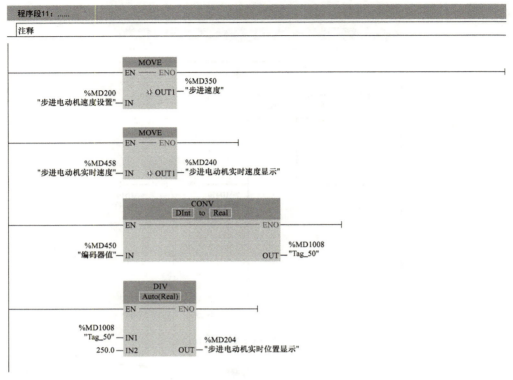

图 11-25　FC3 程序段 11

程序段 12：转塔运行时，指示灯 HL1 以 1Hz 的频率闪烁，同时触摸屏上的对应指示灯亮，停止运行时熄灭，如图 11-26 所示。

程序段 13：随时按下停止按钮 SB2，转塔停止运行，按下起动按钮 SB1 继续运行，如图 11-27 所示。

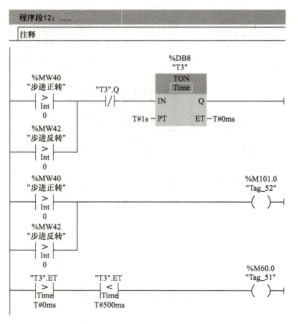

图 11-26　FC3 程序段 12

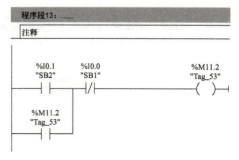

图 11-27　FC3 程序段 13

5）FC4 程序。

程序段 1：设定抓棉臂速度后，按下起动按钮 SB1，抓棉臂正转 3 圈，M44.0（MW44 的所有位）为控制抓棉臂工作状态的标志位之一；M100.3 为运行标志位，防止在系统运行时，再次按下起动按钮，使 M10.0 线圈得电，从而导致系统程序错乱，如图 11-28 所示。

程序段 2：正转 3 圈后，抓棉臂停止运行 2s，如图 11-29 所示。

图 11-28　FC4 程序段 1

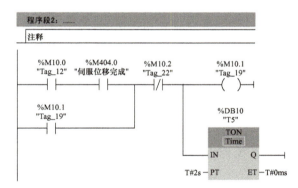

图 11-29　FC4 程序段 2

程序段 3：停止运行 2s 后，抓棉臂正转 4 圈，如图 11-30 所示。

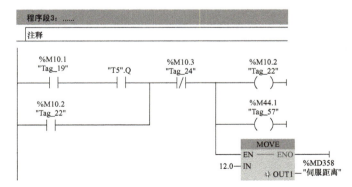

图 11-30　FC4 程序段 3

程序段4：正转4圈后，抓棉臂停止运行2s，如图11-31所示。

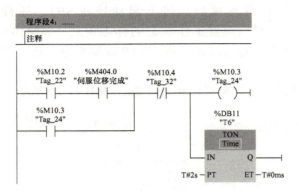

图11-31　FC4程序段4

程序段5：停止运行2s后，抓棉臂反转7圈，如图11-32所示。
程序段6：反转7圈后，抓棉臂停止运行3s，如图11-33所示。

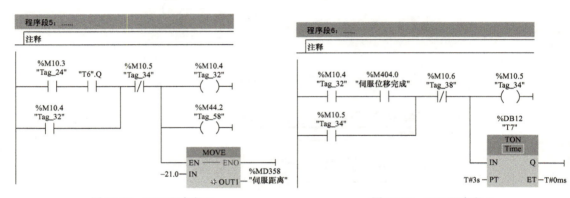

图11-32　FC4程序段5　　　　　　　图11-33　FC4程序段6

程序段7：停止运行3s后，抓棉臂正转5圈，如图11-34所示。
程序段8：正转5圈后，抓棉机停止运行3s，如图11-35所示。

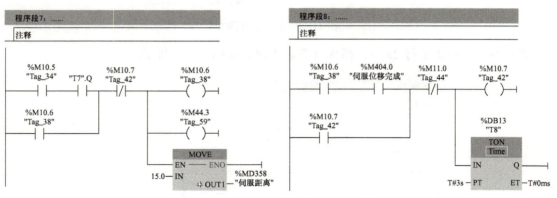

图11-34　FC4程序段7　　　　　　　图11-35　FC4程序段8

程序段9：停止运行3s后，抓棉臂反转4圈，如图11-36所示。
程序段10：反转4圈后，抓棉臂运行结束，复位运行标志位M100.3，如图11-37所示。

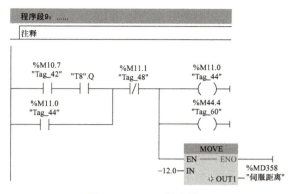

图 11-36　FC4 程序段 9

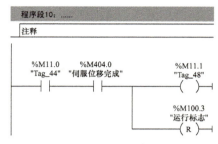

图 11-37　FC4 程序段 10

程序段 11：将触摸屏上设置的抓棉臂速度传送给 PLC，将抓棉臂的实时位置传送给触摸屏，抓棉臂运行时触摸屏上的运行指示灯亮，如图 11-38 所示。

程序段 12：电动机开始调试后，用比较指令完成 HL1 以 2Hz 的频率闪烁的功能，如图 11-39 所示。

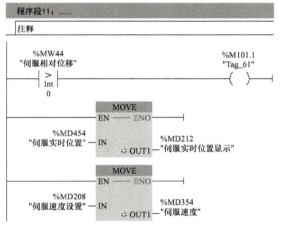

图 11-38　FC4 程序段 11

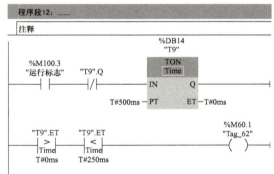

图 11-39　FC4 程序段 12

6）FC5 程序。

程序段 1：按下起动按钮 SB1，抓棉小车以 15Hz 的频率运行 3s 后停止，M58.0（MW58 的所有位）为控制抓棉小车工作状态的标志位之一；M100.3 为运行标志位，功能如前所述，M10.4 实现暂停功能，电动机调试过程需实现解除暂停后恢复此前状态，因此本程序用 TONR 指令实现定时功能，如图 11-40 所示。

程序段 2：停止运行 3s 后，再次按下起动按钮 SB1，抓棉小车以 30Hz 的频率运行 5s 后停止，如图 11-41 所示。

程序段 3：停止运行 5s 后，再次按下起动按钮 SB1，抓棉小车以 45Hz 的频率运行 7s 后停止，如图 11-42 所示。

程序段 4：停止运行 7s 后，调试结束，同时复位运行标志位，如图 11-43 所示。

程序段 5：按下停止按钮 SB2，抓棉小车停止运行，再按下起动按钮 SB1，抓棉小车恢复运行，如图 11-44 所示。

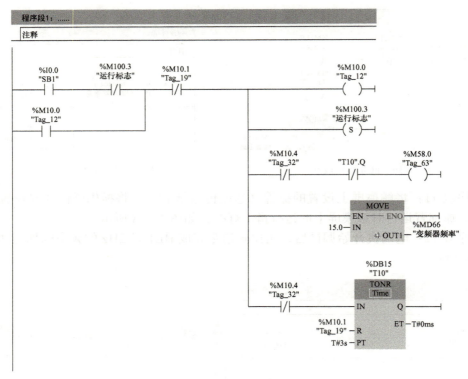

图 11-40　FC5 程序段 1

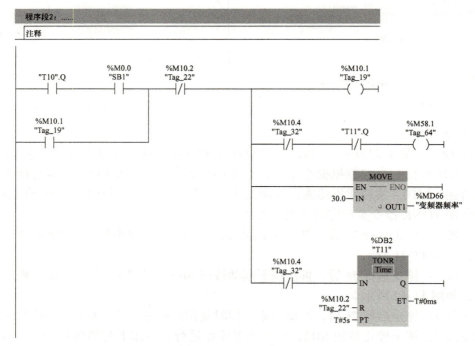

图 11-41　FC5 程序段 2

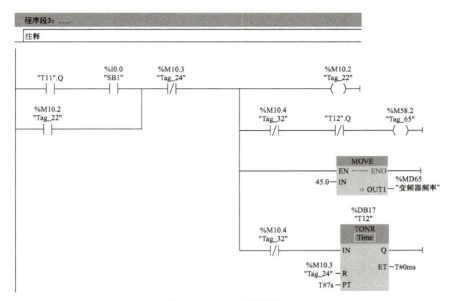

图 11-42　FC5 程序段 3

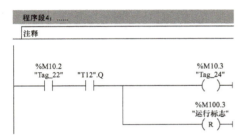

图 11-43　FC5 程序段 4

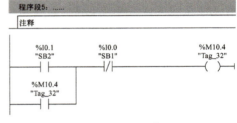

图 11-44　FC5 程序段 5

程序段 6：将抓棉小车的频率传送给触摸屏，抓棉小车运行时，触摸屏上的抓棉小车运行指示灯亮，如图 11-45 所示。

程序段 7：电动机调试过程中，指示灯 HL2 以 1Hz 的频率闪烁，如图 11-46 所示。

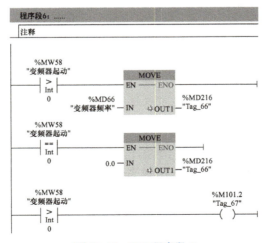

图 11-45　FC5 程序段 6

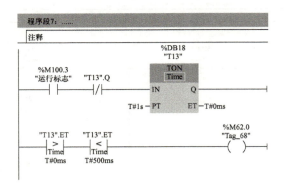

图 11-46　FC5 程序段 7

7）FC6 程序。

程序段 1：触摸屏中设定时间的单位为 s，PLC 定时器的定时精度为 ms，通过程序段 1 将触摸屏的输入时间单位转化为 ms，并将数据类型转化为双整数，数据类型如果未转化则定时器运行时将报错，如图 11-47 所示。

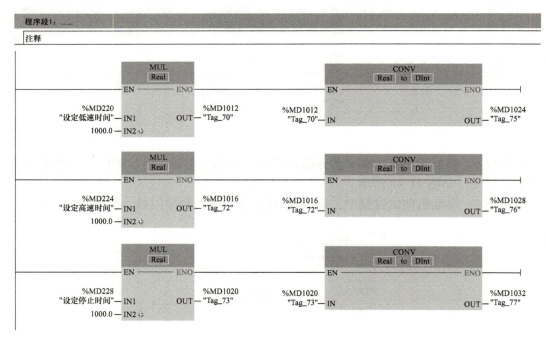

图 11-47　FC6 程序段 1

程序段 2、程序段 3：按下起动按钮 SB1，抽棉风机低速运行，到达触摸屏所设低速运行时间后转高速运行，再运行触摸屏所设高速运行时间后停止，停止时间到又转低速运行，如此循环，如图 11-48 和图 11-49 所示。

程序段 4：按下停止按钮 SB2，电动机调试结束，如图 11-50 所示。

程序段 5：抽棉风机运行时 HL2 常亮，触摸屏抽棉风机运行指示灯亮，停止时熄灭，如图 11-51 所示。

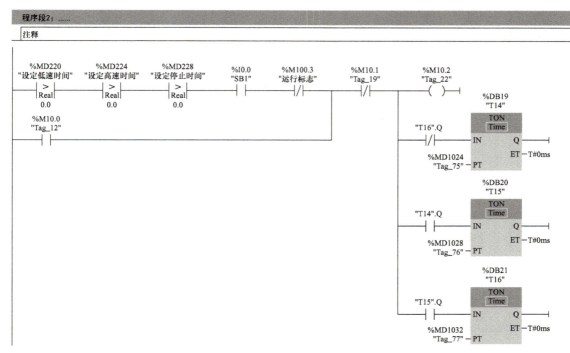

图 11-48　FC6 程序段 2

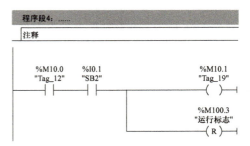

图 11-49　FC6 程序段 3　　　　　图 11-50　FC6 程序段 4

图 11-51　FC6 程序段 5

8）FC7 程序。

程序段 1：在触摸屏中设定转运带运行时间、卸料装置运行时间，用"ADD"指令计算设定的转运带运行和卸料装置运行的总时间，如图 11-52 所示。

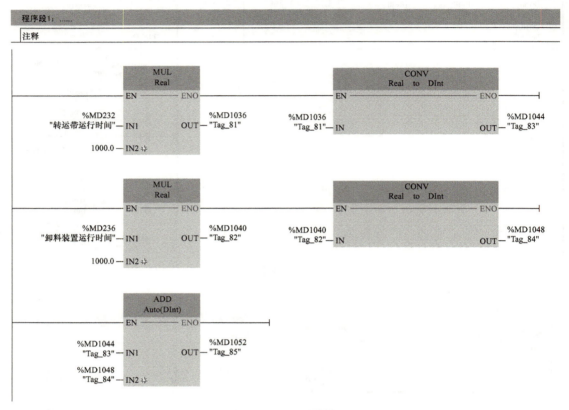

图 11-52　FC7 程序段 1

程序段 2、程序段 3：按下起动按钮 SB1，转运带运行，到达其设定时间后卸料装置运行，到达卸料装置设定时间后停止运行，2s 后转运带与卸料装置同时运行，到达转运带运行和卸料装置运行的总时间后停止运行，2s 后转运带运行，以此流程循环，如图 11-53 和图 11-54 所示。

程序段 4：按下停止按钮 SB2，转运带与卸料装置调试结束，运行标志位复位，如图 11-55 所示。

程序段 5：转运带运行时 HL3 常亮，转运带或卸料装置运行时触摸屏上的对应运行指示灯亮，停止时熄灭，如图 11-56 所示。

（2）从站一（S7-1200 DC/DC/DC 站）程序

程序段 1：将主站 MB300 的值传送给从站一的 QB0，将从站一的 IB0 的值传送给主站的 MB400，将 IB8 的值传送给主站的 MB401，将编码器的值、伺服电动机的实时位置、转塔的实时速度传送给主站，如图 11-57 所示。

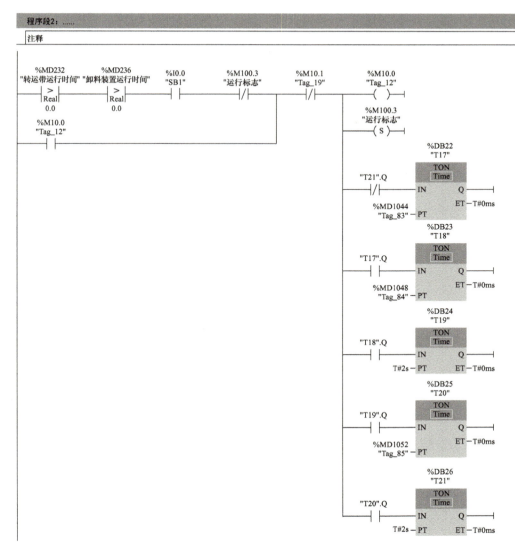

图 11-53　FC7 程序段 2

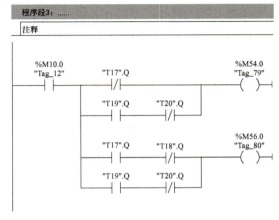

图 11-54　FC7 程序段 3

图 11-55　FC7 程序段 4

图 11-56　FC7 程序段 5

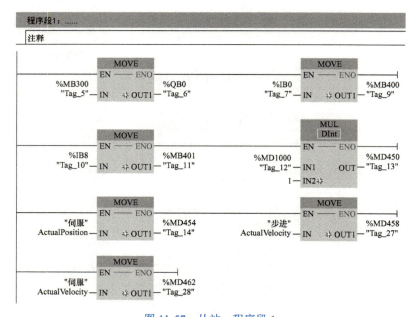

图 11-57　从站一程序段 1

程序段2：转塔的起动指令与抓棉臂的起动指令如图11-58所示。

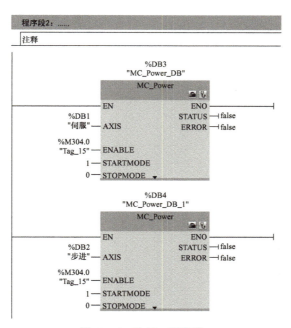

图 11-58　从站一程序段 2

程序段3：转塔的点动指令如图11-59所示。

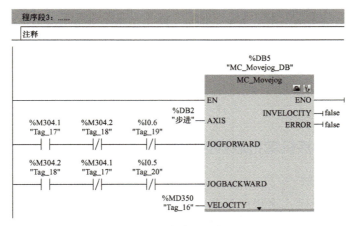

图 11-59　从站一程序段 3

程序段4：抓棉臂的控制采用相对位移指令，在执行相对位移前先执行原点指令，否则相对位移指令执行时会报错，如图11-60所示。

程序段5：高速计数器控制器指令用于监测转塔的实时位置，如图11-61所示。

（3）从站二（S7-1200 AC/DC/RLY 站）程序

程序段1：将主站的 MB500 的值传送给从站二的 QB0，主站的 MB501 的值传送给 QB8，主站的 MB502 的值传送给 QB9，实现主站通过通信控制从站二输出的功能。将主站的 MW566 的值传送给 QW96 来实现主站通过通信控制从站二模拟量输出的功能，如图 11-62 所示。

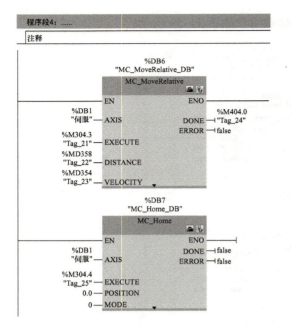

图 11-60 从站一程序段 4

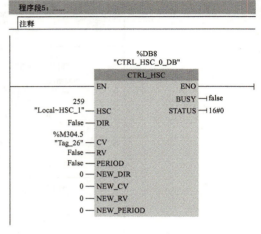

图 11-61 从站一程序段 5

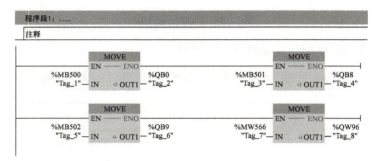

图 11-62 从站二程序段 1

## 三、智能抓棉分拣机单机联网控制系统的运行调试

### 1. 系统单项功能调试

完成系统程序设计后，将程序下载到 PLC 和触摸屏。为确保运行安全，以及提高整体运行功能效率，在进行整体运行前，先对系统的各组成设备进行单项功能调试，确保所有设备运行正常。具体调试内容见表 11-6。

表 11-6 系统单项功能调试表

| 序号 | 调试内容 | 结果 |
|---|---|---|
| 1 | 按钮、开关连接调试 | |
| 2 | 灯连接调试 | |
| 3 | 触摸屏通信调试 | |
| 4 | 三台 PLC 间通信测试 | |

项目十一　智能抓棉分拣机单机联网控制系统安装与调试

### 2. 系统整体运行功能调试

完成系统单项功能调试后，可参照前期项目中的调试表，完善表 11-7。

❖ **注意**：设备运行过程是连续的，如果在某一阶段无法按系统要求运行，需停止调试，待问题解决后再继续调试。

表 11-7　系统整体运行功能调试表

| 项目 | 调试步骤及现象 | | 结果 |
|---|---|---|---|
| 智能抓棉分拣机控制系统运行调试 | 调试指令 | 设定各系统参数 | |
| | 运行现象 | | |

## 项目验收

为检验学习成效，要求在限定时间内实施项目，按表 11-8 对项目的安装、接线、编程及安全文明生产情况进行整体评分。

表 11-8　项目验收评分表

| 序号 | 内容 | 评分标准 | 配分 | 得分 |
|---|---|---|---|---|
| 1 | I/O 分配 | 输入/输出地址遗漏或错误扣 1 分/处 | 10 | |
| 2 | 绘制外部接线图 | 1. 未使用工具画图，扣 0.5 分<br>2. 电路图元件符号不规范，不符合要求扣 0.5 分/处 | 10 | |
| 3 | 安装与接线 | 参考项目二 | 20 | |
| 4 | 编程及调试 | 本部分内容由考核教师依据课程资源内的考核要求或自行制订考核标准 | 50 | |
| 5 | 安全文明生产 | 参考项目二 | 10 | |
| | | 合计总分 | 100 | |
| 考核教师 | | | 考核时间 | 年　月　日 |

## 项目拓展

仓库自动分拣智能控制系统参考程序

灌装贴标智能控制系统参考程序

# 项目十二

# 智能抓棉分拣机控制系统安装与调试

  项目目标

➢【知识目标】

1. 熟悉根据工艺要求绘制工艺流程图的方法。
2. 掌握 PLC 的各类编程方法。
3. 掌握 MCGS 界面设计以及各类脚本编程方法。

➢【能力目标】

1. 能根据工艺要求设计智能抓棉分拣机控制系统的硬件电路。
2. 能根据工艺要求连接智能抓棉分拣机控制系统的硬件电路。
3. 能根据工艺要求绘制智能抓棉分拣机控制系统的工艺流程图。
4. 能根据工艺要求编写智能抓棉分拣机控制系统的 PLC 和触摸屏程序。
5. 能根据工艺要求完成智能抓棉分拣机控制系统的调试和优化。

➢【素质目标】

1. 知道匠心筑梦的精神内涵,并能将其融入生产实践中,争当匠心筑梦的新时代工匠。
2. 具有深厚的爱国情感和中华民族自豪感,以实际行动助力我国向"制造强国"迈进。

  项目引入

新疆棉以绒长、品质好、产量高著称于世,是我国的优质棉,近几年新疆棉占国内棉产量比重超过 85%。随着我国工农业的快速发展,新疆棉的生产加工过程日趋智能化,如基于北斗导航系统的农业植保无人机、智能抓棉分拣机等。智能抓棉分拣机是纺织加工的第一道工序,用于加工棉、棉型化纤和中长化纤原料,具有抓棉、松棉、除去杂质和混合原料等功能,在棉花加工中起着非常重要的作用。间隙下降的抓棉臂带动抓棉小车通过转塔移动对每一货位进行抓取,并在抓取前分别对货物棉花质量进行检测分类,按照规则进行棉花的抓取,被抓取的棉花纤维束块通过风机抽吸,经输棉管道送至转运带进行货

分类存放，等待下一步加工。智能抓棉分拣机控制系统要求详见项目一。

 **项目实施**

### 一、智能抓棉分拣机控制系统的硬件设计

#### 1. 各 PLC 的 I/O 地址分配

详细分析项目的控制要求，根据"满足功能、留有裕量"的原则，完成 PLC 的选型，并对各 PLC 的 I/O 地址功能进行分配，具体见表 12-1 ~ 表 12-3。

表 12-1　主站 PLC 的 I/O 地址分配

| 输入信号 | | 输出信号 | |
| --- | --- | --- | --- |
| 起动按钮 SB1 | I0.0 | | |
| 停止按钮 SB2 | I0.1 | | |
| 检测按钮 SB3 | I0.2 | | |
| 复位按钮 SB4 | I0.3 | | |

表 12-2　从站一 PLC 的 I/O 地址分配

| 输入信号 | | 输出信号 | |
| --- | --- | --- | --- |
| 传感器 SQ1 | I0.2 | 抓棉臂电动机 M2 脉冲 | Q0.0 |
| 传感器 SQ2 | I0.3 | 抓棉臂电动机 M2 方向 | Q0.1 |
| 抓棉区检测 SA1 | I0.4 | 转塔步进电动机 M1 脉冲 | Q0.2 |
| 0 ~ 10V 电压 | AI0 | 转塔步进电动机 M1 方向 | Q0.3 |

表 12-3　从站二 PLC 的 I/O 地址分配

| 输入信号 | | 输出信号 | |
| --- | --- | --- | --- |
| | | 指示灯 HL1 | Q0.0 |
| | | 指示灯 HL2 | Q0.1 |
| | | 指示灯 HL3 | Q0.2 |
| | | 抽棉风机电动机 M4 低速 | Q2.0 |
| | | 抽棉风机电动机 M4 高速 | Q2.1 |
| | | 转运带电动机 M5 | Q2.2 |
| | | 卸料装置电动机 M6 | Q2.3 |
| | | 抓棉小车电动机 M3 | Q3.0 |
| | | 抓棉小车模拟量 | AQ0 |

#### 2. 电路图设计

根据项目要求，结合前期所学项目，独立完成电路原理图的绘制，原理图需包含以下内容：

1）主电路原理图。

2）配电系统原理图。

3）控制电路（伺服驱动器、步进电动机、变频器）原理图。

4）PLC 控制部分电路原理图。

### 3. 参数设置

（1）变频器参数设置

根据系统电路图在实训设备上完成接线，用万用表检查接线准确无误后，结合项目要求，完成变频器参数的设置，具体见表 12-4。

表 12-4　变频器参数的设置

| 序号 | 参数号 | 初始值 | 设定值 | 功能 |
| --- | --- | --- | --- | --- |
| 1 | 在"SETUP"菜单中按下"确认"键，进入"RESET"参数设置，使用"向上"键切换"NO"→"YES"，按下"确认"键，完成参数复位<br>注意：在启动快速调试前建议恢复所有参数的出厂设置 | | | 参数复位 |
| 2 | P210 | 400 | 380 | 输入电压 |
| 3 | P304 | 400 | 380 | 额定电压 |
| 4 | P305 | 1.70 | 0.66 | 额定电流 |
| 5 | P307 | 0.55 | 0.06 | 电动机功率 |
| 6 | P311 | 1395.00 | 1500.00 | 额定转速 |
| 7 | P15 | 7 | 12 | 宏程序 12 |
| 8 | P1080 | 0.00 | 0.00 | 最小转速 |
| 9 | P1082 | 1500.00 | 1500.00 | 最大转速 |
| 10 | P1120 | 10 | 0.5 | 设置加速时间 |
| 11 | P1121 | 10 | 0.5 | 设置减速时间 |
| 12 | P1900 | 2 | 0 | 无电动机检测 |
| 13 | FINISH | NO | YES | 完成参数设置 |
| 至此完成快速参数设置 | | | | |
| 完成快速调试并测试完成后，再进入"PARAMS"菜单下的"EXPERT FILTER"模式设置后续参数 | | | | |
| 14 | P756 | 4 | 0 | 选择 0～10V 模拟量输入类型 |
| 15 | P757 | 0 | 0 | 模拟量输入特性曲线值 $X1$ |
| 16 | P758 | 0 | 0 | 模拟量输入特性曲线值 $Y1$ |
| 17 | P759 | 10 | 10 | 模拟量输入特性曲线值 $X2$ |
| 18 | P760 | 100 | 100 | 模拟量输入特性曲线值 $Y2$ |
| 19 | P971 | 0 | 1 | 保存参数 |

（2）步进驱动器参数设置

根据系统电路图在实训设备上完成接线，用万用表检查接线准确无误后，结合项目要求，完成步进驱动器参数的设置，具体见表 12-5。

项目十二　智能抓棉分拣机控制系统安装与调试

表 12-5　步进驱动器参数的设置

| DIP1 | DIP2 | DIP3 | 细分 |
|---|---|---|---|
| OFF | ON | ON | 2000 步 /r |

（3）伺服驱动器参数设置

根据系统电路图在实训设备上完成接线，用万用表检查接线准确无误后，结合项目要求，完成伺服驱动器参数的设置，具体见表 12-6。

表 12-6　伺服驱动器参数的设置

| 序号 | 参数 | | 设置数值 | 初始值 |
|---|---|---|---|---|
| | 参数编号 | 参数名称 | | |
| 1 | P2-08 | 特殊参数输入<br>注意：当 P2-08 参数设置为"10"时为参数复位功能，需将使能端（SON）断开后进行参数写入 | 10 | 0 |
| 2 | P1-44 | 电子齿轮比的分子（$N_1$） | 1600 | 16 |
| 3 | P1-45 | 电子齿轮比的分母（$M$） | 40 | 10 |

注：参数设置完成后，将使能端（SON）重新接好并将伺服驱动器断电重启。为检验外部线路接线是否准确，可进行点动调试判断。

## 二、智能抓棉分拣机控制系统的软件设计

### 1. 智能抓棉分拣机控制系统的组态设计

根据项目要求完成 PLC 与 MCGS 间的关联地址分配和设置，具体见表 12-7。参考项目一完成智能抓棉分拣机控制系统自动运行模式界面设计；运用"循环脚本"编写脚本程序，用于对 PLC 采集的检测值进行判断并在触摸屏上显示棉花品质（10～20 为低品质、21～35 为中品质、36～50 为高品质），如图 12-1 所示。

表 12-7　PLC 与 MCGS 间的关联地址分配和设置

| 输入信号 | | | 输出信号 | | |
|---|---|---|---|---|---|
| 功能 | MCGS | PLC | 功能 | MCGS | PLC |
| 复位按钮 | M120 | M102.0 | 转塔步进电动机 M1 指示灯 | M110 | M101.0 |
| 设定转塔步进电动机 M1 速度 | MD200 | MD200 | 抓棉臂电动机 M2 指示灯 | M111 | M101.1 |
| 设定抓棉臂速度 | MD204 | MD204 | 抓棉小车电动机 M3 指示灯 | M112 | M101.2 |
| | | | 抽棉风机电动机 M4 指示灯 | M113 | M101.3 |
| | | | 转运带电动机 M5 指示灯 | M114 | M101.4 |

(续)

| 输入信号 | | | 输出信号 | | |
|---|---|---|---|---|---|
| 功能 | MCGS | PLC | 功能 | MCGS | PLC |
| | | | 卸料装置电动机 M6 指示灯 | M115 | M101.5 |
| | | | 转塔步进电动机 M1 实时速度 | MD208 | MD208 |
| | | | 转塔步进电动机 M1 实时位置 | MD212 | MD212 |
| | | | 抓棉臂电动机 M2 实时位置 | MD216 | MD216 |
| | | | 抓棉臂电动机 M2 实时转速 | MD220 | MD220 |
| | | | 当前抓取货物类型 | MW110 | MW110 |
| | | | 仓位 1 检测值 | MW112 | MW112 |
| | | | 仓位 2 检测值 | MW114 | MW114 |
| | | | 仓位 3 检测值 | MW116 | MW116 |
| | | | 仓位 4 检测值 | MW118 | MW118 |
| | | | 仓位 5 检测值 | MW120 | MW120 |

```
脚本程序
M1000=0
M1001=0
M1002=1
IF MW110<10 THEN LX="无"
IF MW110>=10 AND MW110<=20 THEN LX="低"
IF MW110>=21 AND MW110<=35 THEN LX="中"
IF MW110>=35 AND MW110<=50 THEN LX="高"
IF MW112<10 THEN LX1="无"
IF MW112>=10 AND MW112<=20 THEN LX1="低"
IF MW112>=21 AND MW112<=35 THEN LX1="中"
IF MW112>=35 AND MW112<=50 THEN LX1="高"
IF MW114<10 THEN LX2="无"
IF MW114>=10 AND MW114<=20 THEN LX2="低"
IF MW114>=21 AND MW114<=35 THEN LX2="中"
IF MW114>=35 AND MW114<=50 THEN LX2="高"
IF MW116<10 THEN LX3="无"
IF MW116>=10 AND MW116<=20 THEN LX3="低"
IF MW116>=21 AND MW116<=35 THEN LX3="中"
IF MW116>=35 AND MW116<=50 THEN LX3="高"
IF MW118<10 THEN LX4="无"
IF MW118>=10 AND MW118<=20 THEN LX4="低"
IF MW118>=21 AND MW118<=35 THEN LX4="中"
IF MW118>=35 AND MW118<=50 THEN LX4="高"
IF MW120<10 THEN LX5="无"
IF MW120>=10 AND MW120<=20 THEN LX5="低"
IF MW120>=21 AND MW120<=35 THEN LX5="中"
IF MW120>=35 AND MW120<=50 THEN LX5="高"
```

图 12-1　智能抓棉分拣机控制系统自动运行模式界面脚本程序

**2. 智能抓棉分拣机控制系统的工艺流程图绘制**

详细分析项目的控制要求，完成工艺流程图的绘制，如图 12-2 所示。

**3. 智能抓棉分拣机控制系统的程序设计**

（1）主站（S7-1500 站）程序

1）主程序（OB1）。

程序段 1：建立主站与从站一的 S7 通信连接，如图 12-3 所示。

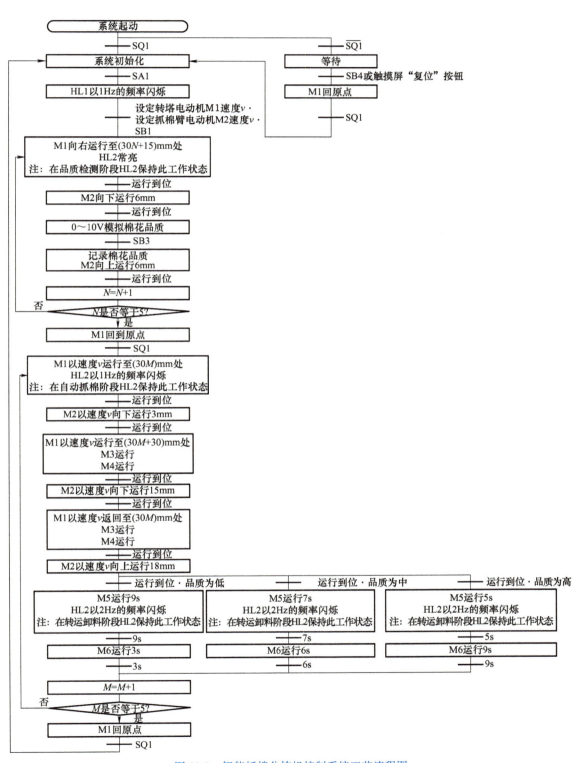

图 12-2　智能抓棉分拣机控制系统工艺流程图

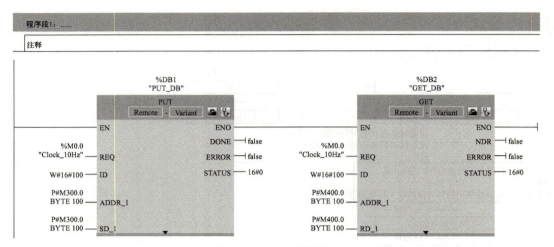

图 12-3　OB1 程序段 1

程序段 2：建立主站与从站二的 S7 通信连接，如图 12-4 所示。

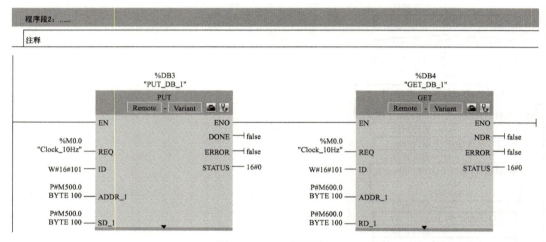

图 12-4　OB1 程序段 2

程序段 3：启用 FC1 块，该块内容为批量处理程序；启用 FC3 块，该块内容为主程序流程，如图 12-5 所示。

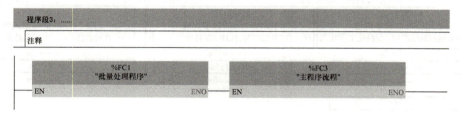

图 12-5　OB1 程序段 3

2）FC1 程序。

程序段 1：用 MB=2 的方式批量处理以实现主站通过通信对从站伺服和步进电动机的控制，如图 12-6 所示。

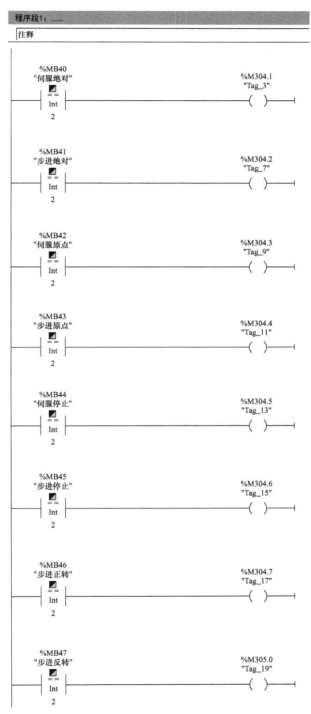

图 12-6　FC1 程序段 1

程序段 2：用 MB=2 的方式批量处理以实现主站通过通信对从站中各电动机和灯的控制，如图 12-7 所示。

程序段 3：用 MB=2 的方式批量处理以实现主站对触摸屏指示灯根据电动机的运行状态来实时传送运行速度及实时位置等数据的控制，如图 12-8 所示。

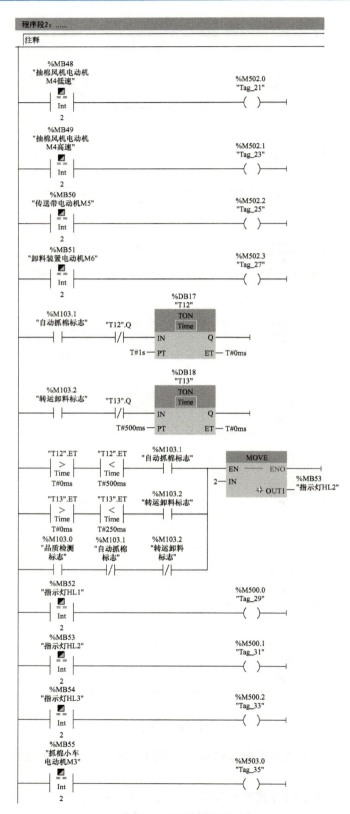

图 12-7　FC1 程序段 2

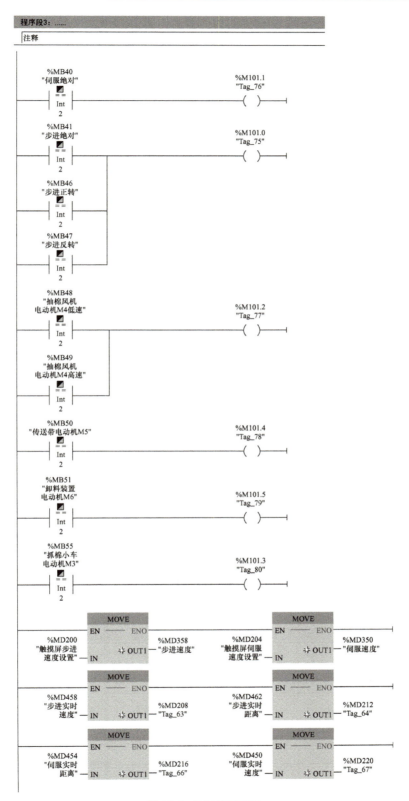

图 12-8　FC1 程序段 3

程序段 4：批量处理各实现控制功能的 MB，如图 12-9 所示。

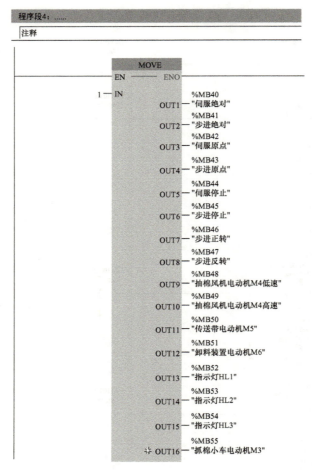

图 12-9　FC1 程序段 4

3）FC3 程序。

程序段 1：进入自动模式后，若转塔不在 SQ1 处，按下触摸屏上的"复位按钮"或复位按钮 SB4，转塔以 4mm/s 的速度回到 SQ1 处，M100.4 为运行标志位，用于在规避运行时启用此程序段，M2.0 实现暂停功能，如图 12-10 所示。

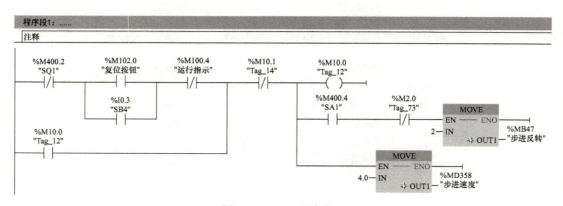

图 12-10　FC3 程序段 1

程序段2：到达 SQ1 处后，抓棉区有棉花（用 SA1 有信号模拟），HL1 以 1Hz 的频率闪烁，如图 12-11 所示。

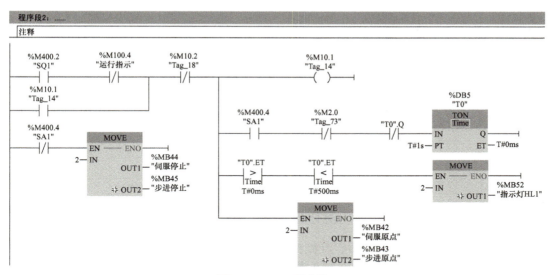

图 12-11　FC3 程序段 2

程序段3：转塔与抓棉臂速度设定完成后，按下起动按钮 SB1，系统开始运行，转塔运行至各仓位检测点处，各检测点位置为（30N+15）mm，如第一个检测点 N=0 即位于 15mm 处，第二个检测点 N=1 即位于 45mm 处，以此类推，如图 12-12 所示。

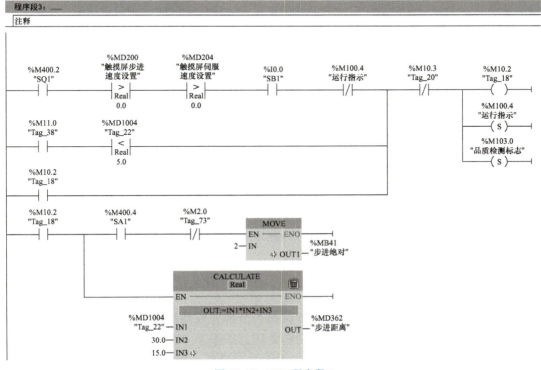

图 12-12　FC3 程序段 3

程序段 4：到达相应检测点后，抓棉臂向下移动 6m（用伺服电动机正转 6mm 模拟），如图 12-13 所示。

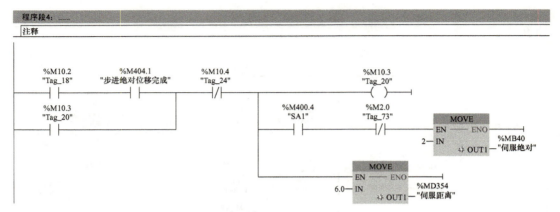

图 12-13　FC3 程序段 4

程序段 5：抓棉臂下降到位后，开始检测并记录棉花品质，用"NORM"和"SCALE"指令将输入的电压模拟量转换成 0～50 模拟棉花品质，如图 12-14 所示。

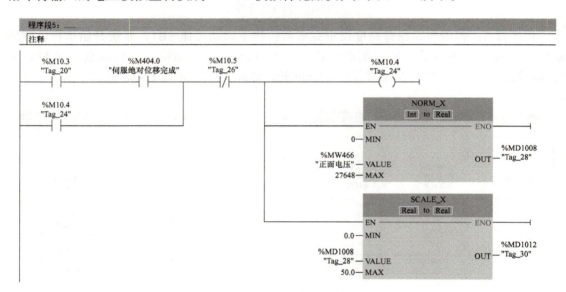

图 12-14　FC3 程序段 5

程序段 6：按下检测按钮 SB3，用 0.5s 的时间记录检测值，如图 12-15 所示。

程序段 7：检测完成，抓棉臂向上移动 6m（用伺服电动机反转 6mm 模拟），如图 12-16 所示。

程序段 8：抓棉臂回到原点后，用加 1 方式计算下一需检测的货位，如图 12-17 所示。

程序段 9：用 0.5s 的时间判断所有货位是否全部完成品质检测，若未完成则返回程序段 3（见图 12-12），若全部完成则进入程序段 10，如图 12-18 所示。

程序段 10：所有货位完成品质检测，转塔返回原点，如图 12-19 所示。

程序段 11：转塔到达原点后等待 0.5s，进入智能抓棉流程，如图 12-20 所示。

项目十二　智能抓棉分拣机控制系统安装与调试

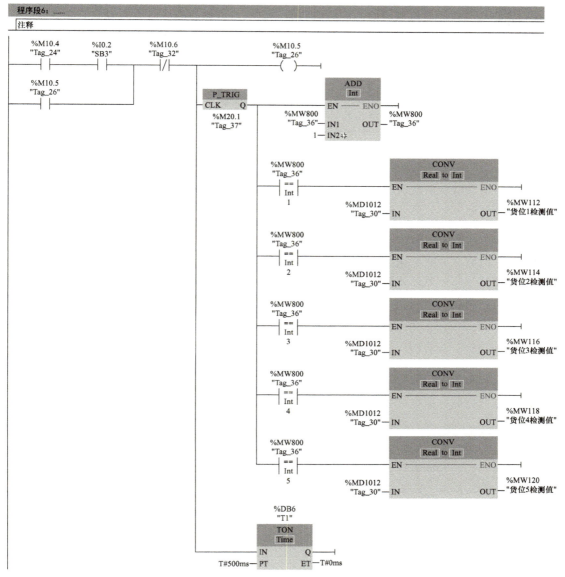

图 12-15　FC3 程序段 6

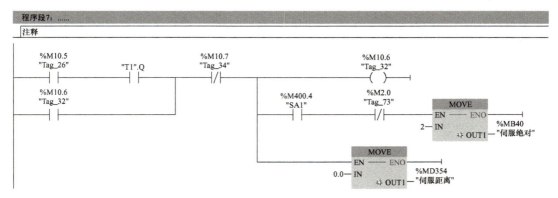

图 12-16　FC3 程序段 7

259

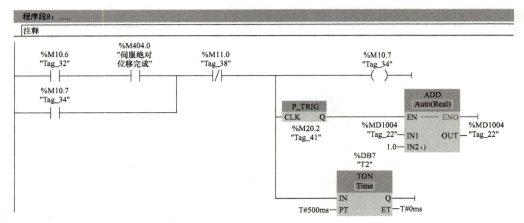

图 12-17　FC3 程序段 8

图 12-18　FC3 程序段 9

图 12-19　FC3 程序段 10

图 12-20　FC3 程序段 11

程序段 12：转塔前往相应货位的起始点位置，如图 12-21 所示。
程序段 13：在自动抓棉阶段，将当前货位检测值传送至触摸屏显示，如图 12-22 所示。

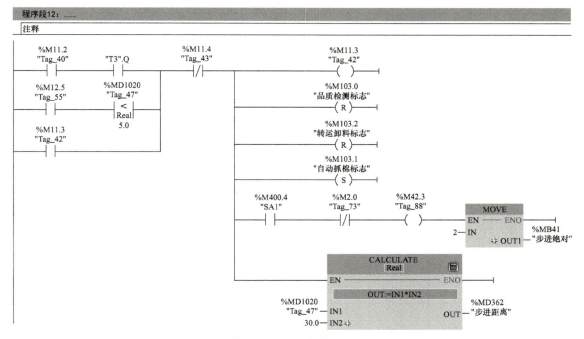

图 12-21　FC3 程序段 12

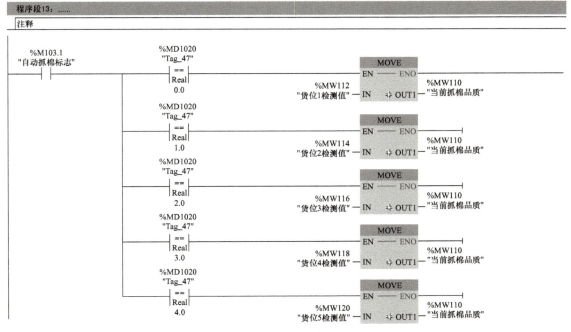

图 12-22　FC3 程序段 13

程序段 14：到达起始位置后，抓棉臂向下移动 3m（用伺服电动机正转 3mm 模拟），如图 12-23 所示。

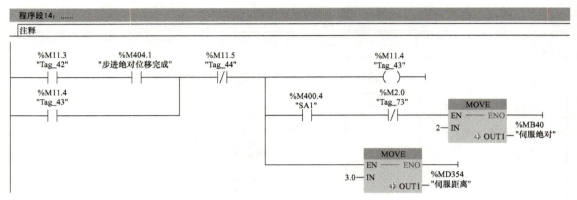

图 12-23　FC3 程序段 14

程序段 15：抓棉臂运行到位后，转塔从相应货位的起点位置运行至货位的终点位置，如图 12-24 所示。

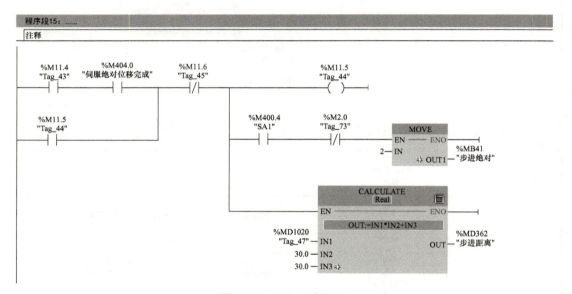

图 12-24　FC3 程序段 15

程序段 16：在转塔运行至当前货位终点位置的同时，抓棉小车根据当前货位棉花品质运行相应速度（品质在 10～20 之间为 45Hz，品质在 21～35 之间为 30Hz，品质在 36～50 之间为 15Hz），如图 12-25 所示。

程序段 17：在转塔运行至当前货位终点位置的同时，抽棉风机根据当前货位棉花品质运行相应速度（低中品质为高速，高品质为低速），如图 12-26 所示。

程序段 18：转塔运行完成后，抓棉臂再向下移动 15m（用伺服电动机正转 15mm 模拟），如图 12-27 所示。

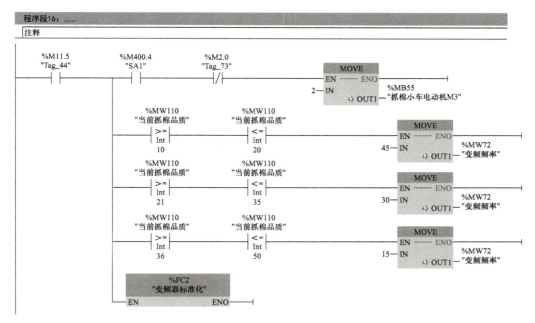

图 12-25　FC3 程序段 16

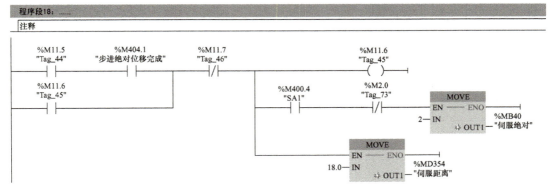

图 12-26　FC3 程序段 17

图 12-27　FC3 程序段 18

程序段 19：抓棉臂正转到位后，转塔返回至当前货位起始点，如图 12-28 所示。

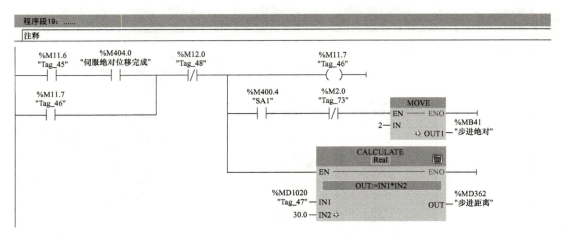

图 12-28　FC3 程序段 19

程序段 20：在转塔返回至当前货位起点位置的同时，抓棉小车根据当前货位棉花品质以相应速度运行（品质在 10～20 之间为 45Hz，品质在 21～35 之间为 30Hz，品质在 36～50 之间为 15Hz），如图 12-29 所示。

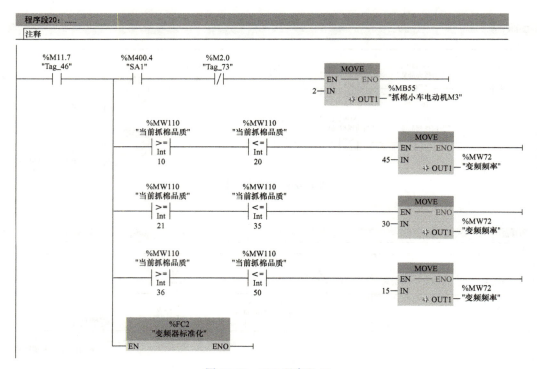

图 12-29　FC3 程序段 20

程序段 21：在转塔返回至当前货位起点位置的同时，抽棉风机根据当前货位棉花品质以相应速度运行（低中品质为高速，高品质为低速），如图 12-30 所示。

项目十二　智能抓棉分拣机控制系统安装与调试

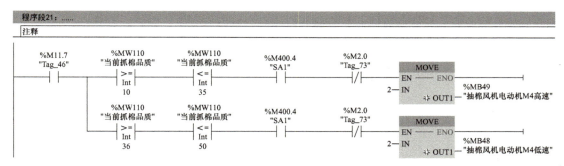

图 12-30　FC3 程序段 21

程序段 22：转塔运行到位后，抓棉小车、抽棉风机停止运行，抓棉臂反转返回原点，如图 12-31 所示。

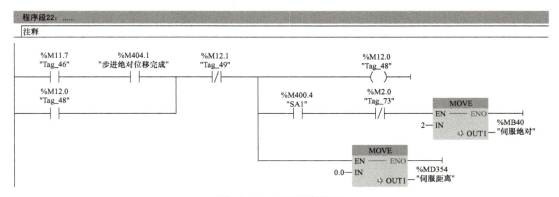

图 12-31　FC3 程序段 22

程序段 23：抓棉臂反转到达原点后，用 0.5s 的时间记录当前货位的棉花品质，如图 12-32 所示。

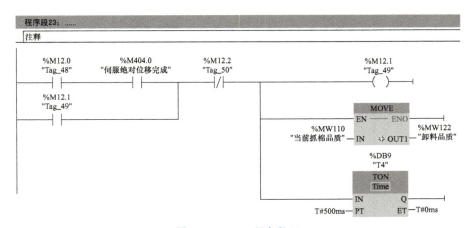

图 12-32　FC3 程序段 23

程序段 24：0.5s 后，起动转运带将棉花根据品质转运至相应仓位，运行 5s 后将高品质棉花转运至仓位 1，运行 7s 后将中品质棉花转运至仓位 2，运行 9s 后将低品质棉花转运至仓位 3，如图 12-33 所示。

265

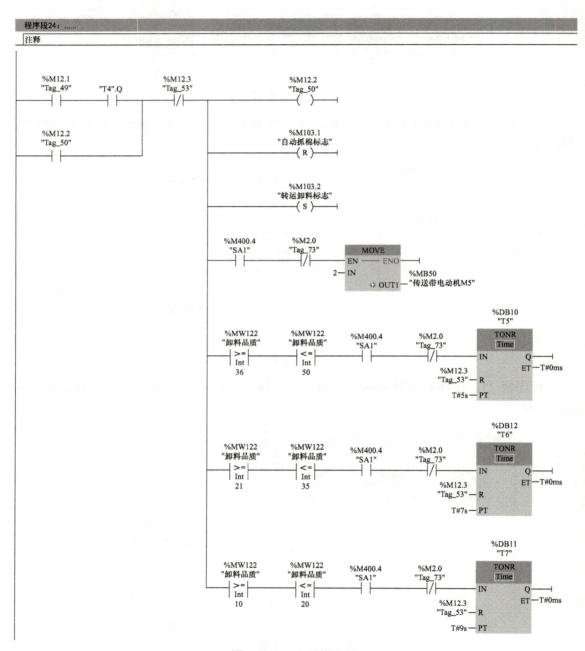

图 12-33  FC3 程序段 24

程序段 25：转运到位后开始卸料，清除触摸屏上的检测值，如图 12-34 所示。

程序段 26：转运至相应仓位后，转运带停止运行，启动卸料流程，卸料装置根据棉花品质运行相应时间（为高品质时运行 9s，为中品质时运行 6s，为低品质时运行 3s），如图 12-35 所示。

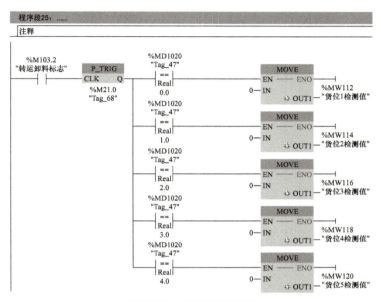

图 12-34　FC3 程序段 25

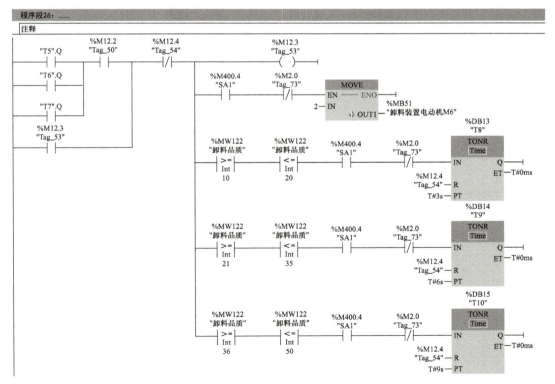

图 12-35　FC3 程序段 26

程序段 27：卸料完成后，卸料装置停止运行，用"ADD"指令计算下一个需抓棉的货位，如图 12-36 所示。

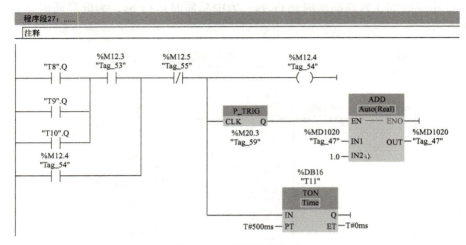

图 12-36　FC3 程序段 27

程序段 28：增加空步，用于做选择分支，如图 12-37 所示。

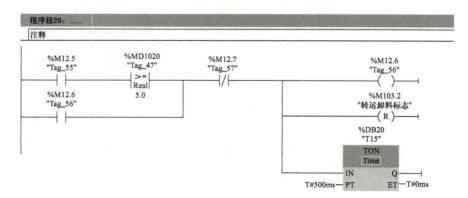

图 12-37　FC3 程序段 28

程序段 29、程序段 30：所有货位已转运卸料完成，转塔回到 SQ1 处，同时清除触摸屏上的各显示信息，如图 12-38 和图 12-39 所示。

图 12-38　FC3 程序段 29

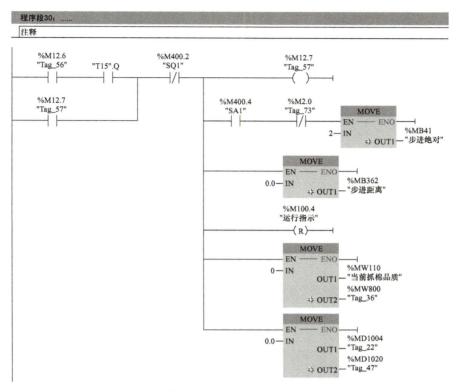

图 12-39　FC3 程序段 30

程序段 31：按下 SB2，所有电动机停止运行，按下 SB1 继续运行，如图 12-40 所示。

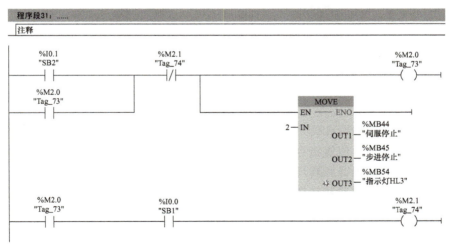

图 12-40　FC3 程序段 31

4）FC2 程序。
程序段 1：变频器频率标准化处理程序，如图 12-41 所示。

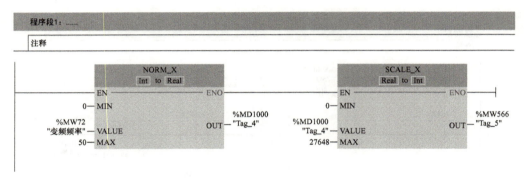

图 12-41　FC2 程序段 1

（2）从站一（S7-1200 DC/DC/DC 站）程序

程序段 1：批量处理以实现主站通过通信对从站抓棉臂和转塔的控制，主站实时读取抓棉臂和转塔的实时位置及速度，如图 12-42 所示。

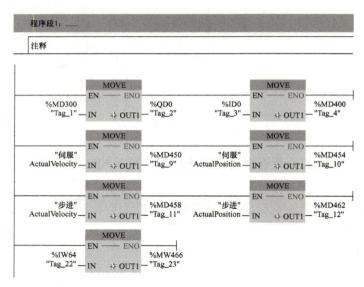

图 12-42　从站一的 OB1 程序段 1

程序段 2：使能抓棉臂和转塔，如图 12-43 所示。
程序段 3：运用绝对位置指令控制抓棉臂和转塔，如图 12-44 所示。
程序段 4：设置抓棉臂和转塔回原点方式及位置，如图 12-45 所示。
程序段 5：实现抓棉臂和转塔暂停功能，如图 12-46 所示。
程序段 6：实现点动控制转塔运行功能，如图 12-47 所示。

（3）从站二（S7-1200 AC/DC/RLY 站）程序

程序段 1：将主站 MD500 的值传送给从站二的 QD0，实现主站通过通信对从站二电动机和灯的控制；将从站二的 ID0 的值传送给 MD600，供主站读取；将主站 MW566 的值传送给从站二的 QW96，实现主站通过通信控制从站二的模拟量输出，从而实现对变频器的控制，如图 12-48 所示。

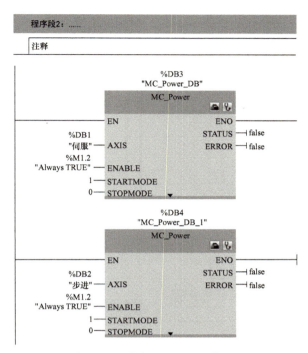

图 12-43 从站一的 OB1 程序段 2

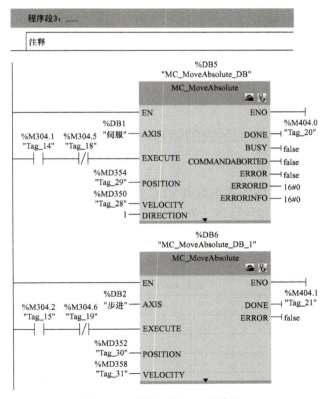

图 12-44 从站一的 OB1 程序段 3

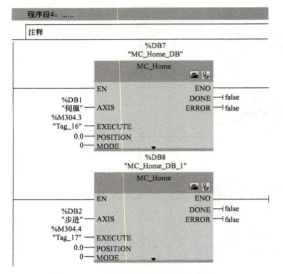

图 12-45 从站一的 OB1 程序段 4

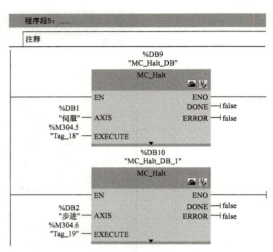

图 12-46 从站一的 OB1 程序段 5

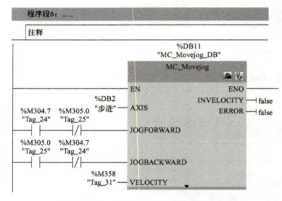

图 12-47 从站一的 OB1 程序段 6

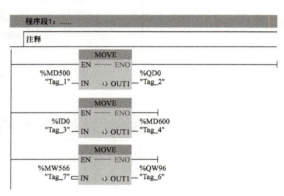

图 12-48 从站二的 OB1 程序段 1

## 三、智能抓棉分拣机控制系统的运行调试

### 1. 系统单项功能调试

完成系统程序设计后，将程序下载到 PLC 和触摸屏。为确保运行安全，以及提高整体运行功能效率，在进行整体运行前，先对系统的各组成设备进行单项功能调试，确保所有设备运行正常。具体调试内容见表 12-8。

表 12-8 系统单项功能调试表

| 序号 | 调试内容 | 结果 |
|---|---|---|
| 1 | 按钮、开关连接调试 | |
| 2 | 灯连接调试 | |
| 3 | 触摸屏通信调试 | |
| 4 | 三台 PLC 间通信测试 | |
| 5 | 抓棉小车功能测试 | |
| 6 | 抓棉臂功能测试 | |

(续)

| 序号 | 调试内容 | 结果 |
|---|---|---|
| 7 | 转塔功能测试 | |
| 8 | 抽棉风机功能测试 | |
| 9 | 卸料装置功能测试 | |
| 10 | 转运带功能测试 | |

### 2. 系统整体运行功能调试

完成系统单项功能调试后，参照前期项目中的调试表，完善表 12-9。

❖ **注意**：设备运行过程是连续的，如果在某一阶段无法按系统要求进行运行，需停止调试，待问题解决后再继续调试。

表 12-9　系统整体运行功能调试表

| 项目 | 调试步骤及现象 | | 结果 |
|---|---|---|---|
| 智能抓棉分拣机控制系统运行调试 | 调试指令 | 设定各系统参数 | |
| | 运行现象 | | |

##  项目验收

为检验学习成效，要求在限定时间内实施项目，按表 12-10 对项目的安装、接线、编程及安全文明生产情况进行整体评分。

表 12-10　项目验收评分表

| 序号 | 内容 | 评分标准 | 配分 | 得分 |
|---|---|---|---|---|
| 1 | I/O 分配 | 输入/输出地址遗漏或错误扣 1 分/处 | 10 | |
| 2 | 绘制外部接线图 | 1. 未使用工具画图，扣 0.5 分<br>2. 电路图元件符号不规范，不符合要求扣 0.5 分/处 | 10 | |
| 3 | 安装与接线 | 参考项目二 | 20 | |
| 4 | 编程及调试 | 本部分内容由考核教师依据课程资源内的考核要求或自行制订考核标准 | 50 | |
| 5 | 安全文明生产 | 参考项目二 | 10 | |
| | | 合计总分 | 100 | |
| | 考核教师 | | 考核时间 | 年　月　日 |

## 项目拓展

伺服灌装智能控制系统参考程序

数控加工中心智能控制系统参考程序

自动涂装智能控制系统参考程序

智能饲喂控制系统安装与调试

# 参 考 文 献

[1] 西门子（中国）有限公司.深入浅出西门子 S7-1200 PLC[M].北京：北京航空航天大学出版社，2009.
[2] 汤晓华，蒋正炎.电气控制系统安装与调试项目教程：三菱系统 [M].北京：高等教育出版社，2016.
[3] 沈治.PLC 编程与应用：S7-1200[M].北京：高等教育出版社，2019.
[4] 李方园.西门子 S7-1500 PLC：从入门到精通 [M].北京：电子工业出版社，2020.
[5] 崔坚.SIMAIC S7-1500 与 TIA 博途软件使用指南 [M].2 版.北京：机械工业出版社，2020.
[6] 周文军，胡宁峪，叶远坚.西门子 S7-1200/1500 PLC 项目化教程 [M].广州：华南理工大学出版社，2020.
[7] 刘华波，马艳，何文雪，等.西门子 S7-1200 PLC 编程与应用 [M].2 版.北京：机械工业出版社，2020.
[8] 楼蔚松.MCGS 组态技术应用 [M].西安：西安电子科技大学出版社，2020.
[9] 汤荣秀.自动化生产线系统设计与调试：项目化教程 [M].西安：西安电子科技大学出版社，2020.
[10] 廖常初.S7-1200 PLC 编程及应用 [M].4 版.北京：机械工业出版社，2021.
[11] 何用辉.自动化生产线安装与调试 [M].3 版.北京：机械工业出版社，2022.
[12] 杜丽萍.自动化生产线安装与调试 [M].2 版.北京：机械工业出版社，2023.
[13] 芮延年.自动化装备与生产线设计 [M].北京：科学出版社，2021.